U0301721

犬病 针灸按摩治疗

图 解

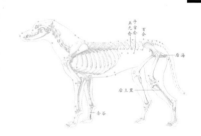

◎ 罗超应　郭宝发　李锦宇　主编

化学工业出版社

·北京·

手机扫码
示意图

本书采用全彩图解的形式，全面系统地介绍了操作性与专业性很强的针灸按摩治疗犬常见疾病的相关知识。阅读本书有助于读者轻松了解中兽医针灸按摩方面的基础知识，而且还可以深入掌握犬病针灸按摩治疗的基本技能，助您成为一名合格的犬病针灸按摩治疗方面的专业人才。

本书分知识篇、技法篇、腧穴篇与治疗篇4个板块：第一章知识篇，介绍针灸按摩治疗犬病的概念、基础与器具；第二章技法篇，介绍针灸按摩术前准备、传统手法、针灸新技术；第三章腧穴篇，介绍犬体94个常用穴位的解剖定位、取穴与针刺手法及其主治；第四章治疗篇，主要介绍犬常见的近56种内科、外科及胎产病症的诊断、中兽医辨证、针灸按摩及其中西药配合治疗，并附犬病治疗集锦等。本书对犬病针灸按摩治疗的讲解全面详细，理论和实践操作相结合，语言通俗易懂，同时配有254幅高清图片，层次分明，重点突出，非常方便读者学习。

本书采用微视频讲解互动的全新教学模式，书中附加相关知识点**二维码链接，读者只要用手机扫描二维码**，就可浏览相应内容的示范视频，使您更加生动直观地学习、理解与掌握其要领，为更进一步的应用打下坚实的基础。

本书可供宠物医院医护人员、农业院校相关专业师生、基层兽医及宠物饲养爱好者学习使用。

图书在版编目（CIP）数据

犬病针灸按摩治疗图解/罗超应，郭宝发，李锦宇主编．—北京：化学工业出版社，2019.1（2024.6重印）
ISBN 978-7-122-33432-9

Ⅰ．①犬⋯　Ⅱ．①罗⋯②郭⋯③李⋯　Ⅲ．①犬病-针灸疗法-图解②犬病-按摩疗法（中医）-图解　Ⅳ．①S858.292-64

中国版本图书馆CIP数据核字（2018）第287253号

责任编辑：漆艳萍　　　　　　　　文字编辑：赵爱萍
责任校对：张雨彤　　　　　　　　装帧设计：韩　飞

出版发行：化学工业出版社（北京市东城区青年湖南街13号　邮政编码100011）
印　　装：北京缤索印刷有限公司
889mm×1194mm　1/32　印张10½　字数300千字　2024年6月北京第1版第4次印刷

购书咨询：010-64518888　　售后服务：010-64518899
网　　址：http://www.cip.com.cn
凡购买本书，如有缺损质量问题，本社销售中心负责调换。

定　价：78.00元

编写人员名单

主　　编	罗超应	郭宝发	李锦宇	
副 主 编	王贵波	潘　虎		
编写人员	罗超应	郭宝发	李锦宇	王贵波
	潘　虎	仇正英	谢家声	罗永江
	李　耀	熊　成	李晓蓉	辛蕊华
	张景艳	王东升	周　磊	宋成军

前言
PREFACE

    犬病针灸按摩汇萃，中西结合针药相配，图文并茂通俗易会，优势互补沉疴起回。

    中兽医药学针灸与按摩术从远古走来，以其独特的诊疗技艺与整体调节优势，与西学东进的西兽医药学形成了明显的优势互补。西兽医药学虽然以其认识特异性高与局部作用强而见长，但其注重单因素分析与处理，忽视或无法准确认识与处理整体各种因素的动态相互影响与作用，不仅使其抗生素与疫苗等特异性防治方法面临愈来愈严峻的挑战，而且还出现了其在急性病症的防治中多能屡建奇功，而在慢性复杂性疾病的防治中，或者是当病症转为慢性，尽管从临床处理的角度来说有更充裕的时间与更多的机会，其临床疗效却往往不尽如人意，或者是临床毒副作用往往有比较严重的窘境发生。中兽医药学针灸与按摩术秉承中华传统文化的整体平衡观念，其认识与作用虽然多是非特异性的，作用也相对较弱；但其整体动态的调节作用，不仅使其与西兽医药学的单因素线性分析与处理形成了明显的优势互补，而且也越来越多地受到美、日、韩等国家与欧洲地区兽医及动物主人的喜爱。

2013年，世界中兽医协会在西班牙成立，其目标是在10年内，在全球100多个国家推广应用中兽医药。然而，在国内由于对中兽医药学的认识还存在着许多误区，给其教育与应用带来了莫大的影响，形成了外热内冷与出口转内销的尴尬局面。为了帮助大家在犬病防治中正确认识与处理中西兽医药学关系，促进中兽医药学针灸与按摩术在犬病防治中的应用与普及，本书在简单地梳理中兽医药学针灸与按摩术的应用发展历史、优势与特色及其与西兽医药学的关系基础上，采用全彩图文并茂的方式，对操作性与专业性很强的针灸按摩及其配合中西药物治疗犬常见疾病，进行了比较系统而又通俗易懂的介绍。本书充分采用新技术，结合多媒体教学简便易行的特点，一方面在内容上大胆将传统的"读文"转变为"读图与看视频相结合"的学习模式；另一方面还采用二维码链接，将图书内容中的要点与视频资源相结合，用**手机扫描二维码**就可实时同步浏览学习，从而实现了数字媒体资源与图书图文资源的相互衔接与补充，充分调动学习者的主观能动性，确保学习者在短时间内获得最佳的学习效果。适合宠物医院医护人员、农业院校相关专业师生、基层兽医及宠物饲养爱好者学习使用。

由于时间仓促，加之笔者水平有限，书中难免有疏漏之处，敬请读者批评指正。

手机扫码
示意图

编　者

2018 年 10 月

《犬病针灸按摩治疗图解》
配套二维码链接视频

请用手机扫描二维码，即可查看相应视频

码图 1　动物保定

码图 2　穴位准备

码图 3　针具准备

码图 4　毫针针刺法

《犬病针灸按摩治疗图解》
配套二维码链接视频

请用手机扫描二维码，即可查看相应视频

码图5　电针疗法

码图6　穴位注射疗法

码图7　刺血疗法

码图8　艾灸疗法

《犬病针灸按摩治疗图解》
配套二维码链接视频

请用手机扫描二维码，即可查看相应视频

码图 9　分水穴、山根穴、三江穴、
承泣穴、睛明穴、睛俞

码图 10　翳风穴、上关穴、下关穴、
耳尖穴

码图 11　天门穴

码图 12　太阳穴

《犬病针灸按摩治疗图解》
配套二维码链接视频

请用手机扫描二维码，即可查看相应视频

码图 13　风门穴

码图 14　风池穴

码图 15　颈脉穴

码图 16　大椎穴、陶道穴、身柱穴、
灵台穴

CONTENTS

目录

第一章

知 识 篇

~~·❖·~~ **第一节** ~~·❖·~~
概念说

一、中兽医针灸与按摩的概念

　　针刺、艾灸与按摩是中兽医学的3种古老疗法。针刺是运用各种金属针刺入穴位，并运用捻转提插等不同手法刺激穴位（图1-1）；艾灸则是采用点燃艾条、艾柱等方法熏灼、刺激穴位（图1-2），进而调整经络脏腑气血的功能，来达到治疗动物疾病的目的。由于它们常是配合使用，所以多合称为针灸。而按摩则是采用一定手法，通过

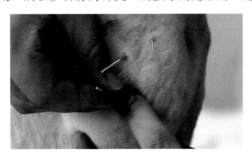

图 1-1　犬体针灸

对穴位的按压、拍打或揉搓等方法（图1-3），调整经络脏腑气血的功能，从而达到对动物进行保健及疾病防治的目的。

图1-2　犬体艾灸

图1-3　犬体按摩（捏脊）

　　长期以来，针灸与按摩不仅对许多种动物疾病都有着非常神奇的疗效，而且现代研究也已证明，它们对疫苗与抗生素等西药疗法也有着非常良好的辅助或增效减毒作用。如我国猪瘟兔化弱毒疫苗对预防猪瘟是世界公认最好的，我国猪瘟病毒野毒株中也并没有出现能抵抗现行疫苗免疫作用的突变强毒株；但近七八年来，却不断有猪场在使用疫苗后仍发生猪瘟的报告。猪繁殖与呼吸疾病综合征、圆环病毒病、伪狂犬病、支原体肺炎等都能破坏猪的免疫系统，造成不同程度的免疫抑制，除了容易导致细菌性疾病混合感染或继发感染外，更为严重的是导致相关疫苗免疫失败。鸡新城疫病毒（NDV）的控制也从来没有像今天这样艰难。商品肉鸡、蛋鸡和种鸡群，不得不从生命一开始就一再使用弱毒苗和灭活苗多次强化免疫，以减少由 NDV 造成的经济损失；但近几年来不少大型鸡场反映，鸡群产生的抗 NDV 的抗体水平都比前几年低得多，使消灭 NDV 感染的目标变得更难实现。而中国农业科学院组织有关单位开展的动物穴位免疫研究表明，采用疫苗后海一次注射，不仅可以使仔猪传染性胃肠炎（TGE）弱毒苗、细胞灭活苗、组织灭活苗、仔猪流行性腹泻灭活苗（PED）、TGE 与 PED 二联灭活苗、猪旋毛虫可溶性抗原苗、羊衣原体卵黄囊灭活菌、牛乳腺炎三联灭活苗、仔猪大肠杆菌腹泻 K88 与 K99 基因工程菌苗、马传染性贫血弱毒苗、鸡法氏囊炎双价弱毒苗、鸡新城疫弱毒苗，共计 5 种畜禽 12 种疫苗的用量节约 50% 以上，仍能达到或优于常规最佳途径的免疫效果；而且打破了"TGE、PED 等消化道传染病疫苗，非经口服或鼻腔黏膜接种不能免疫"的国内外传统学术观点，已成为 TGE 与 PED 等疫苗的当前常规接种方法（图 1-4）。

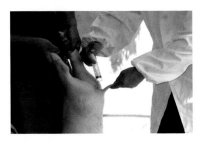

图 1-4　猪疫苗后海注射接种

再如青霉素 1942 年在美国开始生产，当时注射 100 单位疗效就很好；可是现在，注射 1000 万单位，剂量提高了 10 万倍，才有疗效。这是为什么呢？因为细菌的耐药性增强了，必须加大剂量才能杀灭细菌。细菌的耐药性为什么增强了 10 万倍？因为 70 多年来滥用的剂量一点点不停地增加，所以细菌的抗药性也一点点不停地增加。20 世纪 60 年代人们就已逐步认识了细菌耐药性的产生及其转移机制，以及饲用抗生素对人类健康的可能危害，提出了饲用抗生素应与人用抗生素分开的主张，并开始研制专门的饲用抗生素。然而，2007 年有一项对中国 5 省区的调查发现，包括 β- 内酰胺类的阿莫西林、氟喹诺酮类的诺氟沙星、氨基糖苷类的庆大霉素和新霉素、大环内酯类的红霉素、林可酰胺类的克林霉素等，其更新几乎与人类临床用抗生素同步。

然而，对痢菌净不同给药途径治疗仔猪白痢病效果研究发现，后海穴位注射痢菌净 3 毫克 / 千克体重，分别较肌内注射 5 毫克 / 千克体重与口服痢菌净片 10 毫克 / 千克体重的总有效率分别高出 20.3% ～ 21.6% 和 37.8% ～ 38.8%，平均疗程缩短 25.2 ～ 25.6 小时和 55.0 ～ 55.4 小时，平均投药次数减少 2.9 次和 4.99 次。澳大利亚 Ferguson 博士在 2008 年报道一例哈巴狗的肠炎与蛋白丢失性肠病病例，在西澳大利亚大学兽医院经过 2 个月的泼尼松、硫唑嘌呤（影响免疫功能的药物 / 免疫抑制剂 / 抗代谢药）、螺内酯（利尿药）与甲硝唑的治疗后，出现体重减轻、肌肉萎缩无力、精神忧郁嗜睡、腹部肿大坚硬、几乎不能行走等症状，主管兽医师又要用免疫抑制药环孢菌素进行治疗，且认为该狗对药物反应迟钝，预后不良，怀疑可能有顽固性疾病或其他潜在性肿瘤疾病。而根据中兽医辨证施治，其耳鼻冰凉、口舌苍白稍有湿润、脉沉迟、腹部肿胀、大便稀、昏睡、肌萎缩等，属中焦虚寒（脾气脾阳两虚），采用理中丸配合电针百会、后三里、阴陵泉、胃俞等穴进行治疗，同时停用甲硝唑与硫唑嘌呤，减半并逐渐停用泼尼松与螺内酯。经过 3 个月的治疗，该哈巴狗恢复健康。

由于针灸与按摩的神奇疗效，以及它们具有治疗范围广泛、器具简单且携带方便、操作简便、应用安全、易学易用、费用低廉、经济划算等特点，其不仅在国内作为动物保健及疾病防治的重要手段之一，而且也越来越多地受到了国外兽医及动物主人的喜爱。如在 2016 年北京第 18 届世界中兽医大会上（图 1-5），世界中兽医协会（WATCVM）理事长 Mushtaq Memon 博士致辞时指出：目前全球约 40 个国家近万名兽医使用针灸、中药进行动物诊疗。与西兽医学的对抗疗法相比较，中兽医学以整体观念、平衡机体的独特魅力被愈来愈多的人所接受。在美国及西方许多国家，愈来愈多的动物主人及兽医寻求中医整体疗法。为推动中兽医学融入现代主流医学，2013 年世界中兽医协会在西班牙成立，其目标是在 10 年内，在全球 100 多个国家推广应用中兽医药。

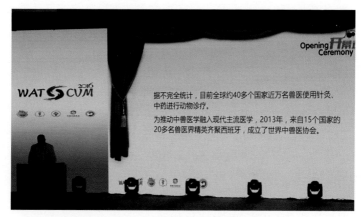

图 1-5　2016 年北京第 18 届世界中兽医大会

二、中兽医针灸与按摩的历史记载

1. 伏羲说

《帝王世纪》"伏羲氏仰观象于天，俯观法于地，画八卦，所以六气六腑，五行五脏，阴阳四时，水火升降，得以有象，百病之理，得

以类推；乃尝味百草而制九针，以拯夭枉焉。"（图1-6）

2. 马师皇说

相传黄帝时医士，善医马，后世尊为兽医鼻祖。相传有一天，一条龙从天而降，请他医病。马师皇用药针刺它的口腔，又让它服用甘草汤。龙的病治好了，腾飞而去。以后常有神龙或从天上，或从海里前来求医。后来，一条身披金鳞的蛟龙降自云端，马师皇骑上龙背，飞升上天（汉《列仙传》，图1-7）。

图 1-6　天水伏羲庙　　　　图 1-7　明本《列仙传》马师皇图

于船教授认为，马师皇为传说中的我国最早的兽医，根据其主要资料来看，也只能算作一个传说或神话人物而已！我国牧业在西周以前就已经很发达，兽医的出现当然会早些，但根据古籍记载，我国较有根据的最早的兽医（善御者兼事兽医）应推造父。至于有人认为秦穆公时出现的伯乐（孙阳）为我国古代最早的兽医，因较造父晚两三个世纪，所以说这种论点恐怕是很难成立的。单吴昆泰、王成、李群等认为，马师皇虽属传说中人物，不像有史可查的古代兽医名医如相马的伯乐（一说孙阳）、架车的造父有名，但毕竟是中华兽医始祖，需要同道铭记。

3. 孙阳（约公元前680年~公元前610年）

图1-8 《中兽医针灸学》孙阳像

孙阳号伯乐，春秋中期郜国（今山东省成武县）人，因相马立下汗马功劳，被秦穆公封为"伯乐将军"。他不仅善于相马，而且也善于医马病，他通晓马的明堂针穴，能巧治各种疾病（图1-8）。后世广为流传的《伯乐针经》《伯乐明堂论》以及《伯乐画烙图歌诀》等针灸专著，可能均系后人托名之作。他将毕生经验总结写成我国历史上第一部相马学著作——《伯乐相马经》。后人就用发现千里马的伯乐来比喻发现、推荐、培养和使用人才的人或集体。

4. 考古说

在河南仰韶遗址（新石器时代中期）中，发掘出许多猪、羊、马等家畜骨骼的同时，还发掘出了石刀、骨针及陶器等（图1-9）。陕西半坡和姜寨遗址（属仰韶文化）都发现有用细木柱围成的圈栏，其中堆积有很厚的粪便，说明兽医卫生防护知识已经有了一定的发展。我国医药起源也在此时开始萌芽，当豢养的动物生病时，利用已知的医药知识对它进行治疗，就成为中兽医的起源。

5. 兽医首次文献记载

《周礼·天官·医师章》（图1-10）有记载："兽医掌疗兽病，疗兽疡。凡疗兽病，灌而行之，以节之，以动其气，观其所发而养之。凡疗兽疡，灌而刮之，以发其恶，然后药之、养之、食之。凡兽之有病者、有疡者，使疗之。死则计其数，以进退之。"

6. 李石《司牧安骥集》

对中兽医学理论与诊疗技术进行了比较全面系统的论述，是我国

图 1-9 仰韶遗址出土的骨针

图 1-10 《周礼》（战国后期）

最早的一部兽医教科书。该书收录了"穴名图（马）"（图 1-11）、"伯乐针经""续添伯乐画烙之图""伯乐画烙图歌诀"（图 1-12）与"六阴六阳之图（马之六阴经与六阳经穴位图）"（图 1-13）、"放血疗法""上六脉穴"与"下六脉穴"等兽医针灸学资料。

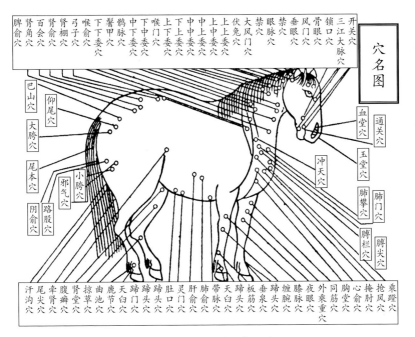

图 1-11 《司牧安骥集》穴名图

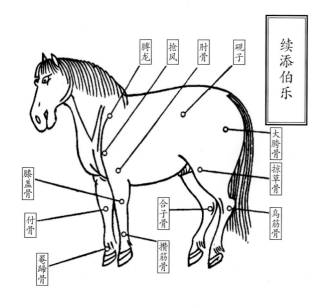

画烙之图

续添伯乐

脾龙　抢风　肘骨　砚子

大膀骨
掠草骨
乌筋骨

膝盖骨
付骨
罨蹄骨
合子骨
攒筋骨

图 1-12 《司牧安骥集》伯乐画烙图

六阴之图

尾脉太阳膀胱经

六阳之图

眼脉穴厥阴肝经
鹘脉太阴肺之经
胸堂穴少阴经

带脉太阴脾之经
肾堂少阴肾之经

曲池阳明胃经
蹄头少阳三焦经
同筋太阳小肠经
劳堂少阳胆经
膝脉阳明大肠经
夜眼厥阴包络经

图 1-13 六阴六阳之图

7.《元亨疗马集》

1608 年喻本元、喻本亨著《元亨疗马集》（附牛、驼经），由丁宾作序，刊行（简称丁序本）。该书集以前和当代兽医的理论和经验，理法方药俱备，内容丰富多彩，它是在国内外流传最广的一部中兽医学代表著作。

该书在中兽医针灸方面不仅收录了"明堂伯乐论""针穴""伯乐画烙图歌诀"等马体针灸的专门论述（图 1-14，图 1-15），而且有"牛体穴法名图"等内容的介绍（图 1-16）。

图 1-14 《元亨疗马集》察色脉图

8.《中兽医针灸学》（中国农业科学院中兽医研究所编，中国农业出版社，1959 年 9 月，第一版）

为首部兽医针灸学专著（图 1-17）。比较系统地介绍了针灸疗法的起源及其发展，兽医针灸治疗的独特之处，阴阳五行、脏腑、营卫气血、经络学说等中兽医学基本理论、兽医针灸术的概念、使用和操作方法、针灸手法、禁忌、注意事项，马、牛、猪、骆驼穴位及马

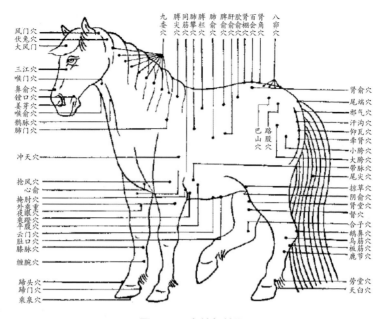

图 1-15 火针气针图

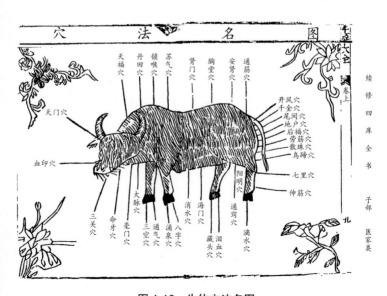

图 1-16 牛体穴法名图

图 1-17 《中兽医针灸学》

病、牛病、猪病、骆驼病的针灸治疗法则与方法等。

9.《兽医针灸手册》（杨宏道、李世俊，中国农业出版社，1983年6月，第二版）

首次系统地对犬体针灸穴位及其疾病的针灸治疗进行了介绍（图1-18）。随后，于船《中国兽医针灸学》（中国农业出版社，1984年7月，第1版），李长卿、范文学《中国兽医针灸图谱》（甘肃科学技术出版社，1989年11月，第1版），何静荣、陈耀星《犬猫的按摩与针灸》（中国农业科学技术出版社，2002年，第1版）（图1-19），董君艳《犬病针灸疗法》（吉林科学技术出版社，2006年1月，第1

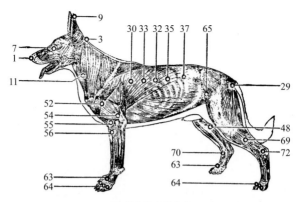

(1) 狗的肌肉及穴位

1—人中；3—天门；7—三江；9—耳尖；11—颈脉；29—交巢（后海）；30—肺俞；
32—肝俞；33—胃俞；35—脾俞；37—肾俞；48—肾堂；52—抢风；54—肘俞；55—胸堂；
56—四渎；63—涌滴；64—六缝；65—环跳；69—后三里；70—中付；72—后跟

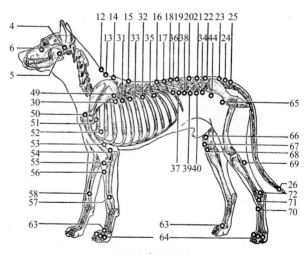

(2) 狗的骨骼及穴位

4—上关；5—下关；6—睛明；12—大椎；13—陶道；14—身柱；15—灵台；16—中枢；
17—脊中；18—悬枢；19—命门；20—阳关；21—关后；22—百会；21—尾根；24—尾节；
25—尾干；26—尾尖；30—肺俞；31—厥阴俞；32—督俞；33—胃俞；34—膀胱俞；
35—脾俞；36—三焦俞；37—肾俞；38—气海俞；39—大肠俞；40—关元俞；44—膀胱俞；
49—膏肓俞；50—肩井；51—肩外髃；52—抢风；53—郄上；54—肘俞；55—四渎；
56—前三里；57—外关；58—内关；63—涌滴；64—六缝；65—环跳；66—膝上；
67—膝凹；68—膝下；69—后三里；70—中付；71—解溪；72—后跟

图 1-18 《兽医针灸手册》犬体穴位图

犬病针灸按摩治疗图解

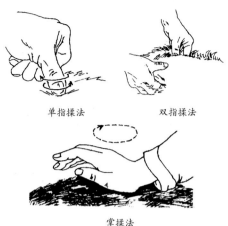

单指揉法　　　　　双指揉法

掌揉法

图 1-19 《犬猫的按摩与针灸》按摩图

版），Xie HS、Preast V《XIE'S VETERINARY ACUPUNCTURE》（美
国 Blackwell Publishing，2007 年，第一版），胡元亮《小动物针灸技
法手册》（化学工业出版社，2009 年 1 月，第一版），宋大鲁、宋劲
松《犬猫针灸疗法》（中国农业出版社，2009 年 6 月，第 1 版）（图
1-20），宋大鲁、宋旭东《宠物诊疗金鉴》（中国农业出版社，2016
年 3 月，第 2 版）等著作，以及罗超应等制作的视频光盘《犬体针灸
穴位刺灸方法》（化学工业出版社，2016 年 6 月，第一版）（图 1-21）
等，对犬体针灸穴位及其疾病针灸按摩治疗方法，进行了更加详细生

温针灸

图 1-20 《犬猫针灸疗法》间接灸图

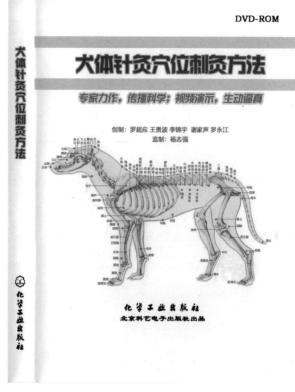

图 1-21 《犬体针灸穴位刺灸方法（DVD）》

动的介绍。

三、近年来犬病发病特点

1. 感染性疾病虽得到控制，但依旧控而不绝，甚或时有高发而严重威胁犬的安全

疫苗与抗生素等药物的发明与广泛应用，使得犬感染性疾病的发生得到了很大程度上的控制。但因为各种原因使其还时有发生，有时在有些地方还高发频发，威胁犬体健康与生命。如任存智等在2011年，对西安市南郊3所宠物医院临床接诊的3892只病犬进行了疾病分类统计调查，发现内科疾病、病毒性疾病、皮肤病、外科疾病分别为总发病数的37.82%、20.20%、18.36% 和10.36%。张婷婷等在

2011年4月至2012年9月，对黑龙江八一农大动物医院就诊的1113例患犬进行了调查分析，发现内科病382例，占34.3%；外科病563例，占50.6%；寄生虫病17例，占1.5%；传染病96例，占8.6%；产科病55例，占5.0%。娄红军、颜泽清在2009年，对南京市4家宠物医院就诊的11342例病犬进行调查，发现病毒病占病例总数的20.45%，细菌病占16.15%，皮肤病占14.01%，寄生虫病占4.59%，泌尿系统疾病占9.49%，眼部疾病占2.88%，呼吸系统疾病占5.16%，产科疾病占5.79%，神经系统疾病占1.04%，消化系统疾病占6.90%，营养代谢疾病占1.79%，中毒病占0.86%，外科病占9.59%，巴贝斯虫病占1.30%。唐芳索报道，沈阳某犬场2007年5～12月发病90例（23窝），死亡52只；2008年1～2月又发病67例（9窝），死亡22只，诊断为犬细小病毒、犬冠状病毒与葡萄球菌混合感染。

2. 混合性或继发性感染性疾病增多，非典型性疾病增多

由于疫苗与抗生素等药物的广泛应用，病原体与宿主长期受到免疫接种及环境、药物作用等因素的影响及饲养方式的改变，导致一些传染病流行特点和临床表现发生变化，出现流行缓慢、症状不典型以及散在发生和不显性感染病例增多。如犬瘟热，有的患犬为单纯的神经型犬瘟热，仅表现为局部肌肉抽搐症状；而有的犬则出现类似感冒症状，体温升高，不吃或食欲减退，流清涕，打喷嚏或咳嗽，与感冒很难区分而常被误诊。其次，现在越来越多的犬病发生往往不是由单一的病原体感染所致，而是由2种或2种以上的病原体混合感染所引起，导致患病犬临床症状特异性不明显，而危害却较为严重，也较难控制。如常见的混合感染有犬瘟热病毒与犬细小病毒、犬瘟热病毒与犬冠状病毒、犬瘟热病毒与犬传染性肝炎病毒、犬细小病毒与蠕形螨和蜱混合感染；球虫、冠状病毒和副流感病毒、吉氏巴贝斯虫和犬瘟热病毒混合感染；犬瘟热与大肠杆菌或沙门菌混合感染等。

3. 营养代谢病呈逐年增高趋势

近年来，犬用成品饲料因其营养全价、携带储存方便，可减少不必要的烧煮等优势，使其应用越来越多。然而，犬的品种、年龄、生

长发育阶段及环境因素等都要求对犬的营养与饲喂要有所区别，而有些人却忽视成品饲料的针对性与不同性，用错料或错用料。另一方面，我国仅有少数单位生产商品性犬饲料，加之商品性犬饲料价格相对较高，致使大多是自行配制，容易引起饲料营养不全或因配制方法不当而造成营养成分丧失，或因犬的偏食而发生某些疾病。

4. 犬瘟热、犬细小病毒病等流行趋于幼龄化

由于幼犬的免疫系统尚未完全发育，机体抵抗病原微生物感染的能力相对较弱，或因免疫接种不及时，致使我国犬瘟热、犬细小病毒病等的流行愈来愈趋于幼龄化。如张晋等报道，犬瘟热发病最小年龄为 30 日龄，最大的 1 岁 7 个月，其中以 2～4 月龄的发病数最高；犬细小病毒性肠炎发病最小年龄为 30 日龄，最大的 2 岁，其中以 2～4 月龄的发病数最高，11 月龄内幼犬与 11 月龄以上的发病率分别为 36.73% 和 12.50%，差异极显著（$P < 0.01$）；犬冠状病毒感染发病最小年龄为 30 日龄，最大的 9 岁，其中以 2～4 月龄的发病数最高，11 月龄内幼犬与 11 月龄以上的发病率分别为 23.01% 和 11.54%，差异显著（$P < 0.005$）；犬肠道寄生虫发病最小年龄为 30 日龄，最大的 9 岁，其中以 2～4 月龄的发病数最高，11 月龄内幼犬与 11 月龄以上的发病率分别为 18.14% 和 5.77%，差异极显著（$P < 0.01$）。张汇东等对昆明、南京、南昌和沈阳四个养犬场的 875 例犬传染病病例统计，2 月龄内的哺乳犬发生 87 例，占发病数 9.94%；593 例发生在 2～6 月龄的幼龄犬，占传染病总数的 67.78%。唐芳索对沈阳某犬场病例统计，发现犬细小病毒、犬冠状病毒与葡萄球菌混合感染发病和死亡者也多属仔犬。

5. 犬病发生的季节性

一年四季中，犬瘟热 3 月份发病最多（30.30%），2 月份次之（2.424%），其他月份发病相对较少；犬细小病毒性肠炎 1 月份发病最多（34.31%），3 月份次之（31.37%），其他月份都相对较少；犬冠状病毒感染 1 月份发病最多（42.86%），3 月份次之（27.14%），其他月份都相对较少；犬肠道寄生虫疾病 1 月份、3 月份发病最多（31.37%），4 月份次之（19.61%），其他月份都相对较少。

6. 人犬共患病不容忽视

自 1999 年起，我国狂犬病发病率呈逐年上升趋势，部分地区疫情上升十分明显，导致发病和死亡人数不断增多，其中 90% 以上都是由犬传染引起的。据数字显示，2009 年 3 月到 2010 年 3 月，陕西省汉中市暴发狂犬病疫情，6000 多人被咬伤，有 10 多个人因患狂犬病而死亡。赖平安等报道，对 2013 年 4～6 月间来自北京市 12 家大中型宠物医院的 186 份家养犬的血清样品进行 ELISA 检测和虎红平板凝集试验，发现弓形体抗体阳性 6 份，阳性率为 3.2%（6/186），可疑样品 2 份，其余为阴性；新孢子虫抗体阳性 1 份，阳性率为 0.5%；利什曼抗体阳性样品 2 份，阳性率为 1.1%，可疑样品 4 份，其余为阴性。

四、针灸、按摩与药物治疗之间的关系

病原微生物、疫苗与抗生素等知识与药物的发现、发明与应用，给犬疾病防治带来了根本性改观，尤其是随着感染性疾病或与感染性因素有关的疾病不断增多，人们对病原微生物、疫苗与抗生素的认识、开发与应用的重视达到了前所未有的程度。除传统的传染病与感染性疾病外，胃溃疡、癌症与糖尿病等也都与感染性因素相关，也都寄希望于通过疫苗与抗生素等抗病原体的方法来对其加以防治，并已经取得了一定的成功。然而，就像《黄帝内经》所言："正气存内，邪不可干；邪之所凑，其气必虚"，病原微生物是在与机体相互作用中引起疾病的发生。疾病的发生、发展与转归并不只取决于病原微生物，还与机体及环境因素息息相关。其一，临诊中的许多疾病，如犬瘟热、霉形体病、大肠杆菌病等，非常不容易治愈，但其要人工感染发病也并非易事。其二，同一种感染性疾病，在不同的个体发生，常有不同的临诊表现与转归。其三，抗生素药效学研究发现，抗生素的作用无论多么强大，最后杀灭和彻底清除微生物还有赖于机体健全的免疫功能。机体免疫功能状态良好，抗生素选择适当，可迅速、彻底地杀灭、清除病原微生物；反之，机体免疫功能低下，抗生素无论如何有用，也难以彻底杀灭并清除病原微生物。这也就是为什么，处理好抗生素、病原体与机体三者的相互关系，尤其是改善机体状况，在

感染性疾病的防治中是愈来愈受到人们的重视（图 1-22）。其四，通过不同途径或环节对机体免疫功能具有增强或双向调节作用的中药达200 余种，其中既有多种补益类药物，也包括多种清热解毒、清热利湿、活血化瘀、利水等类的中兽药及其复方药物，只要用药对证，都有增强或双向调节机体免疫功能的作用。这也就是为什么，有些感染性疾病用特效抗生素治疗无效时，而结合几乎无抗菌抗病毒作用的中药（由于大多数中药抗菌与抗病毒的最小有效浓度 MIC 太高，几乎都可以被判定为无抗菌抗病毒作用）或针灸进行治疗，却能显著地提高与改善其临床疗效。

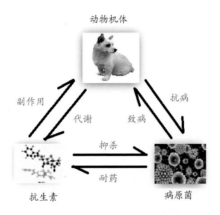

图 1-22　动物机体、抗生素与病原菌的关系

　　这一点必须引起我们足够的重视。因为根据被誉为 21 世纪的科学——复杂性科学来讲，复杂系统中的物质作用不仅取决于其本身，而且也与其所处的环境条件有很大的关系。在不同的初始条件下，其物质的作用可以有天壤之别，即所谓的"非线性特点"。如著名的"蝴蝶效应"，就是指在特定的气候条件下，一只蝴蝶扇动翅膀可以引起一场飓风（图 1-23）；中药针灸等对机体的良性双向调节作用，在不同的生理病理条件下对机体具有不同的调节效果；现代生物学的生物钟现象、药物的过敏与耐受现象、生理药理学的刺激疲劳现象等。然而，西医药学在经典科学"单因素性分析"理念指导下，重视对疾病发生与防治的特异性因素与药物作用；尤其是擅长于实验室受控实验的"单因素线性分析与处理"，给疾病的认识与防治带来了巨大的成

犬病针灸按摩治疗图解

图 1-23　蝴蝶效应与阴阳八卦图

功。但随着多重感染等慢性复杂性病症的不断增多，使得各种因素相互作用对特异性因素的影响作用日益突出，使得疫苗与抗生素等特异性防治方法的效果面临着愈来愈严峻的挑战。而相反，中药、针灸与按摩等对病原微生物等致病因素的特异性作用并不很强，这是它的不足之处；但其辨证施治对疾病发生、发展与转归过程中，机体不同病理状态的认识、把握与处理，实现了对临诊实践中各种因素相互作用所形成的不同"初始条件"的动态认识、把握与处理，却是其所长。这也就是为什么，中医药与针灸等的特异性作用大多都不很强，却能够显著地提高与改善西医药的临诊疗效；中兽医药学的整体平衡观念与辨证施治诊疗方法，尽管其作用机制并没有被西医药学所完全认识与接受，而其却被愈来愈多的人们所推崇，致使在欧美等西方国家，学习与使用中药与针灸治疗动物疾病的人也是愈来愈多。

　　基于以上认识，我们在处理针灸、按摩与药物治疗间的关系时，就既要重视病原微生物、疫苗与抗生素等药物的特异性作用，也不能忽视它们作用的"初始条件"；尤其是后者在临诊实际中的动态变化性，以及中医药与针灸辨证施治对后者认识与处理的优势。在各种犬病防治中，首先要树立综合防治的思想，既要重视特异性病因的特异性防治，也不能忽视饲养管理、气候变化与环境因素等的影响与消除，更不能忽视中药、针灸与按摩等辨证施治的作用。如针灸与按摩不仅可以用于治疗神经机能障碍等疾病；而且穴位注射，以及针灸、按摩与药物等的配合，也可以用于感染性疾病的防治。如澳大利亚Ferguson博士在2008年报道，用中药与针灸相配合，辨证施治治愈一例西药无法治愈的哈巴狗的肠炎与蛋白丢失性肠病的病例。再如穴位注射在犬病临诊应用上，已经有用于消化、呼吸、系统、泌尿、神经、外科、眼科系统疾病与传染病等的报道，且具有用药量少、成本低、见效快、作用时间久和简单易操作等优点。

当然，针灸与按摩有它的最佳适应证，也有它的局限性。在与疫苗、抗生素等药物配合防治犬病尤其是犬感染性疾病时，一方面要注意它的适应证，另一方面还要注意灭菌与消毒等使用方法与原则，以免造成散毒与机体的不必要损害。有些病例是在西药治疗无效的情况下，使用中药、针灸或按摩而取效的，其并不能排除西药的先期作用，而忽视针灸与按摩的不足之处。在犬病防治中，要根据具体情况，积极地配合应用中西医药学的不同方法与措施，以便取长补短而收到最佳的防治效果。

五、犬养殖常识

1. 犬品种与疾病

犬的品种繁多，目前国际上公认的犬优良品种就有137种，其体格大小可差20倍以上，最高的可超过1米，最重的达130多千克；而最矮的却只有20厘米，最轻的只有1.5千克。其不仅用途各异，而且由于遗传特性与原生活地域特点等的不同，使其对疾病的易感性也各不相同。如大麦町易得先天性耳聋，贵宾犬易患癫痫，杜宾犬常见类似血友病的出血问题等，纯种狗患包括白内障、青光眼等视力疾病与先天性心脏病的可能性比杂种狗要高3倍以上。藏獒等高寒地区的品种，在低海拔温暖的地区饲养，容易因为对环境不适应而引发各种疾病，在购买或引种或饲养时要特别注意这点。

2. 犬的习性特点

犬是以肉食为主的杂食动物，对粗纤维的消化能力差。因此，给犬喂食蔬菜时，应切碎、煮熟，不宜整块、整棵的喂。犬的味觉很迟钝，主要是靠嗅觉来辨别食物味道的，因此在给犬准备食物时要特别注意对食物气味的调理。

犬的呕吐中枢发达，当吃进毒物后能引起强烈的呕吐，是一种比较独特的防御本领。犬的排粪中枢不发达，不能像有些动物那样一边走一边排粪。

说犬没有汗腺，其实是一种误解。犬不但有汗腺，而且全身上下都有，分为大汗腺和小汗腺两种。前者从尾根部至背线都有分布，但没有散热的作用，只是汗液经过细菌作用后产生特别的气味；后者有散热作用，但只存在于四爪内侧的小肉球中，气温高时以足底排汗的方式调节体温，并有可能留下湿脚印。在炎热的季节，犬张开大嘴，伸出长长的舌头，依靠唾液中水分的蒸发来帮助散热。

犬的听觉很敏锐，对突如其来的较大声音会表现出一种恐惧感。只要声音持续存在，犬的情绪就无法稳定，即使主人责备或安慰也无效，产后不久的母犬还可能发生吃仔犬的悲剧。对闪光和火光有恐惧感，但它只会小心地围着吠叫，于是便出现了许多犬报火警的故事。犬对同类的死亡有强烈的恐惧感，甚或对皮革气味、生物标本、能发出鸟兽声音，并且对会动的玩具、没人在时被风吹动的门、张开的伞等，表现出难以理解的毛骨悚然感。

犬的嗅觉在各种家畜中最灵敏，尤其是对酸性物质的嗅觉灵敏度要比人类高几万倍。

犬是色盲，且视觉较差。固定目标的视觉只有 50 米，但对运动的目标可远到 825 米。暗视力比较灵敏，且由于犬的头部转动非常灵活，完全可以做到"眼观六路，耳听八方"。

3. 犬的性格及其常见行为

犬也有"性格"，有的犬活泼好动，聪明伶俐；有的犬文静安详，听从命令；有的犬粗犷强暴，喜好争斗；有的犬则胆小懦弱，反应迟钝。犬的"性格"不仅对犬的挑选、训练及饲养具有重要意义，而且对犬的疾病诊断及其防治效果的判定也有意义。

（1）高兴　最常见的是使劲摆动尾巴，向高处跳跃；有时也会"笑"，表现为鼻上堆满皱纹，上唇拉开，露出牙齿，眼睛微闭，目

图1-24 高兴

光温柔，耳朵向后伸，轻轻地张开嘴巴，鼻内发出哼哼声，身体柔和地扭曲，全身的被毛平滑没有竖起的，尾巴轻摆，愿意与人亲近（图1-24）。

（2）愤怒 脸部表情几乎和"笑"时完全一样，鼻上提，上唇拉开，露出牙齿。不同的是两眼圆睁、目光锐利、耳朵向斜后方向伸直。一般嘴巴闭合，发出呼呼的威胁声音，四脚用力踩地，身体僵直，被毛竖立，尾巴直伸，与人保持一定距离。如果两前肢下伏，身体后坐，则表明即将向你发动进攻（图1-25）。

（3）恐惧 两眼圆睁，耳朵向后伸，尾巴下垂或夹在两腿间，浑身颤抖，被毛直立，呆立不动或四肢不安地移动，或者后退（图1-26）。

图1-25 愤怒

图1-26 恐惧

（4）哀伤 头垂下，两眼无光，向主人靠拢，并用祈求的目光望着主人，或卧于一角，变得极为安静（图1-27）。

（5）等待或期望 摆动尾巴，身体平静地站立，两眼直视主人（图1-28）。

（6）屈从或敬畏 头部下垂，耳朵靠拢，躯体低伏。

（7）友好或要求玩耍 尾巴高伸摆动，耳朵竖起；头部摆动，身体拱曲，有时还伸出前爪。

图 1-27　哀伤

图 1-28　等待或期望

（8）睡眠　犬每天需要 14～15 小时的睡眠（图 1-29），但常常是分成几次，而非 1 次长时间完成。野生犬是白天睡觉，晚上活动。驯养后与人的起居基本保持一致，但犬不会从晚上一直睡到早晨，而是睡眠时始终保持着警觉状态，且总是将头朝向外面，比如庭院的大门方向，随时可以察觉到外面的各种变化。有人认为，犬睡眠时味觉反应完全停止，但对声音却特别敏感。

图 1-29　睡眠犬

（9）等级意识　犬生性好群居，有明显的等级意识。头犬常用以下动作来表示等级优势：允许自己而不允许其他犬检查另外的犬的生殖器官；不准其他犬向另一只犬排过尿的地方排尿；其他犬可在头犬面前摇头、摆尾，耍顽皮或退走、坐下或躺下，当头犬离开时，方可站住；等级优势明确后，敌对状态消除，开始成为朋友。犬对主人也可表现出同样的姿势。各年龄、性别的犬都有爬跨行为，但幼犬的爬跨是高兴和顽皮的表现，如主人离开一段时间或两只小公犬一起玩耍时，都常有爬跨动作，这是高兴的表现，而无交配之意。成年公犬表现爬跨，一是为了与发情母犬交配，另一种情况是为了确立自己的优势。母犬通常只是在发情高潮时允许公犬爬跨；甚至为了调情，不仅用身体摩擦公犬，翘起尾巴站立，而且还爬跨公犬，最大程度地刺激公犬。此时是交配的最佳时机。

（10）犬有嗅闻外生殖器的习性　犬外生殖器部位的皮腺能分泌出对犬有极大诱惑力的气味，犬通过互相嗅闻外生殖器就可辨别其性别、年龄、身体状况及其态度。年长的犬或头犬有权检查年龄小及地位次于它的公犬、母犬、幼犬的外生殖器。两只犬接触时，一般先互相嗅闻，再接触肩部被毛，最后检查外生殖器（图1-30）。除此之外，无论公、母犬都有经常检查和细心用舌舔自己外生殖器，以保持其清洁的习性，对此不应反对和斥责。

图1-30　接触互嗅

但当犬频繁地嗅自己的肛门部位时，可能是出现了不适感及消化功能方面的问题，应及时进行检查或治疗。

（11）领地意识　犬和猫科动物、鸟类和啮齿类动物等一样，都有领地感，以它自己为中心，用自己的气味标出地界，并经常更新。通常是公犬外出散步总是往树干、路灯下或角落里等固定的一些地方撒少量尿。有趣的是，体小犬经过体大犬留下的领地痕迹时，会尽量抬高它的后肢撒尿；而体大犬经过体小犬留下的痕迹时，会尽量以低于正常的姿势排尿，以覆盖住其痕迹。母犬领地感不像公犬那样明显，只是在其发情期间为了告诉周围的公犬它正发情，用尿来标志领地界限或规定道路的记号。母犬只注意保护自己的仔犬，但有些母犬之间始终能和睦相处，甚至可喂养其他母犬的幼仔。一块领地通常只

犬病针灸按摩治疗图解

可属于一两只犬或整个犬群。

（12）与人交往　如果犬出生的头两个月只和它的父母或其他犬在一起，而不与人接触，或没有真正逐渐了解人，则其一生就会远离人，并难以训练；而如果犬生下来就与人接触并受人的抚爱，使它认识到人是朋友，并熟悉人的气味，则就多与人和善，容易接受训练。犬对猫的妒忌性很大，但通过人的各种表情和训练，可使犬领会到主人对猫的钟爱而会与猫和睦共处。犬在地震和火山爆发前常有预感，到室外乱跑和吠叫。犬能在很远的地方，甚至相隔数年之久仍可找到回家的路。经过训练的犬在执行任务时，甚至没等主人做完一个简单的手势或说完一句话，它就已能分析到主人命令的内涵而很好地去完成它。

4. 犬的健康检查

通过下面各项检查，可对犬基本上作出是否健康的判断；如有条件可作布鲁菌病、弓形虫病等传染性疾病的检验。

（1）精神状态　健康犬活泼好动、机警灵敏、情绪稳定、喜欢亲近人，愿与人玩耍（图 1-31）。而精神状态不良的犬，多胆小畏缩而怕人、精神不振、低头呆立，对外界刺激反应迟钝，甚至不予理睬，或对周围的事物过于敏感，表现惊恐不安，或对人充满敌意，喜欢攻击人，不断狂吠或盲目活动，狂奔乱跑等。

（2）眼神　健康犬眼结膜呈粉红色，眼睛明亮不流泪，无任何分泌物，两眼大小一致，无外伤或疤痕；而病犬常见眼结膜充血甚至呈蓝紫色，贫血病患犬可视黏膜苍白、眼角附有眼屎、两眼无光或畏光流泪（图 1-32）。

图 1-31　健康犬

图 1-32　看眼

（3）鼻端　健康犬鼻端湿润、发凉，无浆液性或脓性分泌物。如果鼻端干燥，甚至干裂，则表明犬可能患有热性病。

（4）口腔　健康犬口腔清洁湿润，黏膜粉红色，舌鲜红色或具有某品种的特征性颜色，无舌苔，无口臭，无嘴巴闭合不全和流涎现象发生（图1-33，图1-34）。

图1-33　看口腔

图1-34　看口色

（5）皮肤　健康犬皮肤柔软而富有弹性，皮温不凉不热，手感温和，被毛蓬松有光泽；而病犬则可出现皮肤干燥、弹性差、被毛粗硬杂乱。如有体外寄生虫，还可见斑秃、痂皮和溃烂。

（6）肛门　健康犬肛门紧缩，周围清洁无异物。有下痢等消化道疾病时，常见肛门松弛、周围污秽不洁，有时可见炎症和溃疡。

（7）四肢　令犬来回走动或跑动，如出现跛行、两前肢向内并拢呈"O"形腿，或向外岔开呈"X"形腿，都属不正常。

（8）遗传性疾患　纯种犬常因是近亲繁殖（血统太相近），易罹患一些遗传性疾病。如沙皮犬、松狮犬、北京犬与贵妇犬等容易发生眼睫毛倒生，尤其是沙皮犬更多见；斑点犬易出现斑点相连或缺齿；拳师犬易发生关节病、耳聋或神经系统退化症。神经质或情绪不稳定的犬，行为较难预测，多因遗传或人为行为（常无故踢它）所引起。若上一代犬有咬人史，其下一代有可能遗传。

5. 年龄鉴定

犬的年龄主要以牙齿的生长情况、齿峰及牙齿磨损程度、外形颜

犬病针灸按摩治疗图解

色等综合判定，现介绍如下。

（1）犬齿式　成年犬（恒齿）齿式：门齿 3×2/3×2，犬齿 1×2/1×2，前白齿 4×2/4×2，白齿 2×2/3×2，共计 42 枚。

幼犬（乳齿）齿式：门齿 3×2/3×2，犬齿 1×2/1×2，前白齿 3×2/3×2，共计 28 枚。缺 1 枚前白齿和白齿。

犬齿全部为短冠形，上颌第一、二门齿齿冠为三峰形，中部是大尖峰，两侧有小尖峰，其余门齿各有大小两个尖峰，犬齿呈弯曲的圆锥形，尖端锋利，是进攻和自卫的有力武器。前白齿为三峰形。白齿为多峰形（图 1-35，图 1-36）。

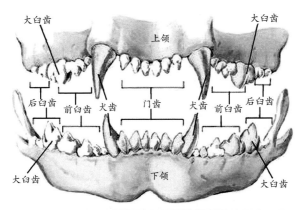

图 1-35　犬齿式与年龄

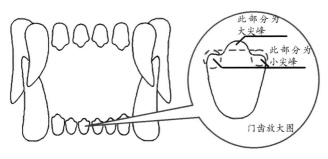

图 1-36　犬齿式示意图

（2）犬年龄判定　20天左右开始长牙。4～6周龄乳门牙长齐，近2月龄时，乳牙全部长齐，呈白色，细而尖。2～4月龄，更换第一乳门齿。5～6月龄，换第二、三乳门齿及乳犬牙，8月龄以后全部换上恒齿；1岁，恒齿长齐，洁白光亮，门齿上部有尖凸；1.5岁，下颌第一门齿大尖峰磨损至与小尖峰平齐，此现象称为尖峰磨灭（图1-37）；2.5岁，下颌第二门齿大尖峰磨灭（图1-38）；3.5岁，上颌第一门齿大尖峰磨灭（图1-39）；4.5岁，上颌第二门齿尖峰磨灭；5岁，下颌第三门齿大尖峰稍磨损，下颌第一、二门齿磨损面为矩形（图

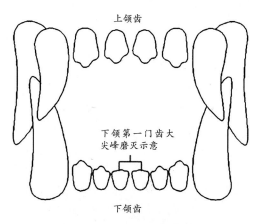

上颌齿

下颌第一门齿大尖峰磨灭示意

下颌齿

图1-37　1.5岁犬齿式图

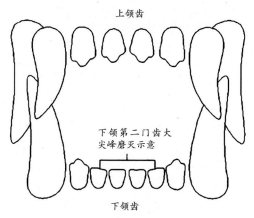

上颌齿

下颌第二门齿大尖峰磨灭示意

下颌齿

图1-38　2.5岁犬齿式图

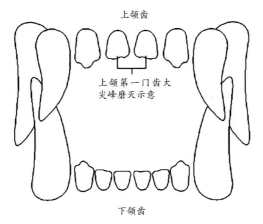

上颌齿

上颌第一门齿大
尖峰磨灭示意

下颌齿

图 1-39　3.5 岁犬齿式图

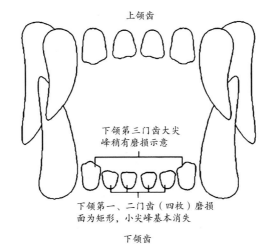

上颌齿

下颌第三门齿大尖
峰稍有磨损示意

下颌第一、二门齿（四枚）磨损
面为矩形，小尖峰基本消失

下颌齿

图 1-40　5 岁犬齿式图

1-40）；6 岁，下颌第三齿尖磨灭，犬齿钝圆（图 1-41）；7 岁，下颌第一门齿磨损至齿根部，磨损面为椭圆形（图 1-42）；8 岁，下颌第一门齿磨损面向前方倾斜；10 岁，下颌第二及上颌第一门齿磨损面呈纵椭圆形；10～16 岁，门齿脱落犬齿不齐。

（3）犬年龄和人年龄对照　犬年龄和人年龄对照，大、中、小型犬不一样；但 5 岁前差不多，之后大型犬的老化要比小型犬快得多。

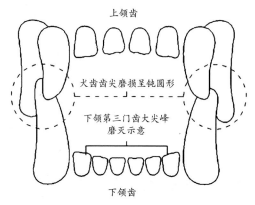

上颌齿

犬齿齿尖磨损呈钝圆形

下颌第三门齿大尖峰
磨灭示意

下颌齿

图 1-41 6 岁犬齿式图

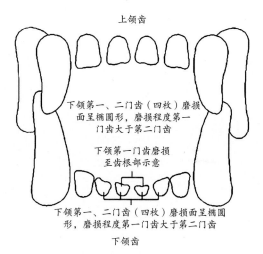

上颌齿

下颌第一、二门齿（四枚）磨损
面呈椭圆形，磨损程度第一
门齿大于第二门齿

下颌第一门齿磨损
至齿根部示意

下颌第一、二门齿（四枚）磨损面呈椭圆
形，磨损程度第一门齿大于第二门齿

下颌齿

图 1-42 7 岁犬齿式图

  5 岁前：犬 1 月龄相当于人 1 岁，2 月龄相当于人 3 岁，3 月龄相当于人 5 岁，6 月龄相当于人 9 岁，9 月龄相当于人 13 岁，1 岁相当于人 17 岁，1 岁半相当于人 20 岁，2 岁相当于人 24 岁（此时心智已趋向稳定），3 岁相当于人 28 岁，4 岁相当于人 32 岁。

  5 岁后：不同体重体形的犬的年龄与人的年龄比较，详见表 1-1。

犬病针灸按摩治疗图解

表 1-1　不同体重体形犬的年龄与人的年龄比较

犬的实际 年龄 / 岁	相当于人年龄 / 岁			
	9 千克以下的犬	9～23 千克犬	23～41 千克犬	41 千克以上的犬
5	36	37	40	42
6	40	42	45	49
7	44	47	50	56
8	48	51	55	64
9	52	56	61	71
10	56	60	62	78
11	60	65	72	86
12	64	69	77	93
13	68	74	82	101
14	72	78	88	108
15	76	83	93	115
16	80	87	99	123
17	84	92	104	
18	88	96	109	
19	92	101	115	
20	95	105	120	

6. 犬的饲养

（1）犬对水的需要　一般情况下，成年犬每天约需水 100 毫升 / 千克体重，幼犬需水 150 毫升 / 千克体重。高温季节、运动以后或饲喂较干的饲料时，应增加饮水量。实际饲养中最好全天供应饮水，任其自由饮用。成年犬躯体中含水量约占 60%，幼犬的比例更高一些。当犬体内水分减少 8% 时，即会出现严重的干渴感，食欲降低，消化减缓，并进而可能降低对传染病的抵抗力，导致血液黏稠、循环障碍。当因缺水使体重减少 20% 时，就可能导致犬死亡。

（2）犬日粮配制　犬在一昼夜内所采食的各种饲料的总和被称为

犬日粮。一般有 3 种类型：干型饲料、半湿型饲料和湿型（罐装）饲料。前者有颗粒状、饼状、粗粉状和膨化饲料，含水量低，不需冷藏即可长时间保存，只是饲喂时要给犬充足的饮水。半湿型饲料含水率在 20%～30%，多做成小饼状或粒状，密封包装，本身有防腐剂，不必冷藏，但开封后不宜久存。后者含水率为 74%～78%，多制成罐头食品，营养成分齐全，适口性好，最受犬欢迎。配制日粮的原则是，要本着营养全面均衡，结合不同品种与犬的不同生长阶段，采用不同的配方进行配制。

配方 1：肉类、谷类各 400 克，蔬菜 100 克，盐 5～15 克，共煮熟做成食团，分次喂给。

配方 2：肉类 400 克，米、麦、蔬菜各 700 克，食盐 10～20 克。

配方 3：大米、玉米面各 35%，高粱面、豆饼、麸皮各 10%，食盐 1%，骨粉 2%，鱼粉 6%，肉 0.25 千克，青菜 0.15 千克。

配方 4：肉 350 克，米 250 克，面食 300 克，蔬菜 400 克，奶渣 100 克，动物性脂肪 10 克，鱼肝油 8 克，酵母 6 克，胡萝卜 60 克，盐 10 克，骨粉 14 克。

（3）犬的饲喂：犬饲喂应掌握以下几个原则。其一，由于犬具有很强的条件反应，饲喂要尽量做到定时、定量、定食具、定场所。其二，饲料温度以 40℃左右为最好，避免过冷或过热，超过 50℃时犬就有可能拒食；但炎热夏季可给以冷食，而冬季最好加温饲喂。其三，饲具定期清洗消毒，饲料现做现喂，严禁饲喂发霉变质饲料，饮用不洁污染水，以免食物中毒、寄生虫感染及引起消化道疾病。其四，注意观察进食状况，发现异常情况。如除饲料单一、不新鲜、有异味或含芳香、辣味等有刺激性气味、特别甜或咸的食物，以及强光、喧闹、几只犬争食，或有陌生人或其他动物干扰等影响犬的食欲外，应考虑疾病问题，及时诊疗。其五，忌食菜单：洋葱可引起中毒；面包盐分过多；冰激凌、蛋糕可引起肥胖或腹泻。鱼骨、肉骨可造成呕吐、腹泻或便秘，甚至卡在喉咙里，只可喂食少量的猪骨或牛骨。香辣的调味剂刺激性强、气味浓重。牛奶不易消化吸收，多食可引起腹泻。含纤维多的蔬菜、花生、章鱼、墨鱼及贝类食品，不易消化，可能引起腹痛、腹泻。年糕可能会堵住咽喉或黏在喉管上引起窒息，要小心。

仔犬一生出来立刻会吸奶，应让其在 0.5 ～ 1 小时吃到初乳。新生仔犬出生后 1 ～ 2 周体温较低，为 34.5 ～ 36℃，无颤抖反射，完全依赖外部的热源（如母体）来维持正常体温，注意保暖。如有统计，1 周内死亡的仔犬，因寒冷所致的约占 50%。仔犬 6 周龄始有颤抖反射和调节体温功能，10 ～ 16 日龄眼睛睁开，15 ～ 17 日龄耳朵张开，呼吸频率加快，这些都有助于促进和保持较高体温。2 ～ 6 周龄体温为 36 ～ 39℃，4 周龄以后接近成年犬体温。有的仔犬刚生下不会呼吸、叫唤，出现假死现象，可将其头部向下，左右摇摆犬体；用吸耳球吸出仔犬口鼻内羊水，用酒精棉球擦拭鼻孔黏膜及全身，并轻轻有节奏地按压胸壁。仔犬通常在人工呼吸持续 3 ～ 4 分钟后就能开始自行呼吸。此时可将仔犬放入 39℃温水中，洗去身上的秽物，再用毛巾擦干，放入保温箱即可。

母犬一般在妊娠初期食欲多不好，应注意调配适口食物。1 个月后胎儿开始迅速发育，对各种营养物质的需要量急剧增加，可 1 日喂食 3 次，除增加食物的供给量外，还应增加肉类、动物内脏、鸡蛋、牛奶等富含蛋白质的食物及钙和维生素的补充。妊娠 50 天后，胎儿长大，腹腔膨满，可多餐少食，并加入适量的蔬菜以防发生便秘。避免饲喂发霉、变质、过冷的饲料和水，以免刺激胃肠甚至引起流产。分娩最初几天，母犬食欲不佳，饲料应少而精、易消化（如牛奶、麦粉、蛋黄等），并加强饮水（切忌饮冷水）。4 天后食量逐渐增加，10 天左右恢复正常。以后的哺乳期间要酌情增加新鲜的瘦肉、蛋、奶、鸡、鱼肝油、骨粉等。对于泌乳不足的母犬可喂给红糖水、牛奶等，或将亚麻仁煮熟，同食物一起混饲，以增加乳汁。

病犬食欲多不好，除要选择犬喜欢吃的食物外，还要针对不同病症给予对症食疗。如体温升高的疾病多唾液分泌减少或者停止，口腔干燥，给食物的咀嚼与下咽造成困难，应给予流质或半流质食物，同时提供充足的饮水。胃肠道疾病尤其是呕吐和下痢的疾病，如不及时补充将会导致机体脱水，可大剂量静脉输液或令其自然饮水，并增加煮熟的蛋、瘦肉等易消化、刺激性小的食物，少喂多餐；减少食物中的粗纤维、乳糖、植物性蛋白质和动物结缔组织（如韧带、筋等）。呕吐和下痢的病犬，注意补充 B 族维生素。

7. 犬的生殖常识

（1）犬的性成熟　小型犬性成熟较早，在 6 ～ 12 月龄；大型犬较晚，在 8 ～ 14 月龄；但最佳繁殖年龄，中、小型犬应在 1.5 岁以后，大型犬在 2 岁以后，一些名贵的纯种犬繁殖时间还应再晚些。犬的繁殖年限一般不超过 7 ～ 8 年。正常母犬每年发情 2 次，大多在春季 3 ～ 5 月份与秋季的 9 ～ 11 月份。母犬发情主要表现为：兴奋性增强，活动增加，烦躁不安，吠声粗大，眼睛发亮；阴门肿胀潮红，流出伴有血液的红色黏液；食欲减少，频频排尿，举尾拱背，喜欢接近公犬，常爬跨其他犬等。犬是单发情动物，在一个繁殖季节里只发情 1 次，每次持续 6 ～ 14 天，少数可达 21 天。如果在一个繁殖季节里未能交配或受孕，需待下一次发情后才能交配。

公犬发情无规律性，繁殖季节睾丸进入功能活跃状态，尤其是当接近发情的母犬时，嗅到母犬发情的特殊气味，便可引起兴奋，完成交配。最佳配种时间应在母犬阴部开始流血后的第 12 ～ 13 天，或当母犬阴道分泌物由红色转变为稻草黄色后的 2 ～ 3 天。配种以两次为好，相隔 24 ～ 48 小时为宜，不然会影响胎儿的发育。

（2）犬的妊娠与生产　犬的妊娠期从卵子受精开始计算，一般为 58 ～ 63 天，平均为 62 天，可因品种、年龄、胎儿数量、饲养管理条件等因素而稍有变化。交配后 1 周左右，母犬阴门开始收缩软瘪，可见少量的黑褐色液体排出，食欲不振，性情恬静。2 ～ 3 周时乳房开始逐渐增大，食欲大增，或见偏食现象。1 个月左右，可见腹部膨大、乳房下垂、乳头富有弹性，腹部触诊可摸到胎儿。即在早晨空腹时，用手轻轻触摸母犬腹部，如摸到有鸡蛋大小富有弹性的肉球时，证明已经妊娠；但应注意与无弹性的粪块区别。触摸时用力不能过大，以免伤及胎儿。B 型超声波检查法能探测出 18 ～ 19 天的胎儿，甚至可分辨胎儿的性别、数量，但第 28 ～ 35 天是最佳检查时间。X 射线透视只能在 40 多天后进行，不能早期诊断。或在妊娠后 5 ～ 7 天时，检查尿液中有无类似人绒毛膜促性腺激素的物质来早期诊断。

妊娠母犬在预产期前几天就会自动寻找屋角、棚下等隐蔽的地方，叼草筑窝，表示不久就要分娩。母犬正常的直肠温度是 38 ～ 39℃，临产前 3 天左右开始下降，分娩前会下降 0.5 ～ 1.5℃。

当体温开始回升时，表明即将分娩。分娩前2周内乳房膨大、充实。分娩前数天，外阴部逐渐柔软、肿胀、充血，阴唇皮肤上皱襞展开，阴道黏膜潮红。分娩前2天，可从乳头挤出少量乳汁。分娩前24～36小时，母犬食欲大减，甚至停食，行动急躁，常以爪抓地；尤其初产母犬表现更为明显。分娩前3～10小时，母犬开始出现阵痛，坐卧不宁，常打哈欠，张口呻吟或尖叫，抓扒垫草，呼吸急促，排尿次数增加，臀部坐骨结节处明显塌陷，外阴肿胀。如见有黏液流出，说明数小时内就要分娩。分娩通常多在凌晨或傍晚发生，应特别注意加强观察。

犬每胎产仔多则6～9只，少则1～2只，最高纪录25只。母犬在产出几只胎儿之后变得安静，不断舔舐仔犬的被毛，2～3小时后不再见其努责，即表明分娩已结束；但也有隔数小时后再度分娩的。母犬尤其是土种犬，本能地会妥善处理一切，无需人去护理；但有些名贵的玩赏犬或纯种犬需要人的帮助，在分娩时需有人在旁静观，发现问题及时处理。

（3）接生与助产　接生时应注意以下问题。第一，犬分娩场所应避免光线太强、四周嘈杂，严禁多人围观，以免母犬过分紧张而难产。第二，注意母犬咬断脐带动作，若有"食仔癖"时应及时制止。第三，母犬产后有吃胎盘现象，具有催乳作用，但吃得太多会引起消化障碍。一般吃2～3个尚可。第四，孕犬已从阴门流出多量稀薄液体达数小时，或见胎儿露出阴门10分钟还不能全部产出者，说明母犬难产，应给予助产或做剖宫产。第五，分娩后阴道内仍有较多的鲜红色液体排出，预示产道可能有大出血，应立即用脱脂棉将阴道堵塞，并迅速送兽医诊所治疗。

（4）产后护理　刚生下的仔犬双眼紧闭，但可凭借嗅觉和触觉寻找乳头，开始吮乳。对体弱仔犬，应人工辅助将其放在乳汁丰富的乳头旁。如果产后母犬长时间不回产箱或仔犬长时间乱动、乱叫，可能是母犬无乳或生病的表现，要考虑采用人工哺乳或寄乳。冬季要做好仔犬的防冻保暖工作。用红外线加热器或红外线灯取暖，要注意安全。仔犬扎堆聚集在一起，说明温度偏低；若仔犬远离加热器，说明温度偏高。母犬一般产后6小时内不进食，除大小便外，总在窝内休息，可给予温水让其自由饮用。产后2～3天母犬食欲较差，应多次饲喂质高量少的食物。母犬产后数小时就能给仔犬哺乳，一般可哺6～7只仔犬，大型犬可哺10只仔犬，超过者则要考虑人工哺乳或寄乳。

母犬产后3～5天的乳汁称为初乳。它不仅含有较高的蛋白质、脂肪、丰富的维生素，具有缓泻作用，可促进胎便排出，而且还含有多种母源抗体，这对提高仔犬抗病力具有十分重要的意义。哺乳的时间、次数母犬自会掌握，但每天的喂奶次数一般应在5次以上。哺乳20天后，母犬的泌乳量逐渐下降，及早补饲还可锻炼仔犬的消化器官，促进肠道发育，有利于乳牙的生长，缩短过渡到成年犬正常饲喂的适应期。补饲可从15日龄开始，每天喂新鲜牛奶100毫升左右，分3～4次，奶温在27～30℃为宜。20日龄后，增加到200毫升，可用奶瓶或倒入食盆中喂给。随着仔犬日龄的增加，可加入部分肉汤，至30日龄时可加入切碎的熟肉。到45日龄左右，母犬基本停止泌乳，必须及时断乳。

8. 犬的日常管理

（1）卫生　饮食具每次食后都要清洗干净，每周消毒1次，可煮沸20分钟，或0.1%新洁尔灭溶液浸泡20分钟，或用1∶800的威岛牌消毒液浸泡5分钟，最后用清水冲洗干净。犬舍（窝）必须每天清扫，随时清除粪便，每月进行1次消毒，每年春秋进行两次彻底消毒。消毒可用3%～5%来苏儿溶液、10%～20%漂白粉乳剂、0.3%～0.5%过氧乙酸溶液、0.3%～1%农乐（复合酚）溶液、1∶800的威岛牌消毒剂溶液等，对犬床、墙壁、门窗进行喷洒消毒。消毒完成后关好门窗，隔一段时间后再打开门窗通风，并用清水洗刷除去消毒液的气味，以免刺激犬的鼻黏膜。患病犬铺垫物要彻底清换，并集中焚烧或深埋。

（2）温度与湿度　犬舍内的标准温度冬季为13～15℃，夏季21～24℃。犬比较耐寒，但不耐热，要注意夏季防暑降温。犬舍内的湿度保持在50%～60%为宜，夏季湿度过高，犬极易中暑；在冬季易患感冒等疾病，还有利于细菌的繁殖。

（3）运动　第一，小型犬每天运动3～4千米为宜，性格活泼的犬可适当增加；而猎犬等每天应跑16千米左右。其二，外出运动时，应适当牵引而行（图1-43），以防被车撞伤或惊扰行人，或与其他犬相遇而打斗，尤其要注意防止咬伤行人。户外牵引运动前，应先让它自由活动数分钟以排便。其三，运动中应防止犬去嗅闻或接触其他犬的排泄物或其他物体，尽量少带犬到人或其他犬聚集的场所，以减少传染某些疾病。其四，犬的运动形式应该多种多样，可根据不同目的进行选择。如玩

图1-43　适当的运动，牵引而行

赏犬多进行保健性的运动锻炼，而使役犬则要进行特殊的性能锻炼。其五，运动后给犬饮用足量的水，但不要立即喂食，至少休息30分钟后才能喂食，否则易发生呕吐。用毛巾擦干全身，刷去灰尘。

（4）驱虫与预防接种　幼犬易患蛔虫等寄生虫病，应定期进行驱虫。一般在30日龄时进行第一次粪检和驱虫，以后每月定期抽检和驱虫1次。驱虫后排出的粪便和虫体应集中堆积发酵处理，以防止污染环境与对犬形成二次感染。根据所在地区的疫情，2月龄以上的幼犬应定期做好疫苗的预防接种工作。疫苗接种应在犬健康状态下进行，以免加重病情或引发新的疾病。

（5）洗澡　洗澡不仅保持皮肤的清洁卫生，清除犬皮脂腺分泌物及其难闻的气味与其他污染物，而且还能减少寄生虫与病原微生物的侵袭，有利于犬的健康；但洗澡过于频繁，会使犬毛变得脆弱暗淡，容易脱落，并失去防水作用，使皮肤容易变得敏感，严重者易引起感冒或风湿症。通常室内犬每月洗1次澡即可，南方各省夏季高温、潮湿，可1～2周洗1次澡。当然，洗澡应根据犬的品种、清洁的程度及天气情况等而定，如多种短毛品种的犬，若每天擦拭体表，可以终生不洗澡，而对经常参加展出的长毛犬，每月洗1次即可。半岁以内的幼犬不宜水浴，而以干洗为宜。即每天或隔天喷洒稀释1000倍以上的护发素和婴儿爽身粉，勤于梳刷即可代替水洗。洗澡应在上午或中午进行，避免在空气湿度大或阴雨天时洗澡。洗澡后应立即用吹风机吹干或用毛巾擦干，切忌将其放在太阳光下晒干，以免一冷一热引

起感冒，甚或导致肺炎发生。洗澡时要防止将洗发剂流到犬眼睛或耳朵里。冲水时要彻底，以免肥皂沫或洗发剂滞留在犬身上刺激皮肤而引起皮肤炎。在冲洗前用手指按压肛门两侧，把肛门腺的分泌物都挤出，可以大大减少犬身上的体味。挤压频率一般为每3个月一次。

（6）修剪趾爪　由于狼犬等大型犬和中型犬经常在粗糙的地面上运动，能自动磨平长出的趾甲；而北京犬、西施犬、贵妇犬等小型玩赏犬，则较少在粗糙的地面上跑动，趾甲磨损较少，而生长又很快，需要定期修剪，以免过长趾甲损坏室内的木质家具、棉纺织品和地毯等物，趾甲会劈裂造成局部感染。此外，犬的拇趾虽已退化，但脚内侧稍上方长有飞趾，俗称"狼爪"，无实际功能，但妨碍步行或易刮伤自己。因此也要定期修剪，或在幼犬生后2～3周请兽医切除，即可免除后患。犬趾甲非常坚硬，修剪应使用特制的犬猫专用趾爪剪（图1-44）。爪的基部均有血管神经分布，修剪时不能剪得太多太深，一般剪除1/3，并锉修平整，防止造成损伤即可（图1-45）。如剪后发现犬行动异常，应仔细检查趾部有无出血和破损，若有应做涂擦碘伏等处理。

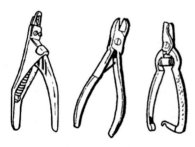

图1-44　犬猫趾爪剪

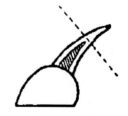

图1-45　趾爪修剪部位

（7）牙齿保养　经常给犬喂骨头不但可满足犬啃咬东西的欲望，还可达到磨刷和固齿的目的。当食物碎渣或残屑储留牙缝时，可引起细菌滋生，造成龋齿或齿龈炎症，影响犬的食欲和消化。有些品种的犬，如约克夏梗犬和贵妇犬的牙齿易生浅黄色至茶褐色的牙石。所以定期检查，发现问题，可用湿棉球蘸取牙粉（不要用人用牙膏，因犬不喜欢那种味道）清除牙渍、牙垢。一般每周给犬刷1次牙即可。

犬病针灸按摩治疗图解

第二节
基础说

一、犬病诊断

诊断就是通过兽医的眼、耳、鼻、手等感觉器官，以及借助听诊器、体温计、X线、超声、心电图等专门的仪器设备来发现病犬的各种异常表现，再通过分析和判断推理作出其所患病症的结论，为进一步的治疗提供依据。

1. 望诊

就是对犬的运动与安静状态进行观察，以发现犬有无异常表现。

（1）望神 健康犬机灵活泼、行动敏捷、双目有神、两耳随声转动，即使睡眠时也始终保持警觉状态，一有动静就竖耳侧听，双眼盯视动静的方向（图1-46）。而相反，若犬双目无神或半闭，神情淡漠，甚至呈昏睡状态，喜静卧而不愿动，对外来刺激反应迟钝或无反应，甚或精神沉郁或昏迷；或兴奋不安、到处乱跑、惊恐、高声尖叫、无目的地走动转圈，甚至乱咬各种物品，精神兴奋或狂躁，都属不正常的精神表现（图1-47）。

图1-46 健康犬神态　　　　　图1-47 病犬神情淡漠

（2）姿态 犬在站立或行走时，四肢强拘、软弱无力、不敢负重，多见四肢病患；躺卧时体躯蜷缩，头置于腹下或卧姿不自然，不时翻动，多见于腹痛（图1-48～图1-50）。

（3）营养　健康犬肥瘦适度，肌肉丰满健壮，被毛光顺而富有光泽，眼观舒适。而若身体消瘦、肌肉松弛无力、被毛粗糙无光或焦干、尾根毛逆立等，多见于寄生虫病、皮肤病、慢性消化道疾病或某些传染病（图1-51）。

图1-48　肢体病犬左前肢不能负重

图1-49　胸腰椎间盘突出症犬推车式蹲坐

图1-50　荐椎受损右后肢运动障碍

图1-51　蠕形螨病

（4）呼吸系统　主要是对呼吸状况与呼吸道分泌物进行观察，前者主要包括呼吸节律与呼吸方式。

① 呼吸节律：健康犬的呼吸是胸腹部一起一伏，准确而有规律地交替进行，每分钟15～30次。幼犬比成年犬稍多，妊娠母犬比未妊娠母犬多，运动或兴奋可使呼吸加快好多倍。气温等季节变化也可

影响呼吸次数。尤其应该注意的是，疼痛、缺氧、神经兴奋及肺有实质性病变时，都可出现病理性频率增多。中毒性昏迷时，频率减少。脑炎和毒血症时，呼吸时快时慢，呈"潮式"呼吸。张嘴呼吸、头颈伸直、肋骨向前上方移位、肘部向外扩展时，多见于呼吸道阻塞、狭窄或被肿瘤压迫等。呼吸浅表，次数增多，表明肺部扩张不全，常见于肋骨骨折、肺炎、气胸或胸膜炎。

② 呼吸方式：犬的正常呼吸方式是以胸壁运动较为明显的胸式呼吸。而以腹壁运动较胸壁运动明显者，为腹式呼吸；以胸壁与腹壁运动同时进行者，为胸腹式呼吸，多见于胸膜炎、胸水或肋骨骨折等胸部或腹部疾病。

③ 分泌物：健康犬鼻孔几乎不流分泌物，流出分泌物者多见于感冒或呼吸道炎症；但也有轻证时被犬舔掉或擦掉的情况，病情严重时就不再舔了。

④ 鼻端：正常犬的鼻端发凉而湿润，耳根部皮温与其他部位相同。否则鼻端（鼻镜）干而热，耳根部皮肤温度较其他部位高，犬精神不振、食欲不良而渴欲增加，则表明该犬体温升高，多见于传染病、日射病、热射病、呼吸道、消化道及其他器官的炎症。犬兴奋、紧张和运动后，直肠温度也可轻度升高。而体温降低多见于中毒、重度衰竭、营养不良及贫血等疾病。

（5）体温　获知犬体温最准确的方法是体温计测量（图1-52）。水银柱体温计先将水银柱甩到35℃刻度以下，用酒精棉球擦拭消毒，并涂抹少量液状石蜡等润滑剂，在助手将犬适当保定下，测温者一手

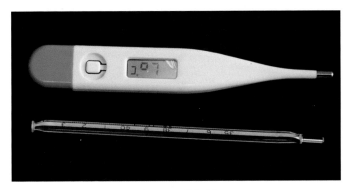

图 1-52　体温计

将犬尾轻轻上提，另一手把体温计边旋转边缓缓插入犬肛门内，停留约 3 分钟取出读数。电子温度计可根据其要求，较快速读数。注意温度计插入后要防止脱落。健康幼年犬的体温是 38.5 ～ 39℃，成年犬 37.5 ～ 38.5℃。清晨较低，午后稍高，但一昼夜间温差不超过 1℃。

（6）消化泌尿系统　主要是通过对口色、饮食欲、呕吐物及排泄物的观察，以判断消化系统与泌尿系统等的健康与异常状况。

① 口色与口水：即口腔黏膜的色彩变化。健康犬的口色为粉红色，或局部有其他色素沉着（图 1-53）。口色潮红，多见口腔炎症或体温升高；苍白，表明贫血。肝、胆疾病时可能出现黄红色或黄白色。口色呈青紫色或发绀，多见病情严重的血液循环障碍甚至休克。同时，还要注意观察有无舌苔及其颜色、舌的灵活性，以及有无溃疡及破损等。

图 1-53　健康犬舌色

② 健康犬的口腔较湿润，但不会自然流出口水。如果自口角处流出 1 条条黏稠的唾液，表明口水增多，多见于舌面、齿龈、颊黏膜和咽喉部水疱、溃烂和肿胀，或异物或被尖硬物（如骨碎片）刺伤舌面等情况。

③ 饮食欲：健康犬的饮欲、食欲旺盛；尤其是鱼肉类食物不仅吃得快，而且在其他犬靠近时会发出吼叫声，甚至咬架，以示警告，切勿靠近。如果只是闻闻食物，即使是对平时爱吃的食物也不感兴趣，或吃不多或完全不吃，说明食欲缺乏或废绝，多见于消化道疾病或感染了某些传染病、寄生虫病。但要注意区分是拒食、挑食还是吃食困难，并根据需要做进一步的检查。

高热、腹泻、脱水的犬，大多数饮欲明显增加，饮水量增多；但严重的循环衰竭病例，犬就不饮水了。

④ 呕吐：犬很容易发生呕吐。强制吃食或灌药时，甚至在正常情况下都可发生呕吐。饮食后呕吐多量的胃内容物，而短时间内不再出现呕吐，往往是由过食所引起。由于饲料腐败变质所引起的呕吐，其呕吐物中含有刚吃下不久的腐败的肉等饲料。呕吐物呈咖啡色或鲜

红色，常见于程度不同的胃肠炎或胃溃疡。呕吐物为带泡沫的无色液体，常见于空腹时食入某种刺激物所致。顽固性呕吐黏液，即使空腹也可发生，多见于胃、十二指肠、胰腺肿瘤等顽固性疾病。如呕吐物中混有蛔虫，多见于蛔虫寄生过多所致。

⑤ 排泄物：主要包括对排粪、排尿的动作、次数，粪便的形状、数量、气味、色泽等的进行观察。

健康犬排粪都是采用近乎坐下的下蹲姿势（图1-54）。排粪姿势不正常，粪便自肛门不自主地流出，常见于持续性腹泻、某些肠道传染病后期及腰荐部脊髓损伤所引起的肛门括约肌弛缓或麻痹。排便动作频繁，但无粪便或只有少量黏液排出，病犬神态不安，有疼痛感，食欲减退或废绝，腹部胀满鼓起，叩击有打鼓声，

图 1-54　排便

多见于直肠部梗阻，须及时治疗。如排粪费力，粪便干、硬、小，量少，色暗，表面带有黏液或伪膜，多见于便秘的初期、热性病或轻度胃肠炎等。粪便变稀软，数量增加，粪便内混有未消化的食物，多见于消化功能不良。排粪次数增多，不断排出水样、粥样或混有黏液、脓液、血液、气泡等的粪便，常见于肠炎等病。粪便外附有鲜红色血液时，多提示是后部肠管出血；血液均匀地混于粪便中并呈黑褐色，说明出血部位在胃及前段肠管。必要时可对粪便寄生虫卵进行检查。

公犬的排尿姿势是一后肢抬举，身体侧向一方排尿；母犬则是后肢稍向前踏，略微下蹲，弓背举尾排尿。尿失禁多见于膀胱括约肌麻痹或腰部脊髓损伤。排尿疼痛，表现为努责不安，后肢及后腹部托在笼网上，多见膀胱炎、尿道结石或包皮炎；尿量及排尿次数减少，多见于急性肾炎、剧烈腹痛、休克及心力衰竭。

2. 触诊

就是用手指、手掌或手背触摸犬体的相应部位，或借助于诊疗器

械（如各种探针）进行触诊，以判定有无病变、病变的位置、大小、形状、硬度、湿度、温度及敏感性等。后者需要专门的器械与技术，此处只对前者作一介绍。

触诊可分为浅部触诊法和深部触诊法两种。前者主要用于对体表温度、湿度和敏感性等的检查，也可用于心脏搏动、肌肉的紧张性、骨骼和关节的肿胀、变形等的检查。触诊时手指伸直，平贴于体表，不加按压而轻轻滑动，依次进行触诊。体表温度检查最好用手背进行，因手背对温度最敏感。患破伤风等病时肌肉痉挛而变紧张，触诊感觉硬度增加；肌肉因瘫痪而弛缓时，感觉松弛无力。深部触诊法多用指端缓缓加压，以触感深部器官的部位、大小、有无疼痛及异常肿块等。如犬粪结肠梗阻可在腹部深部触诊到硬块。

触诊的顺序是先从健康区或健康的一侧开始，然后移向患病区或患病侧，并将两者进行比较；用力先轻后重，部位先浅后深，并根据病变的性质与部位的深浅而定。病变浅在或疼痛剧烈的，用力要小；反之，用力可大些。同时，在触诊时注意犬的反应，如犬回视、躲闪或反抗，常是敏感、疼痛的表现（图 1-55）。

图 1-55　犬背部触诊

3. 叩诊

是用手指或叩诊槌配合叩诊板叩打体表，根据音响的不同，来推断被叩打组织或深部器官状况的一种检查方法。常用于胸腔和腹腔内脏器官的检查。

4. 听诊

多借助听诊器或直接用耳朵来听动物内脏器官运动时发出的声音，来检查其异常现象的一种方法。临床上常用于心、肺、胃肠等脏器功能的检查，如听心跳、呼吸音和胃肠蠕动等。

犬病的诊断技术很多，有些疾病的诊断还需要应用一些特殊的诊断方法，限于篇幅此处就不做介绍了。

二、中兽医药学基础

中国先哲们采用"取象比类"又称"援物类比"等传统思维方法，引入阴阳五行学说等中国传统哲学思想与风寒暑湿燥火等气候变化特性，创立经络学说、脏腑气血学说、病因病机学说，以及药物的四气五味、归经与升降沉浮理论与学说等，其最终的目的就是形象地来认识、归纳与说明临床疾病发生与中药、针灸等的作用特点与规律，以便指导中兽医的更进一步临床实践。其重点是通过四气五味、归经与升降沉浮及脏腑理论等，将中药与针灸的临诊作用与疾病的证候相联系；且由于其联系是在临诊实践中所建立的，具有非常强的实用性（图 1-56）。

图 1-56　四季五行与五味

这一点与西兽医药学的实证分析认识有很大不同，在学习中兽医药学时应该特别注意。如有人对 400 种常用中药的药味统计分析后发现，现代文献记载的药味与口尝相同的仅占 35.7% ～ 42%，文献最早记载的药味与口尝药味相同的仅占 32%，最早文献记载的药味与现代文献记载的药味相同的只有 56%。即古今记载的药味与实际味道并非完全一致，相同的还不及半数。这是由于中药的四气五味、归经与升降沉浮及脏腑理论等，在很大程度上并不是来源于对药物本身等的实际分析认识，而是来源于对其临诊作用的总结与归纳；且由于后来的临诊用药体会的不同，就出现了先后所记载的药味等的不同。现代有人提出的"脑主神明说"虽然符合现代医学和解剖学生理学的理解，但和中兽医药学的思维模式却截然不同，其临床实际意义也无法重构。其次，现在来看，"脑主神明"也并非完全正确。因为心钠素的发现，以及接受心脏移植后患畜性格大变等事实说明，大脑功能并不能孤立地来实现，而是要与整个机体相联系及相互影响的。因此，学习与应用中兽医药学时切忌与西兽医药学对号入座，切勿将清热解毒类方药与抗菌抗病毒药画等号，切勿将补益药或针灸补法与免疫增强等同。这是因为，现已知通过不同途径或环节证明，对机体免疫功能具有增强或双向调节作用的中药有 200 余种，其中既有多种补益类药物，也包括多种清热解毒、清热利湿、活血化瘀、利水等类的中兽药及其复方药物，只要用药对证，都有增强或双向调节机体免疫功能的作用；而如果不辨证施治尤其是中药西用，不仅临诊疗效不佳，而且还有可能引起严重的毒副作用。

（一）阴阳学说

《素问·阴阳应象大论》："阴阳者天地之道也，万物之纲纪，变化之父母，生杀之本始，神明之府也，故治病必求于本。"即认为宇宙间任何事物都具有既对立又统一的阴阳两个方面，其不断地运动和相互作用是一切事物运动变化的根源，也是疾病发生、发展与转归及其防治的根本所在。

1. 阴阳的普遍性

宇宙间一切事物都是由互相对立又互相依存的两个方面构成的，都可以分为阴阳（图 1-57）。一般来说，凡具有动的、活跃的、刚强的、兴奋的、积极的、光亮的、无形的、机能的、上升的、外露的、轻的、热的、增长的等特性，都为阳；凡具有静的、柔和的、不活跃的、抑制的、消极的、晦暗的、有形的、物质的、下降的、在内的、重的、冷的、减少的等特点的，都为阴。

两件相联系的事物或一个事物的两个方面，也可以分为阴阳。如天为阳，地为阴；日为阳，月为阴；火为阳，水为阴；男为阳，女为阴；白天为阳，黑夜为阴；外为阳，内为阴；上为阳，下为阴；左为

图1-57　阴阳太极八卦图

阳，右为阴……

以一个动物来分，肉体为阴，活动为阳；内在的组织脏腑为阴，外露的皮毛为阳；向下的腹为阴、向上的背为阳；腑为阳，脏为阴……

2. 阴阳的相对性

事物的阴阳属性不是绝对的，而是相对的，必须根据互相比较的条件而定。其一，阴中有阳，阳中有阴。如就动物机体而言，体表为阳，内脏为阴；而就内脏而言，六腑属阳，五脏为阴；就五脏而言，心、肺在前属阳，肝、肾在后属阴；就肾而言，肾所藏之"精"为阴，肾的"命门之火"属阳。其二，阴阳还可以再分阴阳。如根据所具有的阴阳程度的不同，阳可以分为太阳、阳明与少阳，阴也可以分为少阴、太阴与厥阴；而五脏（加心包）有太阴肺与脾、少阴心与肾、厥阴心包与肝之分，六腑又有太阳小肠与膀胱、阳明大肠与胃、少阳胆与三焦之别。由此可见，事物的阴阳属性是相对的，是以比较的条件而变化的。

3. 阴阳的互根性

阴阳互为存在的前提，即所谓的"孤阴不生，独阳不长"和"无阳则阴无以生，无阴则阳无以化"。如以自然界来说，外为阳、内为阴，上为阳、下为阴，白天为阳、黑夜为阴；而如果没有上、外与白天，也就没有下、内与黑夜之说。以动物生理来说，机能活动属阳，营养物质（津液、精血等）属阴。营养物质的来源要靠内脏的机能活动来吸取与补充，没有机能活动将无法存活长久；而各种营养物质又是机能活动的物质基础，缺了足够的营养物质，机能活动也无法正常运行。

4. 阴阳的消长性

指阴阳双方并不是恒定不变的，而是不断出现"阴消阳长"或"阳消阴长"的动态变化。如四季气候变化从冬—春—夏，由寒逐渐变热，是一个"阴消阳长"的过程；而由夏—秋—冬，由热逐渐变寒，又是一个"阳消阴长"的过程。如果气候变化失去了正常范围，出现了反常变化，就会产生灾害。如临诊上常有外感风寒入里化热之病机，就是一个"阴消阳长"的过程，也有高热衰竭转为体温低下，又是一个"阳消阴长"的过程（图1-58）。

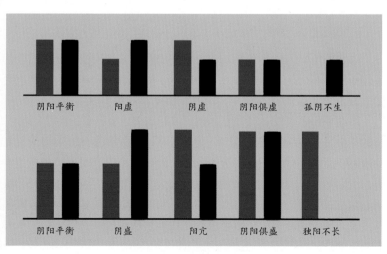

图1-58 阴阳消长变化

犬病针灸按摩治疗图解

5. 阴阳的转化性

指阴阳在一定的条件下可以向其相反的方面转化，阴既可以转为阳，阳也可以转为阴，故称之为"阴阳转化"。即《黄帝内经·素问》所谓的"重阴必阳，重阳必阴""寒极生热""热极生寒"。如某些急性热病，由于邪热极重，大量耗伤机体正气，在持续高热的情况下可能突然出现体温下降、四肢厥冷、脉微欲绝等阴寒危象，这种病症变化，即属由阳转阴。若抢救及时，处理得当，使正气恢复，四肢转温，色脉转和，阳气恢复，为由阴转阳，病情好转。临床上常见的各种由实转虚、由虚转实、由表入里、由里出表等病证变化，也是阴阳转化的例证。

"阴阳消长"与"阴阳转化"都是一个阴阳变化的过程，只是前者是一个量变过程，后者则是一个质变的过程。

6. 在犬病医疗中的应用

就是根据阴阳特性及其变化规律，对犬生理、病理及其病症与中药的作用与特性进行归类说明，以指导进一步的临诊实践。即所谓的"病情变化有千万，但不越阴阳两法""中药种类虽甚多，但也不外阴阳两类"；治疗上"调整阴阳，以平为期"。最典型的代表就是八纲辨证，后面将专门介绍。

（二）五行学说

同"阴阳学说"一样，五行学说也是一种古人认识和分析事物的思想方法。它是借用"木、火、土、金、水"这五类物质的属性、运动变化及其生克关系，来解释事物之间相互联系、相互影响及其运动变化规律的一种说理工具。

1. 五行的属性

木，"木曰曲直"，代表生气旺盛的；火，"火曰炎上"，代表炎热的、向上的；土，"土爱稼穑"，代表具有营养作用的；金，"金曰从革"，代表具有摧残杀伤作用的；水，"水曰润下"，代表寒冷的、向下的。

2. 五行相生

五行之间互相资生、互相促进的关系，称为"五行相生"（图1-59）。其次序是：木生火，火生土，土生金，金生水，水生木。在其关系中，任何一行都有"生我"与"我生"两方面的关系，也就是母子关系。生我者为母、我生者为子。以水为例，生我者为金，则金为水之母；我生者是木，则木为水之子。其他四行以此类推。由于肝属木，心属火，脾属土，肺属金，肾属水，结合五脏来讲，就是肝生心，心生脾，脾生肺，肺生肾，肾生肝，即前者对后者具有资生和促进的作用。

3. 五行相克

五行之间不仅具有互相资生、互相促进的关系，还具有相互制约、相互阻抑的关系，简称"五行相克"（图1-59）。其次序是：木克土，土克水，水克火，火克金，金克木。在其关系中，任何一行都有"克我"与"我克"两方面的关系，也就是"所胜"与"所不胜"的关系。克我者为"所不胜"，我克者为"所胜"。以木为例，克我者为金，金为木之"所不胜"；我克者为土，则土为木之"所胜"。其他四行以此类推。结合五脏来讲，就是肝克脾，脾克肾，肾克心，心

图1-59　五行生克制化图

克肺，肺克肝，即前者对后者具有制约和阻抑的作用。

4. 五行制化

在五行之中，既有相生，也存在相克，一切事物才能维持相对的平衡，也是自然界运动变化的普遍规律。如果只有相生而无相克，就不能保持正常的平衡发展；而只有相克而无相生，则万物不会有生化。例如，木能克土，但土却能生金，金又能制木，木又能生火，火又能克金，火又能生土。在此情况下，土虽被克，却并不会发生偏衰，因为它还有火来生；金虽然被生，但也不能发生偏盛，因为它也有火来克等。古人把五行相生寓有相克和五行相克寓有相生的这种内在联系，曰之"五行制化"。

5. 五行相乘相侮

相乘是指相克太过，达到了病理的程度。其次序与相克相同（图1-60）。如木本克土，但当木气太过，金则不能对木加以正常的制约，以致太过无制而发生木乘土，则土被乘更虚，而出现病理现象。相侮是反克，即木本克土；但由于克者木太弱或被克者土太强，出现被克者土反克克者木的异常现象（图1-60）。其次序与相克正好相反，即木侮金，金侮火，火侮水，水侮土，土侮木。

图1-60　五行乘侮图

6. 五行应用

中兽医药学运用五行生克乘侮规律来解释五脏病变的相互影响关系，利用调整五脏间生克乘侮关系来治病。如：①肝木乘脾土，临床上见肝脾不和证，治疗一般是采取"培土抑木"（疏肝健脾）法。②水生木（肾生肝），肾精能滋养肝脾；而当"肾水"不足时，肝木失养，病犬出现"肝阳上亢"等水不涵木的病证，治疗时要采用滋水涵木的滋肾养肝法。③土生金（脾益肺），脾气健运，饮食精微运输给肺，从而保持肺的功能正常；而当脾虚精微不升，废浊不降，容易产生痰湿，出现痰多、咳嗽等肺的症状，治疗要健脾化痰，以"培土生金"。④肾主水，心主火，肾藏精。正常时，心肾互济，心助肾以阳，肾助心以阴，互相交往，保持平衡状态，叫"心肾相交"；而肾水不足，则不能滋润心阳，就会引起心火亢盛的症状，出现"心肾不交证"。治疗应当滋肾水（阴）以降心火。

（三）脏腑学说

也称藏象学说。"藏"是指藏于体内的脏腑，"象"是指脏腑的生理活动和病理变化反映于外的征象。脏腑学说就是通过研究动物机体外部的征象，来了解其脏腑活动的规律与相互关系的理论。脏腑含义与现代医学脏器的概念不同，重点是构成中兽医药学的心、肝、脾、肺、肾五个生理系统，把六腑、九窍、皮肉、骨脉、头面、四肢等组织器官与临诊病理变化及中药、针灸等治疗方法相联系，并总结与凝结了中兽医在长期临诊实践中所积累的宝贵经验。

五脏，即心、肝、脾、肺、肾，具有藏精气而不泻的特点。心包络也属于脏的范围，但因心包络包于心之外，有代心受邪与保护心脏的作用，其所主病变也与心脏相同，所以把它多附属于心，故称五脏。

六腑，即胆、胃、小肠、大肠、三焦、膀胱，为中空器官，具有传化浊物、泻而不藏的特点。脏与腑之间，脏属阴，腑属阳；脏属里，腑属表。两者在生理上对立统一，在病理上相互影响、相互传变。心与小肠相表里、肝与胆相表里、脾与胃相表里、肺与大肠相表里、肾与膀胱相表里、心包络与三焦相表里。

除五脏六腑外，脑、髓、骨、脉、胆、胞宫因其形态似腑，功能似脏，具有主藏阴精而不传化浊物的特点，不同于一般的脏腑，故被称为奇恒之腑。胆为六腑之一，但六腑之中惟它藏清净之液，故也归于奇恒之腑。

1. 五脏

（1）心 心位于胸中，有心包护于外。主血脉和藏神，开窍于舌，在液为汗，与小肠相表里。

① 心主血脉：是指心有推动血液在脉管内运行，以营养全身的作用。同时，心的功能正常与否，可以从脉象、口色上反映出来。如心气旺盛、心血充足，则脉象平和，节律调匀，口色鲜明如桃花色。反之，心气不足，心血亏虚，则脉细无力，口色淡白。心气衰弱，血行瘀滞，则脉涩不畅，脉律不整或有间歇，出现结脉或代脉、口色青紫等症状。

② 心藏神：是指心为一切精神活动的主宰，主要与心主血脉密切相关。因为血液是维持正常精神活动的物质基础，血为心所主，所以心血充盈，心神得养，则动物"皮毛光彩精神倍"；否则，心血不足，神不能安藏，则动物活动异常或惊恐不安。故《安骥集》说："心虚无事多惊恐，心痛癫狂脚不宁"。同样，心神异常，也可导致心血不足，或血行不畅，脉络瘀阻。

③ 心开窍于舌，舌为心之苗：舌的生理功能直接与心相关，心的生理功能及病理变化也最易在舌上反映出来。心血充足，则舌体柔软红润、运动灵活；心血不足，则舌色淡而无光；心血瘀阻，则舌色青紫；心经有热，则舌质红绛，口舌生疮。故《司牧安骥集·马师皇五脏论》也说"心者外应于舌"。津液是血液的重要组成部分，而血为心所主，血汗又同源，故有"汗为心之液"或"心在液为汗"之说，说明心与汗液分泌关系密切；出汗异常，也往往与心有关。如心阳不足，常常引起腠理不固而自汗；心阴血虚，往往阳不摄阴而盗汗。血汗同源，津亏血少，则汗源不足；发汗过多，易伤津耗血、耗散心气，甚至导致亡阳的病变。故在临床上，心阳和心阴不足时慎用汗法。

心包络

又称心包或膻中，是心的外卫器官，有代心受邪与保护心脏的作用，其所主病变也与心脏相同。如热性病出现神昏症状，虽称为"邪入心包"，而实际上是热盛伤神，在治法上可采用清心泄热之法。与六腑中的三焦互为表里。

（2）肺 肺位于胸中，上连气道，主气、司呼吸，主宣发和肃降，通调水道，外合皮毛，开窍于鼻，在液为涕。肺与大肠相表里。

① 主气、司呼吸：肺主气，是指肺有主宰呼吸之气和一身之气的生成、出入与代谢的功能。前者是指肺为体内外气体交换的场所，通过肺的呼吸作用，实现机体与外界环境间的气体交换，以维持正常的生命活动。而后者则是指全身之气均由肺所主，特别是与宗气的生成有关。宗气由水谷精微之气与肺所吸入的清气，在元气的作用下生成。宗气是促进和维持机体机能活动的动力，一方面维持肺的呼吸功能，进行吐故纳新，使体内外气体得以交换；另一方面由肺入心，推动血液运行，并宣发到身体各部，以维持脏腑组织的机能活动，故有"肺朝百脉"之说。血液虽然由心所主，但必须依赖肺气的推动，才能保持其正常运行。肺主气的功能正常，则气道通畅，呼吸均匀；若病邪伤肺，使肺气壅阻，引起呼吸功能失调，则出现咳嗽、气喘、呼吸不利等症状；若肺气不足，则出现体倦无力、气短、自汗等气虚症状。

② 主宣发和肃降：是指肺气的运动具有向上、向外宣发和向下、向内肃降的双向作用。通过宣发作用：一是将体内代谢过的气体呼出体外；二是将脾传输至肺的水谷精微之气布散全身，外达皮毛；三是宣发卫气，以发挥其温分肉和司腠理开合的作用。若肺气不宣而壅滞，则引起胸满、呼吸不畅、咳嗽、皮毛焦枯等症状。通过肃降作用，一是吸入自然界清气；二是将津液和水谷精微向下布散全身，并将代谢产物和多余水液下输于肾和膀胱，排出体外；三是保持呼吸道的清洁。若肺气不能肃降而上逆，则引起咳嗽、气喘等症状。

③ 通调水道：是指肺的宣发和肃降运动对体内水液的输布、运行和排泄有疏通和调节的作用。通过肺的宣发，将津液与水谷精微布

散于全身，并通过宣发卫气而司腠理的开合，调节汗液的排泄。通过肺的肃降，津液和水谷精微不断向下输送，代谢后的水液经肾的气化作用，化为尿液由膀胱排出体外。若肺的宣降功能失常，就会影响到机体的水液代谢，出现水肿、腹水、胸水以及泄泻等症。由于肺参与了机体的水液代谢，故有"肺主行水"之说；而又因肺居于胸中，位置较高，故也有"肺为水之上源"的说法。

④ 主一身之表，外合皮毛：是指肺与皮毛不论在生理或是病理方面均存在着极为密切的关系。肺经有病可以反映于皮毛，而皮毛受邪也可传之于肺。如肺气虚的动物，不仅易汗，而且经久可见皮毛焦枯或被毛脱落；而外感风寒，也可影响到肺，出现咳嗽、流鼻涕等症状。

⑤ 肺开窍于鼻：其一，肺气正常则鼻窍通利，嗅觉灵敏。其二，鼻为肺之外应。如外邪犯肺，肺气不宣，常见鼻塞流涕，嗅觉不灵等症状；肺热壅盛，常见鼻翼翕动等。其三，鼻又可成为邪气犯肺的通道。如湿热之邪侵犯肺卫，多由鼻窍而入。此外，喉是呼吸的门户和发音器官，又是肺脉通过之处，其功能也受肺气的影响，肺有异常，往往引起声音嘶哑、喉痹等病变。

⑥ 在液为涕：涕即鼻涕，是鼻黏膜的分泌物，有润泽鼻窍的作用。鼻为肺窍，故其分泌物属于肺。肺气正常与否，也可通过鼻涕的变化反映出来。肺气正常，则鼻涕润泽鼻窍而不外流；而若肺受风寒之邪，则鼻流清涕；肺受风热之邪，则鼻流黄浊脓涕；肺败，则鼻流黄绿色腥臭脓涕；肺受燥邪，则鼻干无涕。

（3）脾　位于腹内，主运化、统血，主肌肉四肢，开窍于口，在液为涎，与胃相表里。

① 主运化：是指脾有消化、吸收、运输营养物质及水湿的功能，以滋养机体的脏腑经络、四肢百骸、筋肉、皮毛等，故有脾为"后天之本""五脏之母"之说。脾失健运，水谷运化功能失常，就会出现腹胀、腹泻、精神倦怠、消瘦、营养不良等症。若脾运化水湿的功能失常，就会出现水湿停留肠道则为泄泻，停于腹腔则为腹水，溢于肌表则为水肿，水湿聚集则成痰饮。故《素问·至真要大论》中说："诸湿肿满，皆属于脾。"脾将水谷精微及水湿上输于肺，有"脾主升清"之说。若脾气不升反而下陷，除可导致泄泻外，也可引起内脏脱垂诸

证，如脱肛、阴道与子宫脱垂等。

②主统血：是指脾有统摄血液在脉中正常运行，不致溢出脉外的功能。脾气旺盛，固摄有权，血液就能正常地沿脉管运行而不致外溢；否则，脾气虚弱，统摄乏力，气不摄血，就会引起各种出血性疾患，尤以慢性出血为多见，如长期便血等。

③脾主肌肉四肢：指脾可为肌肉四肢提供营养，以确保其健壮有力和正常发挥功能。脾气健运，营养充足，则肌肉丰满有力，否则就肌肉痿软，动物消瘦。故《元亨疗马集·定脉歌》说："肉瘦毛长戊己（脾）虚"。脾气健旺，清阳之气输布全身，营养充足，四肢活动有力，行步轻健；否则脾失健运，清阳不布，营养无源，必致四肢无力，行步怠慢。动物患脾虚胃弱时，往往四肢痿软无力，倦怠好卧，便是此理。

④脾开窍于口，其华在唇：脾主水谷的运化，与动物食欲有着直接联系。《灵枢·脉度篇》说："脾气通于口，脾和则能知五谷矣。"《安骥集·碎金五脏论》说"脾不磨时马不食"。而口唇可以反映出脾运化功能的盛衰。若脾气健运，营养充足，则口唇鲜明光润如桃花色；否则脾不健运，脾气衰弱，则食欲减退，营养不佳，口唇淡白无光；脾有湿热，则口唇红肿；脾经热毒上攻，则口唇生疮。

⑤在液为涎：涎，即口津，是口腔分泌的液体，具有湿润口腔与帮助食物吞咽和消化的作用。脾主运化功能正常，则津液上注于口而为涎，但不溢出口外；而若脾胃不和，则涎液分泌增加，发生口涎自溢等现象；脾气虚弱，气虚不能摄涎，则涎液自口角而出；脾经热毒上攻，则口唇生疮，口流黏涎。

（4）肝　肝位于腹腔右前侧季肋部，有胆附于其下。主藏血、疏泄，主筋，开窍于目，在液为泪。与胆相表里。

①主藏血：肝有储藏血液及调节血量的功能。"动则血运于诸经，静则血归于肝脏"。肝藏血的功能失调，一是肝血不足，血不养目，则发生目眩、目盲；或血不养筋，则出现筋肉拘挛或屈伸不利；二是肝不藏血，则动物不安或出血。肝阴血不足，可引起阴虚阳亢或肝阳上亢，出现肝火、肝风等证。

②主疏泄：是指肝具有保持全身气机疏通调达，通而不滞，散而不郁的作用。其一，协调脾胃运化，一方面，肝的疏泄功能，使全

身气机疏通畅达，能协助脾胃之气的升降和两者的协调；另一方面，肝能输注胆汁，以帮助食物消化，而胆汁的输注又直接受肝疏泄功能的影响。若肝气郁结，疏泄失常，影响脾胃，可引起黄疸、食欲减退、嗳气、肚腹胀满等消化功能紊乱的现象。其二，调畅气血运行，若肝失条达，肝气郁结，则见气滞血瘀；若肝气太盛，血随气逆，影响到肝藏血的功能，可见呕血、衄血。其三，调控精神活动，除"心藏神"外，肝疏泄功能正常也是保持精神活动正常的必要条件。如肝气疏泄失常，气机不调，可引起精神活动异常，出现躁动或精神沉郁、胸胁胀痛等症状。其四，通调水液代谢，肝气疏泄具有疏利三焦，通调水液升降的作用。若肝气疏泄功能失常，气不调畅，可影响三焦的通利，引起水肿、胸水、腹水等水液代谢障碍的病变。

③ 主筋：肝血充盈，筋得到充分的濡养，其活动才能正常。若肝血不足，血不养筋，可出现四肢拘急或萎弱无力、伸屈不灵等症。若邪热劫津，津伤血耗，血不营筋，可引起四肢抽搐、角弓反张、牙关紧闭等肝风内动之证。"爪为筋之余"，肝血的盛衰，也可引起爪甲（蹄）荣枯的变化。肝血充足，则筋强力壮，爪甲（蹄）坚韧；肝血不足，则筋弱无力，爪甲（蹄）多薄而软，甚至变形而易脆裂。故《素问·五脏生成篇》说："肝之合筋也，其荣爪也。"

④ 肝开窍于目，在液为泪：目主视觉，其功能的发挥有赖于五脏六腑之精气，特别是肝血的滋养；而肝的功能正常与否，也常常在目上得到反映。若肝血充足，则双目有神，视物清晰；若肝血不足，则两目干涩，视物不清，甚至夜盲；肝经风热，则目赤痒痛；肝火上炎，则目赤肿痛生翳。泪从目出，故泪为肝之液。泪有濡润和保护眼睛的功能，但正常情况下不会溢出目外。当异物侵入目中时，则泪液大量分泌，具有清洁眼球和排除异物的作用。在病理情况下，肝的病变常常引起泪的分泌异常。如肝之阴血不足，则泪液减少，两目干涩；肝经风热，则两目流泪生眵。如《安骥集·碎金五脏论》说："肝盛目赤饶眵泪，肝热睛昏翳膜生，肝风眼暗生碧晕，肝冷流泪水泠泠。"

（5）肾　肾位于腰部，左右各一个，有左为肾，右为命门之说。主藏精，主命门之火，主水，主纳气，主骨、生髓、通于脑。肾开窍于耳，司二阴，在液为唾。与膀胱相表里。

① 藏精：肾藏之精也称肾阴、真阴或元阴，包括先天之精和后天之精。前者禀受于父母，先身而生，与机体的生长、发育、生殖、衰老都有密切关系。后者由五脏、六腑所化生，故又称"脏腑之精"，是维持机体生命活动的物质基础。两者融为一体，相互资生，相互联系，先天之精有赖后天之精的供养才能充盛，后天之精需要先天之精的资助才能化生，故一方的衰竭必然影响到另一方的功能。肾藏精是指精的产生、储藏及转输均由肾所主，而肾所藏之精又化生肾气，通过三焦，输布全身，促进机体的生长、发育和生殖。临诊所见阳痿、滑精、精亏不孕等证，都与肾有直接关系。

② 主命门之火：命门即指生命之根本，火指功能。命门之火也称元阳或肾阳（真阳），既是肾脏生理功能的动力，又是机体动力的来源。肾主命门之火，是指肾阳有温煦五脏、六腑，维持其生命活动的功能。故命门之火不足，常导致全身阳气衰微。

肾阳和肾阴概括了肾功能的两个方面。正常情况下，两者相互制约、相互依存，维持着相对的平衡；否则，就会出现肾阳虚或肾阴虚等病理过程。肾阴虚到一定程度可累及肾阳，反之肾阳虚也能伤及肾阴，甚至导致肾阴肾阳俱虚的病症出现。

③ 主水：动物体内的水液代谢是由肺、脾、肾三脏共同完成的，其中肾的作用尤为重要，起着升清降浊的作用。水液进入胃肠，由脾上输于肺，肺将清中之清的部分输布全身，而清中之浊的部分通过肺的肃降作用下行于肾；肾再加以分清泌浊，将浊中之清经再吸收上输于肺，浊中之浊的无用部分下注膀胱，排出体外。肾阳对水液的这一升清降浊过程，称为"气化"。如肾阳不足，命门火衰，气化失常，就会引起水液代谢障碍，发生水肿、胸水、腹水等症。

④ 主纳气：肾主纳气是指肾有摄纳呼吸之气，协助肺司呼吸的功能。呼吸虽由肺所主，但吸入之气必须下纳于肾，才能使呼吸调匀，故有"肺主呼气，肾主纳气"之说。从两者关系来看，肺司呼吸，为气之本；肾主纳气，为气之根。只有肾气充足，元气固守于下，才能纳气正常，呼吸和利；若肾虚，根本不固，纳气失常，就会影响肺气的肃降，出现呼多吸少、吸气困难的喘息之证。

⑤ 主骨、生髓、通于脑：肾所藏之精有生髓的作用，髓充于骨中，滋养骨骼，骨赖髓而强壮。若肾精充足，则髓的生化有源，骨骼

得到髓的充分滋养而坚强有力；若肾精亏虚，则髓的化源不足，不能充养骨骼，可导致骨骼发育不良，甚至骨脆无力等症。髓由肾精所化生，有骨髓和脊髓之分。脊髓上通于脑，聚而成脑。脑需要肾精的不断化生滋养，否则就会出现痴呆、呼唤不应、目无所见、倦怠嗜卧等症状。"齿为骨之余"，故齿也有赖肾精的充养。肾精充足，则牙齿坚固；肾精不足，则牙齿松动，甚至脱落。《素问·五脏生成篇》指出："肾之合骨也，其荣发也"。动物被毛的生长，其营养来源于血，而生机则根源于肾气，故毛发为肾的外候。被毛的荣枯与肾脏精气的盛衰有关。肾精充足，则被毛生长正常且有光泽；肾气虚衰，则被毛枯槁甚至脱落。

⑥ 开窍于耳，司二阴：肾的上窍是耳。耳为听觉器官，其功能的发挥，有赖于肾精的充养。肾精充足，则听觉灵敏；而若肾精不足，可引起耳鸣、听力减退等症。故《安骥集·碎金五脏论》说："肾壅耳聋难听事，肾虚耳似听蝉鸣。"二阴，即前阴和后阴。前阴与生殖有关，但仍由肾所主；又排尿虽在膀胱，但要依赖肾阳的气化；若肾阳不足，则可引起尿频、阳痿等症。粪便的排泄虽是通过后阴，但也受肾阳温煦作用的影响。若肾阳不足，阳虚火衰，可引起粪便秘结；若脾肾阳虚，可导致溏泻。

⑦ 在液为唾：唾与涎，均为口津，区别就在于涎自两腮出，溢于口，可自口角流出，由脾所主；而唾生于舌下，从口中唾（吐）出，由肾所主。在中医临床上，口角流涎多从脾论治，唾液频吐多从肾论治。但在兽医临床上，两者很难区分。

2. 六腑

（1）胆　胆附于肝，主要功能是储藏和排泄胆汁，以帮助脾胃运化。胆汁由肝疏泄而来，为肝之精气所化生，清而不浊，故《安骥集·天地五脏论》中称"胆为清净之腑"。胆储藏和排泄胆汁，与其他腑的转输作用相同，故为六腑之一；但其所盛者为清净之液，与五脏藏精气的作用相似，与其他腑所盛者皆浊不同，故又把胆列为奇恒之腑。

胆与肝相表里，两者在生理上相互依存、相互制约，在病理上也相互影响，往往是肝胆同病。如肝胆湿热，临床上常见到动物食欲减退、发热口渴、尿色深黄、舌苔黄腻、脉弦数、口色黄赤等症状，治宜清湿热，利肝胆。

（2）胃　胃位于膈下，前接食管，后连小肠。胃的主要功能为受纳和腐熟水谷。饮食入口，经食管容纳于胃，故胃有"太仓""水谷之海"之称。饮食物在胃中经过胃的初步消化，形成食糜，一部分转变为气血，由脾上输于肺，再经肺的宣发作用布散全身；另一部分未被消化吸收的部分，则通过胃的通降作用，下传于小肠，由小肠再进行进一步的消化吸收。胃受纳和腐熟水谷的功能称为"胃气"。由于胃是水谷下传于小肠，故胃气的特点是以和降为顺。一旦胃气不降，便会发生食欲不振、水谷停滞、肚腹胀满等症；若胃气不降反而上逆，则出现嗳气、呕吐等症。"胃气壮，五脏六腑皆壮也。"

胃与脾相表里。胃以和降为顺，脾主运化，以升为用。两者一升一降，相互配合才能完成水谷精微到气血的转化与输布，机体各脏腑组织才能得到滋养而正常发挥功能，因此常常将脾胃合称为"后天之本"。在病理上脾胃常常相互影响。如脾为湿困，运化失职，清气不升，可影响到胃的受纳与和降，出现食少、呕吐、肚腹胀满等症；反之，若饮食失节，食滞胃脘，胃失和降，亦可影响脾的升清及运化，出现腹胀、泄泻等证。由于胃的受纳和腐熟水谷作用在临诊中最容易观察，对于动物体的强健及其疾病预后的判断都至关重要，故有"有胃气则生，无胃气则死"之说，临床上也常常把"保胃气"作为重要的治疗原则。

（3）小肠　小肠上通于胃，下接大肠。小肠接受由胃传来的水谷，继续消化吸收以分别清浊。清者为水谷精微，经吸收后由脾传输到身体各部，供机体活动之需；浊者为糟粕和多余水液，下注大肠或肾，经由二便排出体外。故《素问·灵兰秘典论》说："小肠者，受盛之官，化物出焉。"因此，小肠有病，除影响消化吸收功能外，还出现排粪、排尿的异常。小肠与心相表里，若小肠有热，循经脉上熏于心，则可引起口舌糜烂等心火上炎之症。反之，若心经有热，循经脉下移于小肠，可引起尿液短赤、排尿涩痛等小肠实热的病证。

（4）大肠　大肠上通小肠，下连肛门。大肠接受小肠下传的水谷残渣或浊物，经过吸收其中的多余水液，最后燥化成粪便，由肛门排出体外。如大肠虚不能吸收水液，致使粪便燥化不及，则肠鸣、便溏；若大肠实热，消灼水液过多，致使粪便燥化太过，则出现粪便干燥、秘结难下等症。大肠与肺相表里，若肺气壅滞，失其肃降之功，可引起大肠传导阻滞，导致粪便秘结；反之，大肠传导阻滞，亦可引起肺气肃降失常，出现气短、咳喘等证。在临诊治疗上，肺有实热时，常泻大肠，使肺热由大肠下泻。反之，大肠阻塞时，也常宣通肺气，以疏利大肠。

（5）膀胱　膀胱位于腹部。水液经过小肠的吸收后，下输于肾的部分，经肾阳的蒸化成为尿液，下渗膀胱，到一定量后，引起排尿动作，排出体外。膀胱与肾相表里，若肾阳不足，膀胱功能减弱，不能约束尿液，便会引起尿频、尿液失禁；若膀胱气化不利，可出现尿少、尿秘；若膀胱有热，湿热蕴结，可出现排尿困难、尿痛、尿淋漓、血尿等。

（6）三焦　从部位上来说，膈以前为上焦，包括心、肺等脏；脘腹部相当于中焦，包括脾、胃等脏腑；脐以后为下焦，包括肝、肾、大小肠、膀胱等脏腑。总的来说，三焦的功能是负责机体气化，疏通水道，是水谷出入的通路。但上焦司呼吸，主血脉，将水谷精气敷布全身，以温养肌肤、筋骨，并通调腠理；中焦腐熟水谷，将营养物质通过脾化生营血。下焦则是分别清浊，将糟粕以及代谢后的水液排泄于外。故《灵枢·营卫生会篇》说："上焦如雾，中焦如沤，下焦如渎。"在病理情况下，上焦病包括心、肺的病变，中焦病包括脾、胃的病变，下焦病则主要指肝、肾的病变。

综上所述，三焦并不是一个独立的器官，而是包含了胸腹腔前、中、后三部的有关脏器及其部分功能的一个概念。温病学上的三焦则是将这一概念加以引申，作为温病辨证的一种方法，应注意区别。三焦与心包相表里。

> **胞宫**
>
> 即子宫，主发情和孕育胎儿。胞宫与冲、任二脉相连。机体的生殖功能由肾所主，故胞宫与肾关系密切。肾气充盛，冲、任二脉气血充足，动物才会正常发情，发挥生殖及营养胞胎的作用。若肾气虚弱，冲、任二脉气血不足，则动物不

能正常发情，或发生不孕症等。此外，胞宫与心、肝、脾三脏也有关系，因为动物发情及其胎儿的孕育都有赖于心主血、肝藏血、脾统血之血液的滋养，一旦三者的功能失调，便会影响胞宫的正常功能。

3. 脏腑之间的关系

中兽医药学认为，动物机体是一个由五脏、六腑等组织器官构成的有机整体，各脏腑之间不但在生理上相互联系，分工合作，共同维持机体正常的生命活动，而且在病理上也相互影响。如心与肺是气与血的关系，"气为血帅，血为气母，气行则血行，气滞则血瘀"。

心位于上焦，其性属火、属阳；肾位于下焦，其性属水、属阴；两者存在着相互滋养、相互制约的关系。心火不断下降，以资肾阳，共同温煦肾阴，使肾水不寒；而肾水不断上济于心，以资心阴，共同濡养心阳，使心阳不亢，构成"水火既济"或称"心肾相交"之生理景象。而若肾水不足，不能上滋心阴，就会出现心阳独亢或口舌生疮的阴虚火旺之证；心火不足，不能下温肾阳，以致肾水不化，就会上凌于心，出现"水气凌心"的心悸症。

肺司呼吸，为气之主；肾主纳气，为气之根，两者协同配合才能完成机体的气体交换。若肾气不足，肾不纳气，则出现呼吸困难，呼多吸少，动则气喘的病症；若因肾阴不足而致肺阴虚弱，则出现虚热、盗汗、干咳等证。同样，肺的气阴不足，亦可影响到肾，而致肾虚之证。

肝与脾的关系是疏泄和运化的关系。肝疏泄调畅，脾胃升降适度，则血液生化有源。若肝气郁滞，疏泄失常，可致脾不健运，出现食欲减退、肚腹胀满、腹痛、泄泻等症。反之，脾失健运，水湿内停，日久蕴热，湿热郁蒸于中焦，也可导致肝疏泄不利，胆汁不能溢入肠道，横溢肌肤而形成黄疸。

肾藏精，肝藏血，肝血需要肾精的滋养，肾精又需肝血的不断补充，两者相互依存，相互影响。肝肾往往是盛则同盛，衰则同衰，故有"肝肾同源"之说。如肾阴不足可引起肝阴不足，阴不制阳而致肝

犬病针灸按摩治疗图解

阳上亢，出现痉挛、抽搐等"水不涵木"之证；若肝阴不足，亦可导致肾阴不足而致相火上亢，出现虚热、盗汗等证。

脾为后天之本，肾为先天之本。脾主运化，肾所藏之精需脾运化的水谷之精的滋养才能充盈；脾的运化又需肾阳的温煦才能正常发挥作用。若肾阳不足，不能温煦脾阳，则可引发腹胀、泄泻、水肿等证；而脾阳不足，脾不能运化水谷精气，则又可引起肾阳的不足或肾阳久虚，出现脾肾阳虚之证，症见体质虚弱、形寒肢冷、久泻不止、肛门不收或四肢水肿等。

六腑在生理上相互联系，在病理上也相互影响。如胃有实热，消灼津液，可使大肠传导不利，引起大便秘结；而粪便不通，又能影响胃的和降，致使胃气上逆，出现呕吐等证。又如胃有寒邪，不能腐熟水谷，可影响小肠分别清浊的功能，致使清浊不分而注入大肠，成为泄泻之证；若脾胃湿热，熏蒸肝胆，使胆汁外溢，则发生黄疸等。

五脏主藏精气，属阴，主里；六腑主传化物，属阳，主表。心与小肠、肺与大肠、脾与胃、肝与胆、肾与膀胱、心包与三焦之间，一脏一腑，一阴一阳，一表一里，不仅在生理上相互联系，而且在病理上也互为影响。

（四）病因学说

病因即致病因素，也就是引起动物发生疾病的原因。这一点从字面上来说，与现代兽医药学并没有什么不同；但由于中兽医药学对病因的认识主要是采用"比类取象"与"审证求因"的方法，使其结果与现代医药学有很大不同，而更多的是对病证的归纳，并积累了非常有效的临床经验。如《内经》病机十九条："诸燥狂越，皆属于火；诸暴强直，皆属于风；诸病有声，鼓之如鼓，皆属于热；诸病胕肿，疼酸惊骇，皆属于火；诸转反戾，水液浑浊，皆属于热；诸病水液，澄澈清冷，皆属于寒；诸呕吐酸，暴注下迫，皆属于热。"再如从现在认识来看，中兽医药学的温病包括了多种传染病与感染性疾病；明代吴又可提出"戾气病因学说"："夫温疫之为病，非风非寒，非暑非湿，乃天地间别有一种异气所感"，比欧洲第一次认识到伤口化脓和内科传染病是由微生物感染引起的要早200多年，但后来的叶天士与吴鞠通等温病学家在发展卫气营血辨证和三焦辨证等温病学理论时，却又认为温病的致病原因主要是四时"六淫"（风、寒、暑、湿、燥、火）为患，并在实践中总结出了一整套卓有成效的"辨证求因，审因论治"治疗体系。与之相反，"戾气病因学说"至今也未形成一套有效的治疗体系而有别于"六淫"证治，其临床意义只是限于提示温病的发生和流行特点而已。

中西兽医药学结合研究发现，虽然中药抗病原体的作用一般来说都很弱甚或完全没有，但中西兽医结合的辨病与辨证相结合不仅可以克服中兽医无证可辨与西兽医无病可识之不足，而且能够显著地提高与改善中西药物的临床疗效。如王今达等根据中医药解毒清热方药多具有对抗中和内毒素的作用，而在抗菌方面作用较差的事实，在救治感染性多脏器功能衰竭中提出了"菌毒并治"的新主张，采用抗生素抑菌杀菌，配合神农 33 号中药制剂拮抗内毒素的毒害作用，使其救治感染性多脏器功能衰竭的病死率由非菌毒并治的 67% 降至 30%，尤其是 5 脏衰与 6 脏衰，由国际上几乎是 100% 的病死率降至 50% 和 57%，为世界所瞩目。中国农业科学院组织有关单位开展的动物穴位免疫研究，采用疫苗后海一次注射，不仅可以使仔猪传染性胃肠炎（TGE）与流行性腹泻（PED）等 12 种畜禽疫苗的用量，在节约 50% 以上仍能达到或优于常规途径的免疫效果；而且打破了"TGE、PED 等消化道传染病疫苗非经口服或鼻腔黏膜接种不能免疫"的国内外传统学术观点，使后海穴位注射已成为 TGE 与 PED 等疫苗的当前常规接种方法。

中兽医药学将病因分为外感六淫、内伤五邪、饥饱劳逸、外伤、虫伤、痰饮、瘀血和七情所伤等。限于篇幅，此处仅就最有特色与最常用的外感六淫与内生五邪合并介绍。

六淫，即自然界风、寒、暑、湿、燥、火（热）六种反常气候变化。它们原本是四季气候变化的六种表现，称为六气。当动物机体正气虚弱，不能适应正常的六气变化；或因自然界阴阳不调，六气出现太过或不及的反常变化时，侵犯动物机体而导致疾病发生时，其便被称为"六淫"。六淫致病多从肌表、口鼻侵犯动物体，故其所致之病统称为外感病。其具有明显的季节性，如春天多温病，夏天多暑病，长夏多湿病，秋天多燥病，冬天多寒病等；但也不是绝对的，如夏季虽多暑病，但也可出现寒病、温病、湿病等。六淫致病既可单独侵袭机体，也可两种或两种以上同时侵犯机体而发病，如外感风寒、风热、湿热、风湿等。就像一年之中四季可以相互转化一样，六淫病证在一定条件下也可以相互转化，如表寒证可以转化为里热证等。

除外感六淫外，也可因机体脏腑机能失调而产生类似于外感六淫的病理变化，称为"内生五邪"：内风、内寒、内湿、内燥、内火。其与外感六淫的区别就是有无表证的表现。

1. 风邪

风是春季的主气，其邪致病也以春季为多，但其他季节也有。因其他邪气常依附于外风入侵机体，使外风成为外邪致病的先导，故有"风为百病之始""风为六淫之首"之说。内风产生与心、肝、肾三脏有关，但以肝脏功能失调为主，故有"肝风"与"诸风掉眩，皆属于肝"之说。

（1）风性轻扬开泄　风性轻扬，最易侵犯动物体的头面部和肌表。风性开泄，风邪易致皮毛腠理疏泄而开张，出现汗出、恶风的症状。

（2）风性善行、数变　风性善行，致病多有部位游走不定、变化无常的特点。如以风邪为主的风湿症，常表现为四肢交替疼痛，部位游移不定。风性数变，所致病证具有发病急、变化快的特点，如荨麻疹（又称遍身黄），表现为皮肤瘙痒，发无定处，此起彼伏。

（3）风性主动　风性主动，所致疾病以异常活动为特点，如肌肉颤动、四肢抽搐、颈项强直、角弓反张、眼目直视等。《素问·阴阳应象大论》说："风胜则动"。

2. 寒邪

寒为冬季的主气，致病也以冬季为多，但其他季节也有。有外感和内伤之分。外感寒邪，多见气温低下、保暖不够、淋雨涉水、汗出当风，或采食冰冻草料、饮凉水太过所致。根据其部位的深浅，又有伤寒和中寒之别。前者为寒邪伤于肌表，阻遏卫阳，出现恶寒、怕冷等临诊表现；而后者是寒邪直中于里，伤及脏腑阳气，出现脏腑冷痛，但恶寒、怕冷较轻等临诊表现。内寒是机体机能衰退，阳气不足，寒从内生的病证。中寒与内寒的区别是，前者多由外部寒冷因素引发，发病较急，冷痛感觉比较重；而后者则是没有明显的外部寒冷因素引发，冷痛感觉比较缓和，似有似无，绵绵不绝，病程比较长。

（1）寒性阴冷，感受寒邪，最易损伤机体的阳气，出现阴寒偏盛的寒象。如寒邪外束，卫阳受损，可见恶寒怕冷、皮紧毛立等症状；若寒邪中里，直伤脾胃，脾胃阳气受损，可见肢体寒冷、下利清谷、尿清长、口吐清涎等症状。

（2）寒性凝滞，易致疼痛　寒邪侵犯机体，阳气受损，经脉受阻，可使气血凝结阻滞，不能通畅运行而引起疼痛，即所谓"不通则痛"。如寒邪伤表，营卫凝滞，则头项、肢体疼痛；寒邪直中肠胃，使胃肠气血凝滞不通，则肚腹冷痛。

（3）寒性收引　寒邪侵入机体，可致机体气机收敛，腠理、经络、筋脉和肌肉等收缩挛急。如寒邪侵入皮毛腠理，则毛窍收缩，卫阳受遏，出现恶寒、发热、无汗等症；寒邪侵入筋肉经络，则肢体拘急不伸，冷厥不仁；寒邪客于血脉，则脉道收缩，血流滞涩，可见脉紧、疼痛等症。

3. 暑邪

暑为夏季的主气，致病有明显的季节性。暑邪纯属外邪，无内暑之说。

（1）暑性炎热，易致发热　暑为火热之气所化生，属于阳邪，故伤于暑者，常出现高热、口渴、脉洪、汗多等一派阳热之象。

（2）暑性升散，易耗气伤　津暑为阳邪，阳性升散，故暑邪侵入机体，多直入气分，使腠理开泄而汗出。汗出过多，不但耗伤津液，引起口渴喜饮、唇干舌燥、尿短赤等症，而且气也随之而耗，导致气津两伤，出现精神倦怠、四肢无力、呼吸浅表等症。严重者，可扰及心神，出现行如酒醉、神志昏迷等症。

（3）暑多挟湿　夏季除气候暑热外，还常多雨潮湿，动物体在感受暑邪的同时，还常兼感湿邪，故有"暑多挟湿"或"暑必兼湿"之说。临床上，除见到暑热的表现外，还有湿邪困阻的症状，如汗出不畅、渴不多饮、身重倦怠、便溏泄泻等。

4. 湿邪

湿为长夏（夏秋之交的一段时间）的主气，但一年四季都有。湿有外湿、内湿之分。前者多由气候潮湿、涉水淋雨、厩舍潮湿等外在湿邪侵入机体所致；而后者多由脾失健运，水湿停聚而成。两者常相互影响，感受外湿，脾阳被困，脾失健运，则湿从内生；而脾阳虚损，脾失健运，而使水湿内停，又易招致外湿的侵袭。

（1）湿为阴邪，阻遏气机，易损阳气　湿为阴邪，留滞脏腑经络容易阻遏气机，使气机升降失常；脾喜燥恶湿，脾阳最易受湿邪所困。脾阳既为湿邪所困，水湿不运，溢于皮肤，则成水肿；流溢胃肠，则成泄泻。湿困脾阳，阻遏气机，可发生肚腹胀满、腹痛、里急后重等症状。

（2）湿性重浊，其性趋下　湿邪致病常见步伐沉重，抬步不起，或倦怠无力，如负重物。湿邪为病，分泌物及排泄物秽浊不清，如尿混浊、泻痢脓垢、带下污秽、目眵量多、舌苔厚腻以及疮疡疔毒、破溃、流脓、淌水等。湿邪致病，多先起于机体的下部。《素问·太阴阳明论》有"伤于湿者，下先受之"之说。

（3）湿性黏滞，缠绵难退　湿邪致病在症状上可以表现为粪便黏滞不爽，尿涩滞不畅；在病程上可表现为病变过程较长，缠绵难退，或反复发作，不易治愈（如风湿症等）。

5. 燥邪

燥是秋季的主气，有外燥与内燥之分。外燥多由久晴不雨，气候干燥，周围环境缺乏水分所致。其邪多从口鼻而入，病变常从肺卫开始，有温燥、凉燥之分。初秋尚热，犹有夏火之余气，燥与热相合侵犯机体，多为温燥；深秋已凉，西风肃杀，燥与寒相合侵犯机体，多为凉燥。内燥多由汗下太过，或精血内夺，以致机体阴津亏虚所致。

（1）燥性干燥，易伤津液　燥邪为病，易伤机体的津液，出现津液亏虚的病变，如口鼻干燥、皮毛干枯、眼干不润、粪便干结、尿短少、口干欲饮、干咳无痰等。《素问·玄机原病式》说："诸涩枯涸，干劲皴揭，皆属于燥"。

（2）燥易伤肺　肺为娇脏，喜润恶燥；更兼肺开窍于鼻，外合皮毛，故燥邪为病，最易伤肺，致使肺阴受损，宣降失司，引起肺燥津亏之证，如鼻咽干燥、干咳无痰或少痰等。肺与大肠相表里，若燥邪自肺而及大肠，可出现粪便干燥难下等症。

6. 火邪

为火、热、温三者的统称。三者均为阳盛所生，其性相同，但温为热之渐，火为热之极，在程度上有所不同。热与温多由外感受所致，而火则既可由外感受，又可内生。内生的火多与脏腑机能失调有关。火证常见热象，但其热象较热证更为明显，且表现出炎上的特征。

（1）火为热极，其性炎上　火为热极，其性燔灼，致病常见高热、口渴、躁动不安、舌红苔黄、尿赤、脉洪数等热象。火性炎上，侵犯机体，多出现在机体的上部，如心火上炎，口舌生疮；胃火上炎，齿龈红肿；肝火上炎，目赤肿痛等。

（2）火邪易生风动血　火热之邪侵犯机体，往往劫耗阴液，使筋脉失养，而致肝风内动，出现四肢抽搐、颈项强直、角弓反张、眼目直视、狂躁不安等症。火热邪气侵犯血脉，轻则使血管扩张，血流加速，甚则灼伤脉络，迫血妄行，引起出血和发斑，如衄血、尿血、便血以及因皮下出血而致体表出现出血点和出血斑等。此处应注意与脾虚不统血之出血相区别，后者多有脾虚诸证，多为长期慢性出血。

（3）火邪易伤津液　火热邪气，最易迫津液外泄，消灼阴液，故火邪致病除见热象外，往往伴有咽干舌燥，口渴喜饮冷水，尿短少，粪便干燥，甚至眼窝塌陷等津干液少的症状。

（4）火邪易致疮痈　临床上，凡疮疡局部红肿、高突、灼热者，皆由火热所致。

三、经络学说及其与神经的关系

中兽医药学认为，经络是动物机体联络脏腑、沟通内外、运行气血和调节功能的通路。其在动物体内纵横交错，遍布全身，无处不至，把脏腑、器官与组织联系在一体，形成一个有机的整体。经络是经脉和络脉的总称。经，即经脉，有路径的意思，是经络系统的主干；络，即络脉，有网络的意思，是经脉的分支。经络学说是研究动物经络系统的组织结构、生理功能、病理变化及其与脏腑关系的学说，是中兽医学理论体系的重要组成部分。

1. 经络组成

经络系统主要由经脉、络脉、内属脏腑部分和外连体表部分组成。其中，经脉简称经，是经络系统的主干，除分布在体表一定部位外，还深入体内连属脏腑；络脉简称络，是经脉的细小分支，一般多分布于体表，联系"经筋"和"皮部"。

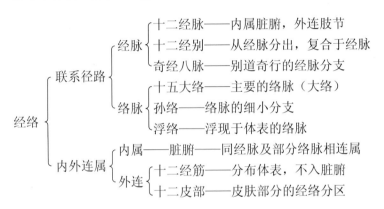

2. 犬 14 经脉循行图

人体经络理论早在《内经》和《难经》中就有系统记载，动物经络在唐《司牧安骥集》中首次记载"六阴经图与六阳经图"，但只标有 12 个穴位的位置，并没有经脉的走向与循行图。20 世纪八九十年代，中国农业科学院中兽医研究所等单位采用声发射与低电阻等技术，对绵羊与狗等动物的经络循行线进行了检测研究，绘制出了绵羊 14 经脉循行图；北京农业大学绘制出驴 12 经脉循行图等。21 世纪初叶，宋大鲁等根据临床经验，模拟人体经络画出了犬的 14 经脉循行图，即犬前后肢三阴三阳经与任督二脉（图 1-61）。

3. 经络的作用

（1）内连脏腑，外络肢节，运行血气　经络上下贯通，左右交叉，将动物体各个组织器官相互联系起来，从而起到了协调脏腑功能

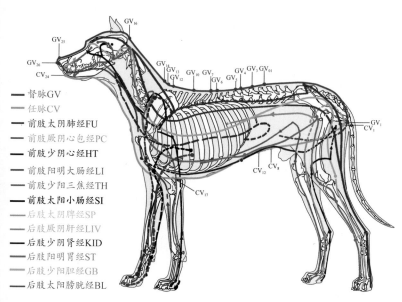

图 1-61　犬 14 经脉循行示意图

督脉GV
任脉CV
前肢太阴肺经FU
前肢厥阴心包经PC
前肢少阴心经HT
前肢阳明大肠经LI
前肢少阳三焦经TH
前肢太阳小肠经SI
后肢太阴脾经SP
后肢厥阴肝经LIV
后肢少阴肾经KID
后肢阳明胃经ST
后肢少阳胆经GB
后肢太阳膀胱经BL

枢纽的作用。具有行血气而营阴阳，濡筋骨而利关节，温养脏腑组织的作用。在运行气血的同时，卫气伴行于脉外，具有保卫体表、抗御外邪的作用。

（2）传导病邪，反映病变　其一，病邪侵入，若动物体正气虚弱，病邪可通过经络由表及里传入脏腑而引发病证。如外感风寒在表不解，可通过前肢太阴肺经传入肺脏，引起咳喘等证。其二，脏腑有病，可通过经络反映到体表，临床上可据此对疾病进行诊断。如心火亢盛，可循心经上传于舌，出现口舌红肿糜烂的症状；肝火亢盛，可循肝经上传于眼，出现目赤肿痛、睛生翳膜等症状；肾有病，可循肾经传于腰部，出现腰胯疼痛无力等症状。

（3）传递针灸与药物治疗作用　其一，针刺或按摩动物体表的穴位能够治疗内脏的疾病，就是由于经络的传导作用。据此，古人提出了"循经取穴"的治疗原则。如动物胃热，可针刺后肢阳明胃经上的玉堂，放血；腹泻，可针刺后肢太阴脾经上的带脉，放血；冷痛，可针后肢阳明胃经三江和前肢阳明大肠经前蹄头与后肢阳明胃经的后蹄头，放血等。其二，中兽药具有归经的特性，即对某些脏腑病症有一定的选择性作用；或具有引经的作用，即导引其他药物作用于某脏腑的病证。如同为泻火药，有黄连泻心火，黄芩泻肺火又泻大肠火，白芍泻脾火，知母泻肾火，木通泻小肠火，石膏泻胃火，柴胡、黄芩泻三焦火，柴胡、黄连泻肝胆火，黄柏泻膀胱火等的不同；桔梗有引药上行专入肺经，牛膝有引药下行专入肝肾两经的作用等。

4. 经络的本质及其与神经的关系

经络学说和现代神经体液调节学说都是关于机体机能联络调节的理论，是在不同历史条件下的产物。在同一机体内不可能存在两套互不相干的调节体系，而且已有研究显示，两者存在着密切的相关性。如在人体全身三百多个穴位中，有一半的穴位下面有神经直接通过；另一半的穴位则在其周围半厘米的范围内有神经通过，而在实际的针刺过程中，运用提插手法找"得气"的范围远远超出 1 厘米。用电生理试验对"得气"与神经功能之间的关系进行研究，在猫的小腿下部将针刺入后捻动针柄，并在主要神经干上分离出一小束神经纤维来记录生物电变化，发现每捻动针时，就有一串串来自神经纤维的电脉冲出现在荧光屏上，说明有针刺产生的感觉信号在神经上传递。有人将穴位主治性能和神经节段范围病症之间的关系进行统计分析后发现，无论是根据《内经》还是现代针灸学书籍所记载，每个穴位均有治疗它所在神经节段范围之内病症的功能。因此，作者提出了"针灸治病取穴规律主要是按神经节段性支配规律"的假说，并用于治疗取得了较好的临诊疗效。

针刺与非针刺动物间交叉循环试验证明，针刺动物血液经过交叉循环到非针刺动物，可以引起后者出现针刺镇痛的效应；以及中枢外周神经的众多神经递质（如 5- 羟色胺、β- 内啡肽、前列腺素、缓激肽、多巴胺等）与针刺镇痛作用之间关系的确定，为针刺镇痛原理的神经体液学说提供了有力证据。有人据此，在家兔皮肤痛和内脏痛模型上筛选了 24 种临床常用药物。

（1）针刺镇痛增效药，共 16 种，如芬太尼、羟哌氯丙嗪、哌替啶、灭吐灵等。分属于阿片受体激动剂、多巴胺受体拮抗剂、5- 羟色胺释放剂。进一步观察发现，药物与针刺镇痛的强度和 / 或后效应之间呈剂效关系；阿片受体激动剂，多巴胺受体拮抗剂（如氟哌啶）或

5-羟色胺释放剂（芬氟明）联合应用，可进一步提高针刺镇痛效应。

（2）针刺镇痛减效药，有氯胺酮、安定、非那更、氯丙嗪、泰尔登 5 种。它们拮抗针刺镇痛的作用也呈剂效关系。

（3）无影响作用的药物，有舒必利、泰必利和阿托品 3 种。

但目前的问题是，经络现象和经络学说中的许多重要内容，用已知的神经解剖学和神经生理学知识尚难作出恰当的解释。如人体循经感觉传导研究发现，针刺穴位时可以产生一种沿着经络循行路线传导的感觉现象，其活动似乎与神经、血管、淋巴等都有关系，与神经传导较为接近；但其行走的线路不仅不同于后者，而且其活动速度远较神经传导速度为慢，主要负责体表和内脏之间的互相联系与平衡调节。据此，有人提出了经络第三平衡说（表1-2），并认为这种结构也许是神经系统的一个分支，也许不是。即使是一个分支，也可自成一个系统。有人认为，机体内可能还存在着与经络现象有关的某些已知结构的未知功能，或者是某种未知结构的未知功能。

表 1-2　经络第三平衡说

平衡系统	组织结构	速度	作用
第一平衡系统	骨骼神经	100 米/秒（传导）	快速姿势平衡
第二平衡系统	自主神经	1 米/秒（传导）	内脏活动平衡
第三平衡系统	经络	0.1 米/秒（传导）	体表内脏间平衡
第四平衡系统	内分泌	以分计（作用）	整体慢平衡

四、八纲辨证与经络辨证

辨证施治或称辨证论治，是中兽医药学的一大优势与特点。辨证就是对疾病发展过程中的病因、病位、病机、病性与邪正双方力量对比等方面的情况进行概括，以为进一步的治疗提供依据。它是以脏腑、气血津液、经络、病因等理论为基础，以四诊所获取的资料为依据，认识诊断疾病与治疗疾病的过程。

中兽医药学的辨证方法很多，如八纲辨证、经络辨证、脏腑辨证、气血津液辨证、六经辨证和卫气营血辨证等。这些辨证方法，虽各有特点和侧重，但又互相联系，互相补充。八纲辨证是所有辨证方法的总纲，是对疾病所表现出共性的概括；经络辨证是以经络学说为理论依据，主要是论述经脉循行部位出现的异常反应，对临床各科，特别是针灸、按摩、气功等治疗具有重要意义；脏腑辨证是各种辨证方法的基础，是以脏腑理论为基础的，多用于辨内伤杂病；气血津液辨证是与脏腑辨证密切相关的一种辨证方法；六经、卫气营血辨证，主要是针对外感热病的辨证方法。限于篇幅，此处仅对前两种做一简单介绍。

（一）八纲辨证

就是将四诊所搜集到的各种病情资料进行分析综合，对疾病的部位、性质、正邪、盛衰等加以概括，归纳为表、里、寒、热、虚、实、阴、阳 8 个具有普遍性的证候类型，用以指导临床治疗。即疾病尽管错综复杂，但从类别上分，不外阴证与阳证；按部位深浅分，不外表证与里证；按疾病性质分，不外热证与寒证；从邪正盛衰分，不外实证与虚证。其中阴阳两纲又可以概括其他六纲，即表证、热证、实证为阳；里证、寒证、虚证为阴，所以阴阳又是八纲的总纲（图 1-62）。

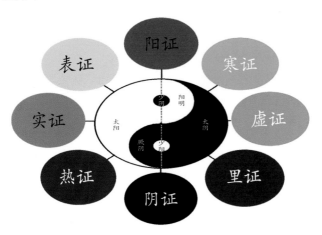

图 1-62　八纲辨证示意图

1. 表与里

表里是辨别病位深浅的 2 个纲领。一般来说，病邪侵犯肌表而病位浅者为表证，病在脏腑而病位深者为里证。

（1）表证　表证多见于外感病的初期，常具有起病急、病程短、病位浅的特点。多见舌苔薄白、脉浮、恶风寒（被毛逆立、寒战）。因肺合皮毛，故表证也常有鼻流清涕、咳嗽、气喘等症状。根据寒热轻重的不同，表证主要有风寒和风热两种。表证治疗宜采用汗法，又称解表法；风寒证宜辛温解表，而风热证宜辛凉解表。

（2）里证　里证多见于外感病的中、后期或内伤诸病。其形成大致有三种情况：一是表邪不解，内传入里；二是外邪直接侵犯脏腑；三是饥饱劳役及情志因素影响气血的运行，使脏腑功能失调。里证的病因复杂，病位广泛，故症状繁多，临诊时应辨别疾病所在的脏腑、病性的寒热、病势的盛衰（虚实）等。里证治疗不能一概而论，需根据病证所在的脏腑及其寒热虚实，分别采用不同的温、清、补、消、泻诸法。

（3）表里转化　表证与里证既不是绝对的，也不是固定不变的；而是既可以互相转化，也可以两者同病。表里转化包括"表邪入里"和"里邪出表"两个方面。前者多因机体抵抗力下降，或邪气过盛，或护理不当，或误治、失治等原因，致使表邪不解，内传入里，由表证转化为里证。如温病初期多为表热证，若失治、误治，则可出现高热、粪干、尿短赤、舌红苔黄、脉洪数等里热症状，说明病邪已经由表入里，转化成了里热证。后者多为机体抵抗力增强、邪气衰退，病情好转，病邪从里透达于外，由肌表而出，里证转化为表证。如某些痘疹类疾病，先有内热、喘促、烦躁等症，继而痘疹渐出，热退喘平，便是里邪出表的表现。表里转化反映了疾病发展的趋势，表邪入里表示病势加重，而里邪出表多反映病势减轻。

表里同病是指表证和里证同时出现。如患畜表邪未解，既有发热、恶寒的表证表现，又出现咳嗽、气喘、粪干、尿赤等里热的症状。或脾胃素虚，常见草料迟细、粪便稀薄等里虚证表现；又感风寒，见发热、恶寒、无汗等表实证症状。引发表里同病，一是外感和内伤同时致病；二是外感表证未解病邪入里；三是先有内伤而又感受外邪，或先有外感，又伤饮食等。表里同病往往与寒热、虚实互见，常见的有表里俱寒、表里俱热、表寒里热、表热里寒，表里俱实、表里俱虚、表虚里实、表实里虚等，临床上需要仔细辨别。表里同病，

犬病针灸按摩治疗图解

一般是先解表后攻里或表里同治；而如果是里证紧急，也可先攻里后解表。

（4）表里辨证要点　其一，发热恶寒并见的属表证；发热而没有恶寒，或仅有恶寒者多属里证；脉浮属表证，脉沉属里证。其二，应注意与表里同病或其他兼证相区别。如表里俱寒、表里俱热、表里俱虚、表里俱实或表寒里热、表热里寒、表虚里实、表实里虚或半表半里证等。其三，先有表证，继而出现里证，应辨别表证是否已经入里，查明表证是否已解。先有里证，继而出现表证，应辨别是否为里证出表，或是又感表邪。

2. 寒与热

寒热是辨别疾病性质的两个纲领。一般来说，机体感受寒邪或因机能活动衰退所表现的证候为寒证，而感受热邪或因机体机能活动亢盛所表现的证候为热证。

（1）寒证　一般由外感风寒、寒滞经脉或寒伤脾胃等原因所致，多见口色淡白或淡清、口津滑利、舌苔白、脉迟、尿清长、粪稀、鼻耳冰冷、四肢发凉等。或有恶寒、被毛逆立、肠鸣腹痛的症状。治疗采用"寒者热之"，根据病情，或辛温解表，或温中散寒，或温肾壮阳。

（2）热证　主要由两个方面的原因所致，一是外感风热或内伤火毒；二是久病阴虚，或阴虚又感受热邪。多见口色红、口津减少或干黏、舌苔黄、脉数、尿短赤、粪干或泻痢腥臭、呼出气热、身热；或见目赤、气促喘粗、贪饮、恶热等症状。根据热邪性质及其所伤部位及脏腑的不同，可分为燥热、湿热、虚热、火毒疮痈等不同热证；临诊时还须辨清其为表热还是里热、实热还是虚热、气分热还是血分热等的不同。治疗用"热者寒之"，可根据病情或辛凉解表，或清热泻火，或壮水滋阴。

（3）寒热转化与错杂　在一定条件下，寒证可以转化为热证，热证也可以转化为寒证，还可以出现寒热错杂的证候。一般来说，由寒证转为热证，表示机体正气尚盛；由热证转化为寒证，则代表机体邪盛正虚，正不胜邪。

① 寒转热：疾病本为寒证，因失治、误治，寒邪从阳化热，出

现热证而寒证消失。如外感风寒，多见恶寒重、发热轻、苔薄白、脉浮紧的表寒证；而若误治、失治，致使寒邪入里化热，则见不恶寒、反恶热、口渴贪饮、舌红苔黄、脉数的里热证，即是寒证转化为热证。

② 热转寒：疾病原属热证，因误治、失治，损伤机体阳气，致使机体机能衰退，出现寒证而热证消失。如高热大汗不止，阳从汗泄；或吐泻过度，阳随津脱，出现体温降，四肢厥冷，脉微欲绝的虚寒证，便是热证转化为寒证。

③ 寒热错杂：指同一个体上既有寒证，又有热证存在。常见的有上寒下热、上热下寒、表寒里热和表热里寒几种。a. 上寒下热是指患畜上有寒证，下有热证的表现。如寒在胃而热在膀胱，患畜既有胃脘冷痛、草料迟细等上寒症状，又有小便短赤、尿频尿痛等下热表现。b. 上热下寒正好相反，上有热证，下有寒证。如热在心经而寒在胃肠，上有口舌生疮、牙龈溃烂的热象，下部又有腹痛起卧，粪便稀薄的寒象。c. 表寒里热是先有内热，又外感风寒；或外感风寒，外邪入里化热而表寒未解，多见既有发热、恶寒、被毛逆立的表寒症状，又有气喘、口渴、舌红、苔黄的里热证候。d. 表热里寒多见于素有里寒而复感风热；或表热证未解，误用下法而致脾胃阳气损伤。如患畜平素里寒，表现为草料迟细、口流清涎、粪便稀薄等症状，若又外感风热，则又可见发热、咽喉肿痛、咳嗽等表热的症状。

(4) 寒热真假　在疾病的发展过程中，特别是在病情危重的阶段，有时会出现外部表现与疾病本质不一致的假象，叫"寒热真假"。临诊时应注意抓住本质，不要为假象所迷惑。常见的有真热假寒与真寒假热两种。

① 真热假寒：即内有真热而外见假寒的证候。如四肢冰冷、苔黑、脉沉等，似属寒证，而又见体温极高、苔黑且干燥、脉沉按之却数而有力，尤其是口渴贪饮、口臭、尿短赤、粪燥结、舌色深红等内热之象。其寒象是假，内热才是疾病的本质。这是因为机体阴阳不能顺接，阳热郁闭于内，不能布达于四肢体表而形成的阳盛于内、拒阴于外的阴阳格拒现象。

② 真寒假热：即内有真寒而外见假热的证候。如体表发热、苔黑、脉大等，似属热证，但体表按之热而不烫手，苔虽黑却湿润滑

犬病针灸按摩治疗图解

利，脉虽大却按之无力，更有小便清长、大便稀薄等内寒之象。其热象是假，内寒才是疾病的本质，是阴盛于内，逼阳于外所形成的又一种阴阳格拒现象。

（5）寒热辨证要点　其一，辨寒热应综合来看。一般的口渴贪冷饮者为热，不饮水或喜饮温水者为寒；尿液短赤、粪便燥结或便脓血者为热，尿液清长、粪便稀薄者为寒；四肢、耳鼻不温或冰冷者为寒，四肢、耳鼻温热者为热；舌质红、苔黄燥者为热，舌质青白、苔白滑者为寒；脉数滑大有力者为热，脉沉迟无力者为寒等。其二，寒热有在表、在里，在上、在下，在脏、在腑，在气、在血等的不同，须明辨之。其三，寒热既有错杂及虚实等的不同，又有真假之情况，必须分清辨明，以免被其表面的假象所迷惑。

3. 虚与实

虚实是概括和辨别畜体正气强弱和病邪盛衰的两个纲领。一般而言，正气不足者多表现为虚证，邪气亢盛有余者多见实证。

（1）虚证　虚证是对机体正气虚弱所出现的各种证候的概括。多见于劳役过度，或饮喂不足；或先天不足，老弱体虚，大病、久病之后；或病中失治、误治等。多见口色淡白、舌质如绵、无舌苔、脉虚无力、头低耳聋、体瘦毛焦、四肢无力；或见虚汗、虚喘、粪稀或完谷不化等症状。临诊中常有气虚、血虚、阴虚、阳虚等不同类型的虚证。治疗采用"虚则补之"，或补气，或补血，或气血双补；或滋阴，或助阳，或阴阳并济。

（2）实证　凡邪气亢盛而正气未衰，正邪斗争比较激烈而出现的亢奋证候，均为实证。多因感受外邪，或是内脏机能活动失调，代谢障碍，致使痰饮、水湿、瘀血等病理产物在体内停留。其具体表现因病位和病性等的不同而有很大差异，但常见高热、烦躁、喘息气粗、腹胀疼痛、拒按、大便秘结、小便短少或淋漓不通、舌红苔厚、脉实有力等。治疗采用"实则泻之"，或攻里泻下，或活血化瘀，或软坚散结，或涤痰逐饮，或平喘降逆，或理气消导等。

（3）虚实转化与错杂　疾病是一个正邪斗争的过程，可以出现虚实转化与虚实错杂等现象。

① 实转虚：先有实证，因误治、失治或损伤津液、正气后，出

现虚证而实证消失。如便秘本为实证，因治疗不当或泻下峻猛，发生便秘去后而泄泻不止，继而出现体瘦毛焦、倦怠喜卧、口色淡白、舌体如绵、脉细而无力等症状，即是实证转化成了虚证。

② 虚转实：临床上由虚转实比较少见，多是先有虚证，又感受实邪，出现虚实错杂证。如脾胃虚弱动物又过食不易消化的草料，出现草料停滞胃肠，肚腹胀满，甚至发展为便秘，形成虚中挟实证。

③ 虚实错杂：是指在一个动物体上同时出现虚证与实证两种证候。多见以下三个方面的原因，一是体虚感受外邪，如素体气虚，复感风寒外邪；二是邪气亢盛不除，却又损伤机体正气，如便秘日久不除，耗伤正气；三是脏腑功能虚衰，使病理产物聚留体内，如肾虚水泛。治疗要分清主次和轻重缓急，或先补后攻，或先攻后补，或攻补兼施。其一，虚中挟实，以正虚为主，兼有邪实。如肾虚水泛证，水泛则生痰，痰上浸于肺，临床上除有耳鼻四肢俱冷、动则气喘等肾虚的表现外，还有痰鸣、呼吸困难等痰实的症状，治疗宜温补肾阳，行水化痰。其二，实中挟虚，以邪实为主，兼有正虚。如动物因暴饮暴食，或草料突然更换而发生便秘，而若日久不除，脾胃运化功能受损，气血生化不足，临床上除有粪便不通、肚腹胀满疼痛、起卧打滚等结实的表现外，还出现体瘦毛焦、痿弱无力等脾虚症状，治宜通便破结，补脾润肠。其三，虚实并重，正虚与邪实均十分明显，多见实证日久正气大伤，而实邪未减；或正气本虚，却又感受了较重的邪气，治疗宜攻补兼施。

（4）虚实真假　与寒热真假一样，动物所表现出的症状虚实与疾病本质不相符，主要有真实假虚证和真虚假实证两种。前者的本质为实，现象似虚。如伤食患畜常表现为精神倦怠、食欲减退、泄泻等，看似脾虚泄泻，但强迫其运动过后精神反而好转，腹部按压疼痛剧烈或拒按，实为实证。后者的本质为虚，现象似实。如脾虚患畜，往往出现间歇性的肚胀，似属实证，但按之不拒，且形体消瘦，口色、脉象一派虚象，实为脾虚，肚胀乃运化失职所致。

（5）虚实辨证要点　其一，一般来说，外感初病，证多属实；内伤久病，证多属虚。亢盛有余者属实；衰弱不足者属虚。如病程短、声高气粗、痛处拒按、舌质苍老、脉实有力的多属实证；病程长、声低气短、痛处喜按、舌质胖嫩、脉虚无力的多属虚证。其二，"大实有羸状，至虚有盛候"，要注意辨别虚实真假，不要被表面现象所迷惑。其三，辨虚实须分部位和虚实错杂，以及是否有寒热、表里等掺杂互见，以制订相应的治疗原则。

4. 阴与阳

《素问·阴阳应象大论》说："善诊者，察色按脉，先别阴阳"。临床上疾病虽然错综复杂，但均可分为阴证和阳证两种，是辨证的基本纲领。

（1）阴证　多见于里虚寒证，主要表现为体瘦毛焦、倦怠嗜卧、体寒肉颤、怕冷喜暖、口流清涎、肠鸣腹泻、尿液清长、舌淡苔白、脉沉迟无力。在外科疮痈中，凡不红、不热、不痛、脓液稀薄而少臭味者，为阴证。

（2）阳证　多见于里实热证，主要表现为精神兴奋、狂躁不安、口渴贪饮、耳鼻肢热、口舌生疮、尿液短赤、舌红苔黄、脉象洪数有力、腹痛起卧、气急喘粗、粪便秘结。在外科疮痈中，凡红、肿、热、痛明显，脓液黏稠发臭者，为阳证。

（3）亡阴与亡阳　是由阴液衰竭或阳气将脱时所出现的一系列证候。亡阴主要表现为精神兴奋、躁动不安、汗出如油、耳鼻温热、口渴贪饮、气促喘粗、口干舌红、脉数无力或脉大而虚，多见于大出血，或各种原因所致脱水，或热性病中，治宜养阴固气。亡阳主要表现为精神极度沉郁、或神识呆痴、肌肉颤抖、汗出如水、耳鼻发凉、口不渴、气息微弱、舌淡而润或舌质青紫、脉微欲绝，多见于大汗、大泻、大失血、过劳等病症，治宜回阳救逆。阴阳互根，阴液耗损，则阳无所依附而散越；阳气衰亡，则阴无以化生而耗竭，故亡阴与亡阳常同时发生，或稍有先后发生。

（二）经络辨证

经络辨证是以经络学说为理论依据，根据经络的循行部位及其所络属的脏腑等特点，对动物的若干症状体征进行分析、综合，以辨别出病变发生在何经、何脏、何腑，为辨证施治提供理论依据。

1. 十二经脉病证

十二经脉即前肢、后肢三阴经和三阳经。其病理特点是：其一，经脉受邪，其病症与其循行部位有关。如膀胱经受邪，可使腰背、腋窝、后肢等处疼痛；其二，与该经所属脏腑的功能失调有关，如肺经为十二经之首，易受外邪侵袭而致气机壅塞，故见胸满、咳喘气逆等肺失宣降的症状；其三，一经受邪常影响其他经脉，或受它经影响。如脾经患病可发生胃脘疼痛、食后作呕等胃经病证。

（1）前肢太阴肺经病证　肺胀、咳喘、胸部满闷、缺盆中痛、肩背痛或肩背寒、少气、洒淅寒热、自汗出及臑、臂前侧廉痛、肠中热、小便频数或色变等。

（2）前肢阳明大肠经病证　齿痛、颈肿、咽喉肿痛、鼻衄、目黄口干、肩臂前侧疼痛、前蹄趾疼痛、活动障碍等。

（3）后肢阳明胃经病证　壮热，汗出，头痛，颈肿，咽喉肿痛，齿痛，或口角喎斜，鼻流浊涕，或鼻衄，警惕狂躁；或消谷善饥，脘腹胀满；或膝腹肿痛，胸腹股部、后肢外侧及足趾等处疼痛，活动受限。

（4）后肢太阴脾经病证　舌根强硬，食则呕，胃脘痛，腹胀嗳气，得后与气则快然如衰，身体皆重。体不能动摇，食不下，心烦，心下急痛、溏泄、癥瘕、泄泻、黄疸，不能卧，股膝内肿厥，后蹄趾不用。

（5）前肢少阴心经病证　胸痛烦闷，咽干，渴而欲饮，目黄，胁痛，桡臂内侧后缘痛厥，掌部热。

（6）前肢太阳小肠经病证　耳聋、目黄、咽痛；肩似拔，臑似折，颈项肩肘臂外后廉痛。

（7）后肢太阳膀胱经病证　发热，恶风寒，鼻塞流涕，头痛，项背强痛；目似脱，项如拔，腰似折，腘如结，癫痫，狂证，疟疾，痔；腰脊、腓肠肌、蹄趾等处疼痛、活动障碍。

（8）后肢少阴肾经病证　可视黏膜黑紫，头晕目眩；气短喘促，咳嗽咯血；饥不欲食，胸痛，腰脊四肢无力或痿厥，足下热痛；烦躁不安，易惊恐，口热舌干，咽肿。

（9）前肢厥阴心包经病证　四肢温热，臂肘挛急，腋肿，甚则胸

犬病针灸按摩治疗图解

胁支满、烦躁、心悸、喜笑不休、面赤目黄等。

（10）前肢少阳三焦经病证　耳聋，胸胁痛，目锐眦痛，颊部、耳后疼痛，咽喉肿痛，汗出，肩肘疼痛，蹄趾活动障碍。

（11）后肢少阳胆经病证　胸胁痛不能转侧，甚则面微有尘，体无膏泽，足外反热。头痛颔痛，缺盆中肿痛，腋下肿，汗出振寒为疟，胸、胁、肋、髀、膝外至胫，外踝前及诸节皆痛。

（12）后肢厥阴肝经病证　腰痛，肤色晦暗，咽干，胸满，腹泻，呕吐，遗尿或癃闭，疝气或少腹痛。

2. 奇经八脉病证

奇经八脉为十二正经以外的八条经脉，具有联系十二经脉，调节动物机体阴阳气血的作用。分言之，督脉总督一身之阳；任脉总任一身之阴；冲脉为诸脉要冲，源起气冲；带脉状如腰带，总束诸脉；阳跷为后肢太阳之别脉，司一身左右之阳；阴跷为后肢少阴之别脉，司一身左右之阴；阳维脉起于诸阳会，阴维脉起于诸阴交，为全身纲维。

（1）督脉病证　督脉起于会阴，循背而行于身背，为阳脉的总督，故又称为"阳脉之海"，其别脉和厥阴脉会于头巅，主身背之阳。主症腰骶脊背痛、项背强直、头重眩晕、癫痫。

（2）任脉病证　任脉起于中极之下，循腹而行身腹侧，与冲脉同主身腹侧之阴，又称"阴脉之海"，主胞胎。主症脐下、少腹疼痛，带下癥瘕。

（3）冲脉病证　冲脉起于气街，与少阴之脉挟脐上行，有总领诸经气血的功能，能调节十二经气血，故又称为"血海""经脉之海"，与任脉同主身前之阴。主症气逆里急或气从少腹上冲胸咽，呕吐，咳嗽；阳痿，不孕或胎漏。

（4）带脉病证　带脉起于季肋，绕腰一周，状如束带，总约十二经脉及其他七条奇经。主症腰酸腿痛，腹部胀满，赤白带下或带下清稀，阴挺，漏胎。

（5）阳跷、阴跷脉病证　阴跷主一身左右之阴，阳跷主一身左右之阳，均起于眼中。跷脉左右成对，均达于目内眦，有濡养眼目，司开合的作用。主症阳跷为病，阴缓而阳急；阴跷为病，阳缓而阴急。

阳急则狂走，目不昧；阴急则阴厥。

(6) 阳维、阴维病证　阳维起于诸阳之会，阴维起于诸阴之交，分别维系三阳经和三阴经。主症阳维为病苦寒热，阴维为病苦心痛。若阴阳不能自相维系，则见精神恍惚，不能自主，倦怠乏力。

五、穴位的概念与作用

穴位又称腧穴，是脏腑经络气血输注于动物体表的特殊部位，也是疾病的反应点和针灸按摩等治法的刺激点。腧，又作"俞"，通"输"，有输注、转输的意思；穴，有孔隙、空窍、凹陷之意，意思是说穴位大多位于骨骼与肌肉的孔隙或凹陷之中。早在《灵枢》中就有关于腧穴论述，西晋皇甫谧《针灸甲乙经》，在《素问》《灵枢》与《明堂孔穴针灸治要》三书的基础上，对针灸经络、腧穴及其主治等从理论到临床进行了比较全面系统的研究与记载，为后世腧穴理论的发展和临床应用奠定了基础。动物腧穴在早期古籍中仅有马的有关内容，至明代才有了牛的腧穴。猪、驼、羊、犬、猫和鸡等畜禽的针灸治疗，虽早已在民间流传，但文献系统记载却是 1949 年以后的事了；而犬的腧穴及其针灸治疗的文献记载则更晚，1981 杨宏道与李世俊编写的《兽医针灸手册》第二版中才有系统的介绍。

1. 穴位来源与体系

不论是人体穴位还是动物体穴位，都来源于实践，并且是一个由少积多的过程。然而，现在的动物体穴位尤其是犬体穴位却有些特殊，即有 2 套穴位体系。其一，是兽医经验穴位体系，主要以马、牛的传统经验穴位为基础，再经过犬体解剖学比对与临诊应用加以确定的穴位，也叫经典穴位。其特点是以头、颈、躯干与四肢等不同部位对穴位进行排列介绍。其二，是人体经穴模拟移植穴位体系，主要是以人体 14 经脉穴位为基础，比对犬体解剖结构与经过临诊应用进行确定的穴位，也叫移植穴位。其特点是按照 14 经脉对穴位进行排列介绍，多见于人体针灸学的实验研究与国外兽医针灸治疗文献。这是由于兽医针灸学在国外传播有限，而自美国前总统尼克松 1972 年访华引起的全球针灸热及其在西方世界的广泛应用以来，带动了西方兽医直接将人体穴位移植到动物体来应用，且已经自成体系，以至于近年来国内宠物诊疗中也有这样应用的。美籍华人谢慧胜等所编著的《Xie's Veterinary Acupuncture》（美国 Blackwell Publishing，2007），则将两者同时加以收载介绍。两者不仅在穴位编排上有所不同，而且由于临床实践的不同，其所收载的穴位及特色也各不相同，可相互参考应用。如《中国兽医针灸学》收载介绍犬体穴位 76 个，《比较针灸学》收载犬体学位 133 个，《Xie's Veterinary Acupuncture》介绍人体移植穴位 361 个，但常用的有 88 个，介绍经典穴位 77 个。本书汲取两者之长，介绍常用穴位 94 个（图 1-63）。

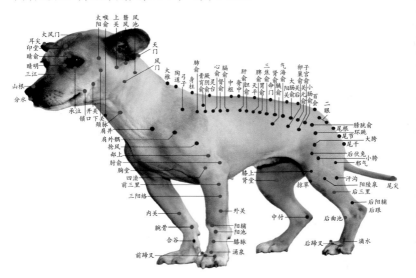

图 1-63　犬体穴位

2. 穴位的命名

对应于穴位的不同来源与体系，穴位的命名也有两种。一是经典穴位命名法，二是移植穴位命名法。

（1）经典穴位命名法　主要是以穴位所在部位及其作用为基础，结合自然界多种事物现象及中兽医药学理论等，采用比拟、象形和会意的方法来确定。从而不仅有助于对穴位的记忆，还可加深对穴位功能和特点的理解，并有利于我们临证选穴。

① 以自然形象命名，如太阳、天门、风门、山根、阳陵泉、涌

泉、滴水、三江、汗沟、后海等。

②以动植物形象命名，如伏兔、莲花等。

③以建筑形象命名，如玉堂、三台、仰瓦等。

④按穴位功能命名，如开关、睛明、断血、苏气等。

⑤以解剖部位命名，如尾根、尾尖、耳尖、蹄叉、腰中、肘俞等。

⑥按所属脏腑命名，如心俞、肺俞、肝俞、脾俞、肾俞、肺俞等。

⑦按会意命名，如承浆、承泣、掠草、抢风、百会等。

（2）移植穴位命名法　主要是沿用人体穴位名称，其命名原则与经典穴位并无不同，但由于人体 14 经脉穴位已有国际标准排列方法，尤其是外国人对穴名汉语拼音学习比较困难，比较习惯于经脉缩写编号的命名方法。如后三里是后肢阳明胃经第 36 个穴位，常写作 ST-36；后海是督脉的第一个穴位，常写作 GV-1；大椎是督脉的第 14 个穴位，常写作 GV-14 等。

值得注意的是，在这两种穴位体系中，既有完全相同的，如大椎、中脘、心俞、肺俞、肝俞、脾俞、肾俞等；也有完全不同的，如三江、汗沟、邪气等就是动物专有穴位，是移植穴位中所没有的；还有同名不同位的，如人百会在头顶，而动物百会在腰荐间隙；以及同位不同名的，如人体的长强相当于动物的后海，足三里相当于动物后三里等。

3. 穴位的分类

随着穴位数量的不断增加，其解剖部位、所适用的针具刺激方法及作用都有所不同，为了便于掌握与应用，人们逐渐对其进行分类，常用的方法有以下几种。

（1）以解剖部位分类　经典穴位多是以头颈躯干四肢分布介绍的，根据所分布的不同位置，将穴位分为头颈部穴位、躯干及尾部穴位、前肢穴位与后肢穴位。详见第三章腧穴篇。

（2）以所适用的针具及用途分类

①毫针穴位　犬体大多数穴位都适用于毫针治疗，因此这一类穴位最多。其一般多分布于腰背部或肌肉丰满处。如大椎、百会、关

犬病针灸按摩治疗图解

元俞、抢风、脾俞、风门、伏兔、后三里等。

②火针穴位　由于火针治疗具有创伤与刺激性较大等特点，这类穴位多分布于肌肉较丰厚、神经分支较少、其下无大血管、重要脏器，适宜深刺的部位，如百会、腰旁、抢风等。这类穴位常与毫针穴位互相重叠。

③血针穴位　多分布于体表浅静脉或四肢末梢血管丰富的地方，用于放出一定量的血液来治疗疾病，如颈脉、三江、太阳、胸堂、肾堂、蹄头、耳尖等。这类穴位的部分穴位，可以在避开血管的前提下进行毫针等的治疗。

④巧治穴位　这一类穴位是运用特制的针具，施以专门的技巧来治疗疾病，如马上的抽筋、姜牙、开天、夹气等。

⑤针刺镇痛穴　专门用于针刺镇痛的穴位，如三阳络等。

（3）以所属经络分类　根据穴位所在位置及其所属经络，可以将穴位分为经穴、经外奇穴与阿是穴3类。凡位于与归属于十四经脉循行线上的穴位称为十四经穴，简称经穴。犬体移植穴位大都属于这类穴位。经外奇穴是指既有确定的名称，又有确定的位置，但尚未归属于十四经脉的穴位统称经外奇穴或奇穴。如犬体经典穴位的颈脉等。既无具体名称，又无固定位置，以病痛部位的局部或压痛点或其他反应点作为穴位的一类穴，称为阿是穴，也称压痛点、天应穴或不定穴。也即古人所谓的"以痛为腧"。

（4）特定穴　在移植穴位的14经穴中具有特殊治疗作用，并有特定称号的腧穴，被称为特定穴。如四肢肘、膝以下的五输穴、原穴、络穴、郄穴、八脉交会穴、下合穴；胸腹、背腰部的背俞穴、募穴；四肢躯干部的八会穴以及全身经脉的交会穴。此部分内容在人体针灸学中很丰富，但在犬体针灸学中因为解剖缺失而部分穴位没有，临诊实践经验也较少，故有兴趣者可参阅人体针灸学的相关内容。

4. 穴位的作用

穴位的作用与脏腑、经络有密切关系，主要表现在反映病证以协助诊断和接受刺激、防治疾病两方面。

（1）诊断作用　穴位在病理状态下可以具有敏感性改变、按压出现软性异物或低电阻改变等特性，在临诊中对有关病证具有一定的诊断作用。如胃肠疾患犬常在后三里等穴位出现压痛过敏，或在胃俞、小肠俞或大肠俞等穴位出现敏感或触痛；患有肺脏疾患的犬，可在肺俞等穴位有压痛、过敏及皮下结节。近年来，穴位低电阻测定对某些疾病的诊断及其疗效评价，具有一定的参考价值。

（2）治疗作用　对穴位施以适当的针刺、艾灸或按摩等的刺激，具有通经脉、调气血，使机体阴阳归于平衡，脏腑趋于和调，从而达到扶正祛邪与防治疾病的作用。根据其作用特点，可以分为以下几种。

① 近治作用　即每个穴位都具有治疗其所在部位及其临近部位病证的作用。如睛俞、睛明、三江、太阳、垂睛等穴位，都有治疗眼病的作用；阿是穴具有治疗其所在部位病证的作用。

② 远治作用　14 经穴通过经络与脏腑所络属，都有治疗其经络及其所属脏腑病证的作用。如玉堂、三江、太阳、曲池、后蹄头等穴，虽在头、面、肢、蹄等不同部位，但都属于后肢阳明胃经上的穴位，都有治疗胃经病证的作用。即"经络所过，主治所及"。

③ 双向性调整作用　实践证明，在脏腑或机体功能低下或处于抑制状态时，针刺穴位可以对其起到增强或兴奋作用；而相反，则可以起到减弱或抑制的作用。即针刺同一穴位对脏腑乃至整个机体的功能活动常常具有良性双向调节作用。如针刺后海，便秘时有通便消胀作用，而泄泻时又有收敛止泻作用。

④ 相对特异性作用　由于经络的相互联系与络属，同一经络上的穴位不仅具有治疗本经所属脏腑的作用，也还有治疗其他病证的作用。如后三里不但有治疗后肢病证的作用，调整消化系统的功能，而且对动物机体的防卫、免疫反应方面也有很大的调整作用。另一方面，同一条经络上的穴位的作用也不尽相同。如玉堂、三江虽同属后肢阳明胃经，具有治疗胃经病证的共同作用；但玉堂善治胃热，三江善于理气止痛，又能治疗眼病。其次，有些穴位还形成了自己独特的治疗作用。如大椎退热，百会治疗后躯麻痹，后海治疗腹泻与便秘等。

器具说

兽医针灸医学是一门实践性很强的医疗技术，运用它治犬病时离不开对针灸器具的使用。综观我国兽医针灸医学数千年的发展历史，从古老的砭石逐步发展到今天的一次性无菌针灸针，从艾炷到"太乙神针"，再发展至现代针灸治疗仪，针灸器具取得了许多重大的革新与进步。每一次针灸器具的变革，都促进了兽医针灸医疗技术的明显改进和治疗效果的不断改善。针灸器具的演变，见证了数千年来兽医针灸医疗技术的整个发展历程。

一、古代针具

1. 砭石

据大量古文献记述和考古发掘出土的文物研究，针刺技术起源于新石器时代。在金属针具出现之前，古人多采用砭石治病，所以一般认为，砭石是针的前身。《说文解字》曰："砭，以石刺病也。"在新石器时期到来以后，随着石器制作技术的进步，出现了具有特定形状的医用砭石。如出土于河南的仰韶文化遗址、收藏于陕西医史博物馆的砭石，大小 7 厘米 ×3 厘米，呈尖端锋利状，两侧有刃，可用以放血破痈、去腐肉（图 1-64）。但由于砭石形制较粗钝，所刺深度有限，难以形成复杂的操作方法，古人只是用它来剖开痈肿，排脓放血，或用作刺激身体一定部位以消除病痛。

图 1-64 砭石（新石器时代）

2. 骨针、陶针、金属针等

除了使用砭石治病之外，古人还将动物骨骼、陶土和竹子等做成针刺工具。在山顶洞人遗址中，人们发现一端带孔的骨针，它既是缝纫工具，也可能用于破痈、放血。四川巫山大溪文化遗址出土两枚新石器时期骨针，两者尖端锐利，针体光滑，尾部无孔；山东平阴县商周遗址中出土的骨针，锐端为圆锥尖，钝端卵圆。在城子崖龙山文化遗址中，还发现了两根灰黑色陶针；广西少数民族地区也曾发现有古代陶针。针早期写作"箴"，说明古代曾有应用竹针的过程，只是由于竹针难以久藏，故在出土文物中难见竹针实物。据民俗学资料记载，在我国西南地区，古代还流行过一种瓷锋针疗法，即采用瓷器碎片中的锋利者为刺疗工具。随着金属冶炼技术的进步，古人不断制造出青铜针、铁针、金银针等针刺工具，出土文物中也发现了不少这类针具。如1978年在内蒙古达拉特旗发现，现藏陕西医史博物馆的一枚战国时期铜质砭针，一端为针尖，腰部呈三棱形，一端为半圆状刃，长4.6厘米，刃宽0.15厘米（图1-65）。金属针细小，操作方便、灵活，对人体的伤害较小，故在针灸临床上被广泛使用，逐渐取代了石针、骨针等较为原始的治疗工具，它的出现与使用，是刺疗工具发展史上的一次飞跃。

图 1-65　青铜砭针

3. 古代的九针

九针是指具有九种不同形状的金属针具，具有不同的治疗用途（图1-66）。金属针具的应用，最早开始于青铜器时代。一般认为九针是在青铜器时代开始萌芽，到铁器时代才制作成功的。是在承袭"砭石、针石、镵石"的基础上，经过漫长的历史时期不断改进，逐渐完善而成的。九针的硬度可与砭石相媲美，其弹性、韧性、锋利程度却优于砭石，还可以制造得很精巧。由于它有九种不同的形状，在治疗上不但保留了砭石切肿排脓的功能，而且还极大地扩展了用途，具有多种治疗功能。

（1）镵针　针头大，针尖锐利，除去末端一分尖锐外，有4.5厘米的针柄，针长4.8厘米（指针身的长度，不包括针柄，下同）。镵

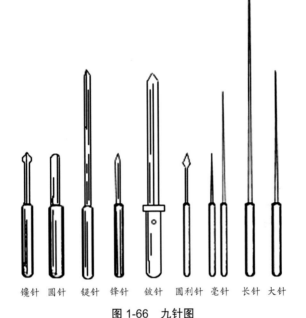

镵针　圆针　锟针　锋针　铍针　圆利针　毫针　长针　大针

图 1-66　九针图

针主要是用来刺身体阳分浅表的部位。即可以用于刺疗皮肤疾患。

（2）圆针　针身为圆柱形，针尖椭圆如卵，长 4.8 厘米。圆针主治邪在分肉之间的疾患，即主要适用于治疗肌肉的病证，亦可作按摩用。

（3）锟针　针身较大，针尖圆而微尖，如黍粟一样，长 11.5 厘米。锟针主要适用于治疗血脉的病证，主要是用以按摩经脉，而不致刺入皮肤，陷入肌肉，能流通气血。即用来针刺脉络疾患。

（4）锋针　针身为圆柱形，针锋锐利，三面有锋棱，长 4.8 厘米。锋针可作刺络放血之用，主治痈疡痹证等疾患，也可以针刺筋的疾患。

（5）铍针　针身模仿宝剑的剑锋制成，针尖如剑锋之利，宽 0.75 厘米，长 12 厘米。主治痈脓和寒热不调的病证，可用作切开排脓。凡病脓疡者，可取铍针，也可以针刺骨的疾患。

（6）圆利针　针身略粗，针尖稍大，圆而且锐利，长 4.8 厘米。

第一章　知识篇

89

主治痈证和痹证，深刺之，可以治暴痛。此类针也可用来调和阴阳。

（7）毫针　针尖纤细如蚊喙，长 10.8 厘米。毫针最细，适于刺入各经的孔穴，既可祛除邪气，又可扶养正气，主治寒热痹痛、邪在经脉的疾病。也可用来补益精气。

（8）长针　针身长，针尖锋利，长 21 厘米。主治邪气深着，日久不愈的痹证。凡病在内部深层的疾患，可以取用长针，这种针也可以祛除风邪。

（9）大针　针尖形如杖，略圆，似锋针，长 12 厘米。大针主治关节内有水气停留的疾患，用以泄水。这种针也可用以通利九窍，祛除三百六十五节的邪气。

二、现代针具

现代针具是用金属制作而成的，以不锈钢为材料者最常见。不锈钢针具有较高的强度和韧性，针体挺直滑利，能耐热和防锈，不易被化学物品腐蚀，故目前被临床上广泛采用。也有用其他金属制作的毫针，如金针、银针，其导电、传热性能虽明显优于不锈钢毫针，但针体较粗，强度、韧性不如不锈钢针，加之价格昂贵一般临床比较少用。至于铁针和普通钢针，因容易锈蚀，弹性、韧性及牢固度也差，除偶尔用于磁针法外，目前已不采用。

目前临床上以毫针应用最为广泛，有各种型号。其他的针具或不再使用，或发展成为新的针灸工具。如现在的皮肤针代替镵针，三棱针即锋针，火针代替大针，而芒针则由长针发展而来。针体结构常见以下几部分（图1-67）。

针尾：针柄与针尾多用铜丝或银丝缠绕，呈螺旋状或圆筒状，针柄的形状有圈柄、花柄、平柄、管柄等多种。温针灸放置艾绒之处。

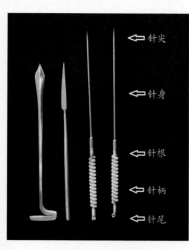

← 针尖

← 针身

← 针根

← 针柄

← 针尾

图 1-67　针体结构

犬病针灸按摩治疗图解

针柄：针身与针根之后执针着力的部分为针柄。针柄必须牢固、不能有锈蚀和松动。

针根：针身与针柄连接的部分为针根。

针身：针尖与针柄之间的主体部分为针身。要求挺直、光滑、坚韧而富有弹性，无斑剥、锈痕，发生曲折就要停止使用。

针尖：是针身的尖端锋锐部分，形如松针，无钩曲、卷毛，不宜过于尖锐，须圆而不钝。

1. 毫针

毫针用不锈钢制或合金制成，针体光滑，针尖圆锐（图1-70）。常用毫针，有平头毫针和盘龙柄毫针两种。平头毫针，针柄较细，携带方便；盘龙柄毫针，针柄稍粗，捻转进针更为方便。针体长有6厘米、10厘米、16厘米和22厘米等数种，最长毫针长35厘米。针身直径1～1.5毫米。为了避免与减少针刺过程中的损伤，犬病治疗也常采用人用毫针（图1-68）；尤其是国外多用一次性套管针，其克服了针体纤细易弯折及用前需灭菌等的不足，方便使用，但成本较高（图1-69）。

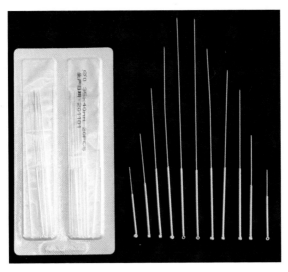

图1-68　人用毫针

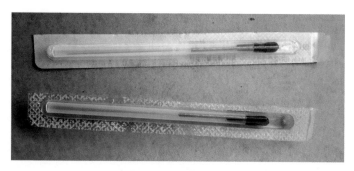

图 1-69　套管针灸针

2. 圆利针

圆利针针尖呈三棱形,异常锋利,有盘龙柄、圆珠柄和八角柄 3 种(图 1-70)。盘龙柄圆利针,针体与盘龙柄火针相似,惟针身稍短,针体较细,有持针方便、进针快、起针容易等优点。圆珠柄圆利针,在针柄焊上一球形针柄,针体长 4～6 厘米,针体直径约 2 毫米。这种针具有进针快,适于留针的特点。八角柄圆利针,针体、针尖均与圆珠柄圆利针相同,惟针柄呈八角形,较圆珠柄圆利针持针更为方便。在犬体上较少应用。

3. 火针

火针又叫燔针,多用不锈钢制,针体光滑,针尖圆锐(图 1-71)。

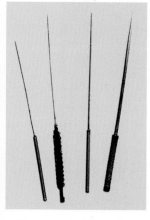

图 1-70　毫针与圆利针

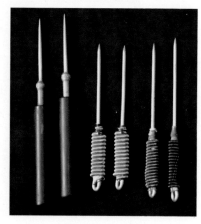

图 1-71　火针

常用火针有盘龙柄、胶柄和螺旋柄三种。盘龙柄火针，针柄长约2.6厘米，末端弯曲呈圆形，外缠以细金属丝，以便持针，内夹有隔热物质（如石棉等），针体烧热，持针不烫手；但针柄不宜过重，否则针刺入穴位后，患畜振动皮肤，针容易脱落。胶柄或木柄火针，烧针方便，持针不烫手；但使用日久，针柄松动，容易脱落。螺旋柄火针，针身附带一铁片，施针时能控制进针深度；但每次烧针前，须先定妥进针深度。因操作烦琐，故近来使用得较少。

4. 宽针

宽针针尖呈矛尖状，针刃锋利（图1-72）。宽针因多用于放体表静脉血，故又称血针。由于患畜体表各处血管的大小不同，放血时选用宽针的大小也不同。依针尖的大小分为大、中、小三种。大宽针针尖宽约8毫米，中宽针针尖宽约6毫米，小宽针针尖宽约4毫米。针柄长以持针方便为宜，一般长约9厘米，针体直径2～3毫米。

5. 穿黄针

穿黄针亦多用优质钢制，针的规格与大宽针相似，只是尾部有一小孔，可以穿马尾或棕绳，用以穿通黄肿，作穿线排脓（图1-72）。又以其针体光滑，针尖锋利，故常代替大宽针应用。

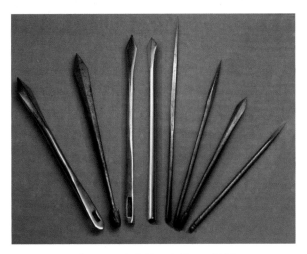

图1-72　穿黄针、宽针、三棱针

6. 三棱针

三棱针多用优质钢或合金制（图 1-72）。针身分前后两部，前部针身呈三棱形，针尖如荞麦粒状，后半部针身呈杆状，与宽针相似，依针体的大小，分为大小两种。大三棱针多用于放颈脉血、分水、外唇阴点刺及放尾尖血，小三棱针多用于放玉堂、通关及三江血，其他黄肿散刺或划刺，亦常应用三棱针。

7. 夹气针

夹气针为扁平长针，针尖呈矛尖状，用竹制或合金制。常用夹气针，针身长 28 厘米，宽约 6 毫米，厚 3 ～ 3.5 毫米，针柄长约 6 厘米。专作大牲畜透内夹气用，犬体不常用。

三、灸材与灸具

1. 灸材

灸法所用的材料，古今均以艾叶为主（图 1-73）。如《本草从新》中载："艾叶苦辛，生温，熟热，纯阳之性，能回垂绝之阳，通十二经，走三阴，理气血，逐寒湿，暖子宫……以之灸火，能透诸经而除百病。"《神灸经纶》曰："夫灸取于火，以火性热而至速，体柔而用刚，能消阴翳走而不守，善入脏腑。取艾之辛香做炷，能通十二经，入三阴理气血，以治百病，效如反掌。"说明艾叶作为施灸材料，有通经活络、祛除阴寒、回阳救逆等作用。艾既有易点燃、火力温而不烈、烟气香而宜人等特点，又有治病引经的功能，所以艾是灸法的理想材料。艾属菊科多年生草本植物，我国各地均有生长，以蕲州产的为佳。

图 1-73　艾叶

除艾叶以外，灸法中还常常针对不同的疾病采用其他材料来施灸，如桑枝、桃枝、榆枝、灯心草等多种植物。《黄帝虾蟆经》《外台秘要》曾记载有"八木之灸"。另外，随着灸法的发展，出现了根据不同

犬病针灸按摩治疗图解

的疾病在艾绒中加入某些药物，采用因病制宜施灸的方法。在艾绒中加入不同的药物，以治疗不同病症，体现了辨证施灸和辨证用药的相互结合。

2. 艾绒的制作

李时珍在《本草纲目》中写道："凡用艾叶，须用陈久者，治令细软，谓之熟艾。若生艾，灸火则易伤人肌脉。"即选择艾叶时间越久越好。每年3～5月，采集新鲜肥厚的艾叶，放置阳光下暴晒至干燥，然后进行碾压，筛去尘土、粗梗及杂质，反复多次，即成柔软如棉的艾绒。艾绒依加工程度不同，分粗细几种等级。细艾绒用于直接灸，粗艾绒用于间接灸。防止潮湿和霉烂，储藏时可放入干燥容器内，每年在天气晴朗时可暴晒几次。发生霉烂的艾绒，应丢弃不用。

3. 艾炷

将艾绒做成一定大小的锥形艾团，称为艾炷。将艾炷直接或间接地置于穴位上施灸的方法，称为艾炷灸法（图1-74）。其已有数千年的历史。直接置于皮肤上的称直接灸，用药物将艾与皮肤隔开的称为间接灸。艾炷制作：先将艾绒置于手心中，用拇指搓

图1-74　艾炷灸百会

紧，再放于桌面上，以拇指、食指、中指捻转成上尖下圆底平的圆锥状。捻成麦粒大者为小炷，若搓成蚕豆大者为大炷，搓成黄豆大者为中炷。灸时每燃完一个艾炷，叫一壮。

4. 艾条

用纯艾绒卷成条形，在施术部熏灸，称为艾条灸或艾卷灸。艾条的制法：可用卷艾条的专门器具（或手工卷制香烟的木质卷烟器放大改制而成）卷制。每条艾条用纯艾绒约6克，如需配入药物者，可每条加入药末6克左右，铺于4厘米宽、20厘米长的桑皮纸上，自下而上将其卷成条形，愈紧愈好，纸口用胶水粘牢即可。成品有

10 ～ 20 厘米长，直径 0.5 ～ 3 厘米等不同规格。现有各种规格的商品纯艾条或无烟艾条出售，可酌情选购使用（图 1-75）。

5. 雷火神针或太乙神针

相对于艾炷灸法而言，艾条灸法出现较晚，大约始于明初。雷火神针或太乙神针是在艾绒中掺入药物做成艾条施灸，因其操作方式似针法，所以称之为"针"。雷火神针首载于明代《本草纲目》卷六，而太乙神针则是至清代才出现的一种掺药艾卷灸法。后者是在前者的基础上进一步改变药物处方而成，雍正年间出现了以"太乙神针"命名的专著。雷火神针药方：艾绒 90 克，沉香、木香、乳香、茵陈、羌活、干姜、穿三甲各 9 克，研末和匀加麝香少许。太乙神针药方：艾绒 90 克，硫黄 6 克，乳香、没药、松香、桂枝、杜仲、枳壳、皂角、细辛、川芎、独活、穿三甲、雄黄、白芷、全蝎各 3 克，研末和匀。

6. 温灸器

温灸器又名灸疗器，是一种专门用于施灸的器具，有温灸盒和温灸棒之分（图 1-76）。

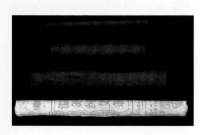

图 1-75　常见的几种艾条

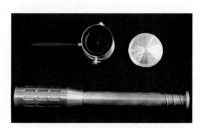

图 1-76　温灸盒与温灸棒

第二章

技 法 篇

第一节
术前准备

一、保定

犬遇生人或环境改变时，往往惊恐不安。为便于进行临床诊疗，对犬进行例行检查及针灸按摩等治疗时，为避免犬躁动、咬伤人或自身受伤，可在主人的帮助下对犬进行适当保定。其要求是应根据犬的具体情况，采用简单、牢靠、实用而又便于解脱的保定方法，使其既能达到对犬活动进行必要限制的目的，同时又能避免因为犬挣扎而造成对犬的损伤。保定时切忌动作粗鲁，而应该采用循序渐进的诱导方法。一方面尽量避免或减少对犬的不良刺激，以免影响诊疗效果；另一方面，也可体现善待宠物的仁爱之心，为进一步的诊疗奠定基础。

1. 徒手保定法

分为全抱式保定法（主要保定方法）、站立保定法、腹背位按压式、犬坐抱头安慰式等。

（1）全抱式保定法　适用于比较温顺的中小型犬，根据犬的体形与温顺程度，可分为单人与双人保定法。

①单人怀抱式保定法　保定者两只手臂从犬一侧伸出，分别放在犬胸前部和股后部，将犬抱起，然后一只手将犬头颈部紧贴自己胸部，另一只手抓住犬两前肢限制其活动（图2-1）。此法适用于对小型犬和幼龄大、中型犬进行听诊等检查，并常用于皮下注射、肌内注射或头部及腰背部穴位的针刺治疗。

②双人投手保定法　对于一些挣扎比较凶猛的犬，可以采用双人保定法（图2-2）。一个人按单人保定法进行；另一人抓住四肢加强保定。或是一人用一只手臂沿犬脖子下绕一圈，手停留在颈背部，固定头部，另一只手臂斜向下伸出，手停留在犬的臀部，固定犬后躯；另外一个人辅助固定犬四肢。

图2-1　单人怀抱式保定法

图2-2　双人投手保定法

图2-3　站立保定法

（2）站立保定法　站立保定最好由犬的主人进行。其他人员实施保定时，态度要友善，动作切忌粗暴，要稳妥有力，声音要温和，以避免惊吓刺激犬。保定人员站于犬的右侧，面向头部，边接近狗，边用温和的声音唤犬，右手轻拍犬的颈部和下胸部位或挠痒，左手用牵引带套住狗嘴，固定犬的头部（图2-3）。站立保定适用于一般检查或针灸。

犬病针灸按摩治疗图解

（3）腹背位按压式保定法　适用于那些体型或年龄比较小、力量比较小的犬。保定者一只手按在犬肩胛骨处，用力按压固定犬头部和前躯；另一只手放在犬髋关节上部，五指向下抓住其后躯，用力按压固定后躯，从而将犬固定在操作台上（图2-4）。注意保定时不能引起犬呼吸困难。

（4）犬坐抱头安慰式保定法　适用于中大型比较温顺的犬，主要用于皮下注射或前肢的针刺治疗等。让犬以犬坐姿势坐好，保定者以一只手臂绕其颈部，手停留在犬背部以固定其上半身；另一只手抚摸犬的腰背部以示安慰犬，并转移其注意力（图2-5）。

图2-4　腹背位按压式保定法　　**图2-5　犬坐抱头安慰式保定法**

（5）倒提保定法　保定者提起犬两后肢小腿部，使犬两前肢着地（图2-6）。此法适用于犬的腹腔注射、腹股沟阴囊疝手术、直肠脱和子宫脱的整复及腹部穴位的针灸治疗等。

（6）其他保定法　由于临床情况比较复杂，在临床上可以根据具体情况和人手情况来适当进行变动，如对力量比较大的犬，特别是采用全抱式和腹背位按压式保定时，可2～3人徒手保定。

图2-6　倒提保定法

2. 器械保定法

（1）犬嘴套或扎口保定法　犬嘴套有皮革制品和塑料制品两种，选择大小合适的相应型号戴在犬嘴上，并在犬耳后扣紧系带（图2-7）。根据诊疗工作的需要，令犬站立或侧卧。保定人员抓住脖圈，固定好头部，防止头部活动即可。

如无嘴套，可用扎口或简易笼头代替。即用1米左右长的绷带或软绳1根，在中间打一猪蹄扣绳套，将绳套从鼻端套至鼻背部中间，然后拉紧圈套，将两端剩余绷带或软绳拉紧在耳后打一个活结拴紧，形成一个简易笼头（图2-8，图2-9）。

适应范围：对于一些比较凶的犬，可以用来防止其乱咬，特别是防止一些长嘴犬咬伤人。

（2）颈圈保定法　采用防止自身损伤的保定装置进行保定（图2-10）。也可根据犬头形及颈粗细，用硬纸壳、塑料板、X射线胶片、塑料筒自行制作颈部保定装置。

适应范围：防止犬自身损伤或限制其大幅度活动。

（3）铝棒保定法　根据犬颈围和体长，取一根铝棒，其中间各弯

图2-7　犬嘴套保定法　　　　　图2-8　猪蹄扣系法

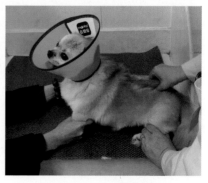

图2-9　简易笼头保定法　　　　图2-10　颈圈保定法

曲一圈半,其环用绷带缠卷后套在颈部,圈上的两根铝棒向后紧贴两侧胸壁,然后用黏质绷带围绕胸腹壁缠卷将其固定。

(4)颈钳保定法　颈钳是用铁杆制成,杆柄长90～100厘米,钳端由两个长20～25厘米半圆的钳嘴组成(图2-11)。颈钳保定需根据犬大小选择一个大小合适的颈钳。保定时,保定人员手持颈钳,张开钳嘴并套入犬的颈部,再合拢钳嘴,即可实施对犬的保定。

适应范围:此法对凶猛咬人的犬保定可靠,使用也较方便,也适用于对处于兴奋状态病犬的捕捉。

(5)倒卧保定法　是将犬侧卧于手术台上,用细绳或绷带将两前肢和两后肢分别捆绑在一起,再用细绳将后肢系紧在手术台上,以防狗躁动。助手按住犬头,或另用一细绳将犬头保定于手术台上,防止活动,即可进行手术或其他诊疗措施(图2-12)。

 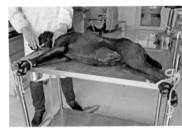

图 2-11　颈钳保定法　　　　　图 2-12　倒卧保定法

适应范围:一般静脉注射或局部治疗处理常用此法保定。但在腹部或会阴部手术时,常需采用仰卧保定法。即先将犬侧卧于手术台上,然后分别在四肢球节下方拴绳,并在手术台上拴紧,使四肢伸展,仰卧。

(6)特制活动铁笼　其是长1.2米、宽0.5米、高0.8米的特制铁笼,笼的一个侧面做成推拉式的活动面。保定时,可先将犬关入笼内后,推动笼子活动面,直到将犬夹住。或将犬笼设计成后壁可向前滑动的,保定时拉动拉杆,使笼的后壁向前滑动,将犬夹在笼的前后壁之间,即可达到保定的目的。没有活动笼时,可将犬关于普通铁笼内,然后插入木板将犬固定于铁笼一侧。

适用范围:对体型较大的凶猛犬进行保定。

（7）捕犬网　捕犬网是用尼龙绳编织而成的网袋。网孔直径以不超过 3 厘米为宜，网口系在直径 50～100 厘米的钢筋圈上（钢筋直径约 1 厘米），捕犬网连有 1.5 米长的手柄。

适应范围：异常凶猛或患有狂犬病的犬，为防止其伤害他人，需要强行捕捉。

3. 化学药物保定法

化学药物保定又可以称为药物镇静、药物浅麻，是指采用 846 合剂、犬眠宝、硫喷妥钠或舒泰等一些肌松剂或镇静剂对犬进行保定的方法。适用于犬挣扎比较厉害、比较凶，或需要在肌肉比较松弛状态或操作要求有连续性等情况下，如疼痛、犬髋关节发育不良的检查等，可采用此种方法。846 合剂和犬眠宝可采用肌内注射，硫喷妥钠和舒泰可采用静脉推注，用量严格依据有关说明。

二、器械的选用与消毒

（一）针的选择

在选择针时，应根据病犬的性别、年龄、形体的肥瘦、体质的强弱、病情的虚实、病变部位的表里深浅和穴位所在的部位，选择长短、粗细适宜的针。有条件者可使用一次性套管针，其使用方便，不用消毒，不易引起交叉感染，直接使用即可，但成本与资源浪费较大。

在使用前，要先对针进行检查，以免影响进针和治疗效果。检查时要注意：针尖要端正不偏弯，无毛钩，光洁度高，尖中带圆，圆而不钝，形如"松针"，锐利适度，使进针阻力小而不易钝涩；针身要光滑挺直，圆正匀称，坚韧而富有弹性；针根要牢固，无剥蚀、伤痕；针柄的金属丝要缠绕均匀、牢固而不松脱或断丝，针柄的长短、粗细要适中，便于持针、运针和减轻病犬的疼痛。

（二）消毒

针刺治病要有严格的无菌观念，切实做好消毒工作。针刺前的消毒范围应包括：治疗室、针具器械、术者双手、穴位等。

1. 治疗室消毒

针灸治疗室内的消毒，包括治疗台上的床垫、毛毯、垫席等物品，要按时换洗晾晒，如采用一次性的消毒垫布、垫纸则更好。治疗室也应定期消毒净化，应保持空气流通，环境卫生洁净。

2. 针具消毒

针具、器械的消毒方法很多，以高压灭菌法为佳。一次性无菌套管针可直接使用，注意无菌操作。

（1）高压蒸气灭菌法　将毫针等针具用布包好，放在密闭的高压锅内灭菌。一般在 98～147 千帕的压强和 115～123℃的高温下，保持 30 分钟以上，可达到消毒灭菌的目的。

（2）药液煮沸与浸泡消毒法　新洁尔灭兼有杀菌和去垢的效力，且作用强而快，对金属无腐蚀作用，不污染衣服，性质稳定，易于保存，属消毒防腐类药；但对革兰阴性杆菌及肠道病毒作用弱，对结核杆菌及芽孢无效。器械消毒，置于 0.1% 新洁尔灭溶液中煮沸 15 分钟，再浸泡 30 分钟。新洁尔灭忌与肥皂、盐类或其他合成洗涤剂同时使用；避免使用铝制容器。消毒金属器械，需加 0.5% 亚硝酸钠防锈。不宜用于眼科器械及合成橡胶的消毒。

3. 术者手消毒

在针刺前，持针的手应先将指甲剪短，再用肥皂水将手洗刷干净，待干，再用 75% 酒精棉球擦拭；或用 0.05%～0.1% 的新洁尔灭洗手，浸泡 5 分钟，方可持针操作。

（三）针后处理

施针后，针具擦拭干净，放置针具包内，防止生锈。

三、穴位配伍与选取

穴位的治疗效应是通过针刺、艾灸或按摩等方法刺激穴位来实现的，而不同穴位的作用与适应证也不相同；尤其是不同的穴位组合，其可能产生完全不同的作用，所以穴位的选择及其配合运用，是达到针灸治病目的的一个非常重要的环节。

（一）选穴方法

针灸按摩治病是以脏腑经络学说为指导，结合临证经验，按照辨证论治的原则，选取一定的穴位，组成针灸处方施术，才能取得较好的治疗效果。选穴主要有以下几个原则与方法，可单独应用，也可互相配合应用。

1. 局部或临近选穴

根据穴位能够治疗其所在部位和邻近区域病证的原理，在患病区内或病变的临近部位选穴。例如，眼病选太阳穴，腕关节炎选膝脉穴等。阿是穴的选取也多属局部选穴。

2. 远部选穴

是在距病变处的较远部位选取穴位的方法，多是根据穴位的远端治疗作用，依照经脉循行路线来选取穴位。如心经积热选心经的胸堂穴，肺热咳喘选肺经的颈脉穴，胃气不足选胃经的后三里穴，腹泻取后三里穴等。

3. 左右选穴

或称交叉选穴，是选取与患侧相反的一侧的腧穴，所谓"左病取右，右病取左"方法。例如：左侧踝关节扭伤，可选用右侧踝部腧穴。

4. 随证选穴

根据病证选取具有相应主治作用的腧穴。主要用于全身性病证，其临床表现不限于某一局部。根据腧穴的主治特点，以及中兽医辨证施治的理论方法来运用。例如：高热取大椎、感冒取天门、咳嗽取肺俞、便秘取支沟等。

5. 神经节段选穴

主要是根据对每个穴位都有治疗其所在神经节段范围之内病证

犬病针灸按摩治疗图解

功能的认识，依照脊髓神经节段性的支配特点，当体表或内脏有病时，可选取相应神经节段上的穴位进行治疗。如百会穴有治疗坐骨神经痛、后躯瘫痪、直肠脱出、腰胯闪伤等作用，夹脊穴有通利气血、调理相应脏腑与治疗颈、胸、腰部扭伤和风湿及其椎间盘等疾病的作用。

（二）配穴

针对病症将两个以上的腧穴配合使用，组成针灸治疗的用穴处方。配穴的目的主要有两方面：一是加强主治作用；二是具有综合、全面的治疗作用。因此，其配穴方法也就有两大类：一是将主治作用相同或相近的腧穴配合使用；二是根据病情或辨证配用有相应主治作用的腧穴。配穴贵简要，切忌庞杂，一般以 3～6 个为宜。否则不仅给患犬增加痛苦，难于再次治疗取穴，且能影响针治疗效。但遇特殊病例，施针可多，则不以此为限。一般常用的配穴原则有以下几种。

1. 部位配穴

是根据病情与辨证，结合犬体腧穴分布的部位进行穴位配伍的方法，主要包括上下配穴法、前后配穴法、左右配穴法等。

（1）左右配穴　即在犬体的左右侧对称选穴配方。如感冒选两侧耳尖；中风选双侧风门；便秘选双侧关元俞；不孕症选双侧雁翅；肺风毛燥选双侧颈脉；脏腑病常选双侧相应腧穴。

（2）前后配穴　即在头、尾或前躯、后躯及前后肢同时选穴配方的方法。如冷痛选三江配尾尖；肺热咳嗽选肺俞配鼻俞或颈脉；便秘选脾俞配后海或关元俞配尾尖；冷肠泄泻选脾俞配玉堂（或通关）等。

（3）背腹配穴　就是采用背、腹穴位相互配方的方法。如腹泻选脾俞配海门；便秘选关元俞配中脘；肠炎腹痛选带脉配脾俞或大肠俞；膈肌痉挛取中脘配百会或脾俞。

（4）单侧配穴　是指只在患侧选穴的方法。如歪嘴风，取患侧下关配锁口、开关；抢风痛，选抢风配冲天、肘俞；腰胯闪伤，选同侧大胯、小胯配汗沟、邪气等。

2. 经脉配穴

就是依据经脉理论与经脉之间的相互联系进行配穴。常见的有本经配穴法、表里经配穴法、同名经配穴法。

（1）本经配穴法　某一脏腑或经脉发生病变时，即选某一脏腑所属经脉的腧穴，配成处方。如胃病选胃俞配后三里；肺病咳嗽选中府配尺泽、太渊等。

（2）表里配穴法　这是根据脏腑的表里关系，在疾病所属经脉相表里的两条经脉上选穴配方。由于表里两经穴位彼此具有协同作用，临证治疗效果比较确实。如肺热咳喘选太阴肺经的颈脉配阳明大肠经的鼻俞；冷痛（脾气痛）取后肢太阴脾经的带脉配后肢阳明胃经的后三里或后蹄头。

（3）同名经配穴法　是根据同名经"同气相通"的理论，以前后肢同名经腧穴相配。如颜面神经麻痹选前肢阳明大肠经的合谷配后肢阳明胃经的内庭。

四、穴位定位、清洁与消毒

（一）穴位定位

穴位各有一定的位置，针灸按摩治疗时取穴定位是否正确，直接影响到其治疗效果。要做到定位准确，就应掌握一定的定位方法。临诊常用的定位方法有以下几种。

1. 解剖标志定位法

根据穴位多位于骨骼、关节、肌腱、韧带之间或体表静脉上，可用穴位局部解剖形态标志来进行定位，其中又可分为静态标志定位法和动态标志定位法。

（1）静态标志定位法　是以动物不活动时的解剖自然标志为取穴依据。①以器官做标志，如口角后方取锁口，眼眶下缘取睛明，耳廓顶端取耳尖，尾巴末端取尾尖，蹄趾间取蹄叉等。②以骨骼做标志，如顶骨外矢状嵴分叉处取大风门，腰荐十字部取百会等（图2-13）。③以肌沟做标志，如桡沟内取前三里，腓沟内取后三里，臂三头肌长头、外头与三肌之间的凹陷中取抢风等。

（2）动态标志定位法　是以被动改变犬肢体或体位时出现的明显标志作为确定穴位的依据。①摇动肢体定位法，如上下摇动头颈部，在动与不动处取大椎；上下摇动头部，在动与不动处取天门；上下摇动尾巴，在动与不动处取尾根等（图2-14）。②改变体位定位法，如将患犬头牵向对侧，按压颈静脉沟下段使颈静脉怒张，可在其上中1/3交接处取颈脉穴；采用低头保定法，并用手按压眼眶下静脉使其怒张，取三江；采用高抬头保定法，用手按压胸壁浅静脉使其怒张，取胸堂。

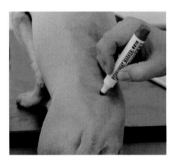

图2-13　腰荐十字部取百会

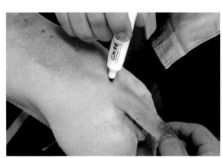

图2-14　活动尾巴取尾根

2. 连线比例定位法

在某些解剖标志之间画线，以比例分点或两线的交叉点为定穴依据。例如，胸骨剑状软骨柄后缘与脐连线中点取中脘等（图2-15）。

3. 指量定位法

参照人体，食指与中指相并，即两横指为约3厘米；加上无名指三指相并，即三横指为约4.5厘米；再加上小指四指相并，即四横指为约6厘米。如脐旁2指取天枢（图2-16），耳后一指取风门等。由于犬体有不少穴位移植于人体，此法可参考人体大小，仅适用于体形和营养状况中等的犬，如犬体型过大或过小，或术者的手指过粗或过细，则应灵活变化，并结合解剖标志弥补。

4. 同身寸或骨度分寸定位法

是以诊疗犬的某一部位或骨骼的长度作为1寸来确定穴位位置，

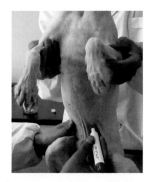

图 2-15　脐与剑状软骨柄间中点取中脘　　图 2-16　脐旁 2 指取天枢

即所谓的同身寸。其优点是动物的个体大则寸就较长，个体小则寸就短，度量比较科学（图 2-17）。如尾骨同身寸，是以犬坐骨结节相对的一节尾椎骨的长度作为 1 寸（约 3 厘米）；肋骨同身寸，是以动物髋结节水平线与倒数第三肋骨交叉点处的肋骨宽度作为 1 寸（约 3 厘米）。其本质与连线比例法相同。

（二）穴位清洁与消毒

选定穴位后，先局部剪毛或将穴位处被毛分开，并用刷子刷去附着的尘土，擦拭清洗干净之后，穴位处皮肤用 75% 酒精棉球擦拭消毒；或先用 2% 碘伏涂擦，稍干后，再用 75% 酒精棉球擦拭脱碘。消毒时应从穴位的中心点向外依次绕圈擦拭。当穴位皮肤消毒后，切忌接触污物，保持洁净，防止重新污染，待干后方可进针。施针后，针孔要用 2% 碘伏棉充分涂擦消毒，以预防污染化脓（图 2-18）。

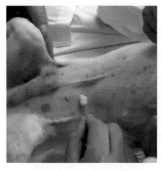

图 2-17　同身寸法　　　　　　　图 2-18　穴位消毒

犬病针灸按摩治疗图解

~❀❀ 第二节 ❀❀~

传统手法

一、针刺手法

（一）毫针、圆利针刺法

1. 进针方法

对于较短的毫针可以采用单手进针法；而对于较长的针则需要用双手进针法，用双手协同操作将针刺入穴位。前者多采用右手拇指、食指持针，中指端紧靠穴位，指腹抵住针体中部，当拇指、食指向下用力时，中指也随之屈曲，将针刺入，直至所需的深度。后者施术时，一般是用右手（也称"刺手"）持针，施行相应的手法与操作；左手（也称"押手"）配合，其作用主要是固定腧穴位置，夹持针身，使针身有所依附而保持垂直，力达针尖，从而协助刺手迅速进针，以减少刺痛和协助调节、控制针感。临床上常用的双手进针方法有以下几种。

（1）切指进针法　又称爪切进针法，用左手拇指或食指端切按在腧穴位置上，右手持针，紧靠左手指甲面将针刺入腧穴（图2-19）。此法适用于短针的进针。

（2）骈指进针法　或称夹持进针法，即用严格消毒的左手拇指、食指夹住针身下端，将针尖固定在所刺腧穴的皮肤表面位置，右手捻动针柄，将针刺入腧穴（图2-20）。此法适用于长针的进针。

图 2-19　切指进针法

（3）舒张进针法　用左手食指和中指或拇指和食指将所刺腧穴部位的皮肤向两侧撑开，使皮肤绷紧，右手持针，使针从左手食指和中指或拇指和食指的中间刺入（图2-21）。此法用于皮肤松弛部位的进针。

图 2-20　骈指进针法

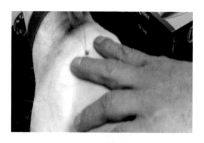
图 2-21　舒张进针法

（4）固定皮肤进针法　用一手指固定皮肤，将针从皮肤下刺入（图 2-22）；或用左手拇指和食指将所刺腧穴部位的皮肤提起，右手持针，从捏起的上端将针刺入（图 2-23）。此法用于皮薄肉少部位的平刺或斜刺进针。

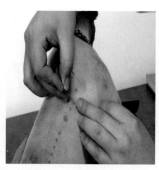

图 2-22　固定皮肤进针法（一）　　　　图 2-23　固定皮肤进针法（二）

（5）套管针进针法　打开套管针灸针包装，将套针管与针及其小固定板一起拿出；或先将已经消毒过的针插入用玻璃、塑料或金属制成的比针短 3 毫米左右的无菌小针管内，用一个小固定板将露出的针柄固定在针管一端的开口处。针刺时，左手持针管，并用食指将针柄固定在管口处，另一管口放在穴位皮肤上压紧针管；右手拿掉固定小板，用食指对准针柄一击，使针尖迅速刺过皮肤，然后将针管去掉，再将针刺入穴内（图 2-24）。

2. 针刺的角度、深度

对同一个腧穴，如果针刺的角度、深度不同，所刺及的组织、产生的针刺感应和治疗效果会有明显的差异。对不同的腧穴，由于所在部位的解剖特点各异，针刺的角度和深度也应有所区别。所以，掌握正确的针刺角度与深度，对于获得预期的针刺治疗效果、防止意外事故的发生等，都具有重要意义。

（1）针刺角度　针刺的角度是指进针时针身与皮肤表面所形成的夹角。它是根据腧穴所在的位置和医者针刺时所要达到的目的结合起来确定的。一般分为三种角度（图2-25）。

图 2-24　套管针进针法

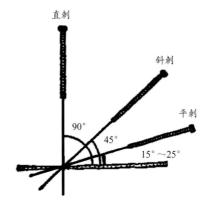

图 2-25　针刺角度示意

① 直刺　指针身与皮肤表面呈约 90°角，垂直刺入，适用于大部分腧穴（图 2-25，图 2-26）。

② 斜刺　指针身与皮肤表面呈约 45°角，斜向刺入，适用于内有重要组织或脏器，或不宜直刺、深刺的腧穴（图 2-25，图 2-27）。

图 2-26　直刺进针法

③ 平刺　指针身与皮肤表面呈 15°～25°角，沿皮刺入，故又称"横刺""沿皮刺"。适用于皮薄肉少部位的腧穴（图 2-25，图 2-28）。

（2）针刺深度　指针身刺入肌肤的深浅程度。临床上主要根据腧穴部位、病犬体质、疾病情况及临诊经验等因素决定针刺的深浅。

① 年龄　年老体弱，气血衰退，幼犬娇嫩，稚阴稚阳，均不宜

图 2-27　斜刺进针法	图 2-28　平刺进针法

深刺；成年犬身强体壮者，可适当深刺。

②体质　对形瘦体弱者，宜相应浅刺；形盛体强者，宜深刺。

③病情　阳证、新病宜浅刺；阴证、久病宜深刺。

④部位　头面、胸腹及皮薄肉少处的腧穴宜浅刺；四肢、臀、腹及肌肉丰厚处的腧穴宜深刺。

3. "行针"

亦称"运针"，是指毫针刺入穴位后，为使犬产生针刺感应，或进一步调整针感的强弱，以及使针感向某一方向扩散、传导而采取的一系列操作方法。行针包括基本手法和辅助手法两类。

（1）基本手法　包括捻转运针法和提插运针法，是构成针刺手法的基本操作方法，两者既可单独使用，也可结合运用。捻转的角度、提插的幅度，以及操作的频率、持续时间等，都要根据病犬的体质、病情和所刺部位而定。

①捻转运针法　是指将针刺入腧穴一定深度后，前后左右捻转针柄，带动针体在腧穴内前后旋转的行针手法（图 2-29）。

②提插运针法　是指将针刺入腧穴一定深度后，将针反复上提下插的操作手法。将针由浅层向下刺入深层的操作，谓之插。反之，从深层向上引退至浅层的操作，谓之提。如此反复地将针上下纵向运动，就构成了提插运针法（图 2-30）。

（2）辅助手法

①循法　是指医者用手指顺着经脉的循行路线，在腧穴的上下部轻柔地按揉或敲打的行针方法（图 2-31）。此法能推动气血，激发经气，促使针后易于得气，故在针刺不得气时，常用循法催气。

图 2-29　捻转运针法　　　　　　　图 2-30　提插运针法

　　② 弹法　针刺后在留针过程中，以手指轻弹针尾或针柄，使针体微微振动的方法称为弹法（图 2-32）。本法以加强针感，助气运行，有催气、行气的作用。

　　③ 刮法　毫针刺入一定深度后，经气未至，以拇指或食指的指腹抵住针尾，用拇指、食指或中指指甲，由下而上或由上而下，频频刮动针柄的方法称为刮法（图 2-33）。本法在针刺不得气时用之可激发经气，如已得气者可以加强针刺感应的传导和扩散。

　　④ 摇法　毫针刺入一定深度后，手持针柄，将针轻轻摇动的方法称为摇法（图 2-34）。一是直立针身而摇，以加强得气的感应；二

图 2-31　循法　　　　　　　　　　图 2-32　弹法

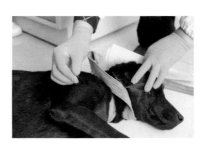

图 2-33　刮法　　　　　　　　　　图 2-34　摇法

是将针身向一侧扳倒而摇，以使经气向相对的方向传导。

⑤ 飞法　针后不得气者，用右手拇指、食指执持针柄，细细捻搓数次，然后张开两指，一搓一放，反复数次，状如飞鸟展翅，故称飞法（图2-35）。本法的作用在于催气、行气，并使针刺感应增强。

⑥ 震颤法　针刺入一定深度后，右手持针柄，用小幅度、快频率的提插、捻转手法，使针身轻微震颤的方法称震颤法（图2-36）。本法可促使针下得气，增强针刺感应。

图 2-35　飞法

图 2-36　震颤法

4. 毫针补泻手法

（1）单式补泻手法

① 捻转补泻　针下得气后捻转针体行针，捻转角度小，用力轻，频率慢，操作时间短，结合拇指向前、食指向后（左转用力为主）者为补法；捻转角度大，用力重，频率快，操作时间长，结合拇指向后、食指向前（右转用力为主）者为泻法。

② 提插补泻　针下得气后，先浅后深，重插轻提，提插幅度小，频率慢，操作时间短，以下插用力为主者为补法；先深后浅，轻插重提，提插幅度大，频率快，操作时间长，以上提用力为主者为泻法。

③ 疾徐补泻　进针时徐徐刺入，少捻转，疾速出针者为补法；进针时疾速刺入，多捻转，徐徐出针者为泻法。

④ 迎随补泻　进针时针尖顺着经脉循行方向刺入者为补法，针尖逆着经脉循行方向刺入者为泻法。

⑤ 呼吸补泻　在病犬呼气时进针，吸气时出针为补法；反之，吸气时进针，呼气时出针为泻法。

⑥ 开阖补泻　出针后迅速将针孔按闭者为补法；出针时摇大针

孔而不按闭者为泻法。

⑦ 平补平泻　进针得气后均匀提插、捻转后即可出针。

（2）复式补泻手法

① 烧山火　视穴位的可刺深度分为浅、中、深三层（即天、人、地三部），先浅后深，每层依次各进行急按缓提（或用捻转补法）9次，然后退至浅层，称为一度。如此反复操作数度，将针刺至深层留针。在操作过程中，可配合呼吸补泻法中的补法（图2-37）。多用于治疗冷痹顽麻、虚寒性疾病等。

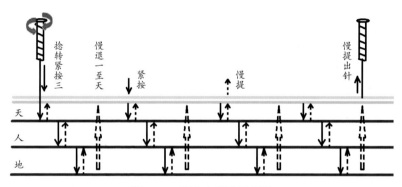

图2-37　烧山火针法示意图

② 透天凉　是指针刺入穴位后直插深层，按深、中、浅的顺序，在每一层中紧提慢按（或捻转泻法）6次，然后再插针至深层，称为一度。如此反复操作数度后，将针留在天部。在操作过程中，可配合呼吸补泻法中的泻法（图2-38）。多用于治疗热痹、急性痈肿等实热性疾病。

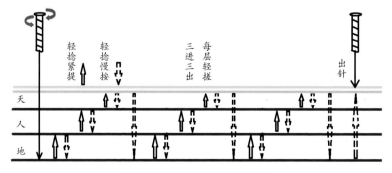

图2-38　透天凉针法示意图

5. 留针和出针

（1）留针　将针刺入腧穴并施行手法后，使针留置穴内者称为留针。留针的目的是为了加强针刺的作用和便于继续行针施术。

一般病症只要针下得气而施以适当的补泻手法后，即可出针或留针10～20分钟。但对一些特殊病症，如急性腹痛，破伤风，角弓反张，寒性、顽固性疼痛或痉挛性病症，即可适当延长留针时间，或可达数小时，以便在留针过程中作间歇性行针，以增强、巩固疗效。在临床上留针与否或留针时间的长短，不可一概而论，应根据病犬具体病情而定。

（2）出针　又称起针、退针。在施行针刺手法或留针达到预定针刺目的和治疗要求后，即可出针。出针多是以左手拇指、食指持消毒干棉球轻轻按压于针刺穴位，右手持针作轻微的小幅度捻转，并随势将针缓慢提至皮下停留片刻，然后出针（图2-39）。出针时不可单手用力过猛，应依补泻的不同要求，分别采取"疾出"或"徐出"以及"疾按针孔"或"摇大针孔"的方法出针。最后，医者应检查针数，以防遗漏。

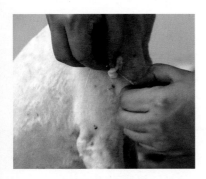

图2-39　出针法

6. 针刺事故处理

（1）滞针　滞针是针刺时常见的一种情况，医者感觉针体紧张，捻转或提插针体困难。此时，就不要再捻转针，应根据病犬情况进行相应的处理。如果是由于犬紧张而引起的局部肌肉过度收缩所致，可以适当延长运针时间间隔，或轻轻按压局部，或在附近部位另刺一针，即可缓解。如果是由过度朝一个方向捻转所致，就向反方向捻转，并轻轻提插针体，即能解决。

（2）弯针　弯针也是针刺过程中常见的一种事故。针刺时医者发现有针体发生弯曲时，应立即停止捻转针，然后顺着弯曲缓缓地将针拔出即可。运针时动作要轻，捻转针时用力要均匀，避免过猛过快、

犬病针灸按摩治疗图解

以预防弯针的发生。

（3）断针　是指在针刺过程中出现针体断留在犬体内的现象。断针时，首先要保持镇静。如果断端露出皮肤外，用镊子或手术钳拔出断针；而如果断端与皮肤平，用手指轻轻按压周围皮肤，再用手术钳拔出断针；而如果断针完全在皮肤内，只有手术取出了。断针预防，一方面针刺前仔细检查针具，剔除有锈斑、弯折等问题的针；另一方面，行针动作要轻，避免用力过猛。

（4）血肿　是指在针刺过程中出现穴位处皮下血管破裂出血，形成血肿的现象。如果出针后发现针刺部位变紫或疼痛，应立即用灭菌干棉球压迫一会儿，以达到止血的目的。如果血肿不严重，多会自动消除。如果肿痛严重，范围比较大，可先用冷敷法止血，再用热敷法或轻度按摩以帮助瘀血消散。

（5）气胸　在胸部、背部等处针刺时，当进针太深或方向失当，有可能造成气胸发生。发生气胸时，可见犬突然发生呼吸短促；严重者呼吸困难，嘴唇等部位发绀，出汗，血压降低，胸部叩诊明显，呼吸动作变小或消失。X线可诊断出气胸的程度。如果是轻度的，可采取止咳等相应方法进行治疗。严重病例应采取相应的紧急抢救措施。

（二）三棱针和宽针刺法

三棱针是一种针身呈三棱形、针尖锋利的针具，古代称"锋针"，用于刺络放血。宽针的针头呈矛尖状，针刃锋利，分为大、中、小三种，多用于放血疗法。

1. 持针姿势

三棱针一般采用执笔式，以右手持针，用拇指、食指捏住针柄中段，中指指腹紧靠针体的侧面，露出针尖 2 ～ 3 毫米（图 2-40）。宽针则多采用全握式，将针体全握在手中，拇指前移控制针锋露出长度与进针深度，其余四指固定针身（图 2-41）。

2. 刺法

（1）点刺法　即点刺腧穴出血或挤出少量液体的方法。针刺前在点刺穴位的上下用手指向点刺处推按，使血液积聚于点刺部位，常

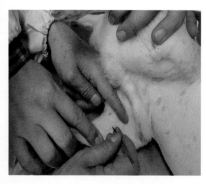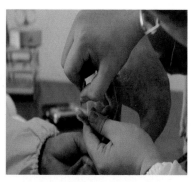

图 2-40 三棱针持针及其点刺法　　　图 2-41 宽针持针及其挑刺法

规消毒后，左手拇指、食指固定点刺部位，右手持针直刺 2～3 毫米，快进快出，点刺后采用反复交替挤压和舒张针孔的方法，使出血数滴，或挤出少许液体，右手捏干棉球将血液或液体及时擦去。为了刺出一定量的血液或液体，点刺穴位的深度不宜太浅。多用于四肢末端、面部、耳尖等穴位。

（2）刺络法　是指刺病所较深、较大静脉，放出一定量血液的方法。先用橡皮管结扎在针刺部位的上端（近心端），使相应的静脉进一步显现。局部消毒后，左手拇指按压在被刺部位的下端，右手持三棱针对准瘀曲的静脉向心斜刺，迅速出针。针刺深度以针尖"中营"为度，让血液自然流出，松开橡皮管，待出血停止后，以无菌干棉球按压针孔，并以 75% 乙醇棉球清理创口周围的血液。本法出血量较大，一次治疗可出血几十甚至上百毫升，多用于肘窝、腘窝部的静脉。

（3）散刺法　此法是在病变局部及其周围进行连续点刺以治疗疾病的方法。局部消毒后，根据病变部位的大小，可连续垂直点刺10～20 针及以上，由病变外缘环行向中心点刺，促使瘀热、水肿、脓液得以排除。

（4）挑刺法　用左手按压施术部位两侧，或捏起皮肤，使皮肤固定，右手持针迅速刺入皮肤 1～2 毫米，随即将针身倾斜挑破皮肤，使之出少量血液或少量黏液。也有再刺入 5 毫米左右深，将针身倾斜并使针尖轻轻挑起，挑断皮下部分纤维组织，然后出针，覆盖敷料。挑刺法常用于尾尖、姜牙等穴位的治疗。

3. 注意事项

（1）对于放血量较大患犬，术前做好宠物主人的解释工作。

（2）由于创面较大，必须无菌操作，以防感染。

（3）操作手法要稳、准、快，一针见血。

（4）若穴位和血络不吻合，施术时宁失其穴，勿失其络。

（5）点刺穴位不宜太浅，深刺血络要深浅适宜，针尖以中营为度。

（6）为了提高疗效，应保证出血量，出针后可立即加用拔罐。

（7）点刺、散刺法可1次/日或隔日，挑刺、泻血法宜1次/（5～7）日。

（8）避开动脉血管，若误伤动脉出现血肿，以无菌干棉球按压局部止血。

（9）大病体弱、明显贫血、孕犬和有自发性出血倾向者慎用。

（三）火针刺法

火针刺法是将特制的金属粗针，用火烧红后刺入一定部位，以治疗疾病的方法。火针古称"燔针"，火针刺法称为"焠刺"。《灵枢·官针》中指出："焠刺者，刺燔针则取痹也"。是兽医临床广泛使用的一种传统的治疗技术。因为在针刺的同时使穴位的局部组织发生较深的灼伤灶，所以在一定的时间内保持对穴位的刺激作用。实践证明，火针疗法具有温经散寒、通经活络作用，临床常用于风湿寒痹、痈疽、放线菌肿等疾病的治疗。火针刺法包括选穴与消毒、烧针、针刺深度和针后护理几个方面。

1. 选穴与消毒

根据不同病症辨证取穴，或"以痛为腧"局部取穴。采取合适的体位，须防止病犬体位改变，影响取穴的准确性。

针刺前穴位剪毛，注意消毒，先用碘伏消毒，再以乙醇棉球脱碘。施术者：施术前医生应用肥皂水洗擦双手，再用酒精棉球擦拭后才可持针操作。在施术部位，应用75%酒精棉球从进针的中心点向外扩展绕圈擦拭；或先用2%碘伏涂擦，稍干后再用75%酒精脱碘。

已消毒后的皮肤应避免再接触污物，以防重新污染。

2. 烧针

烧针是使用火针的关键步骤。烧针方法有油烧法与干烧法两种，前者操作比较麻烦，但因为针有油的润滑作用，施诊过程对组织伤害较小；而后者则相反，操作简单，但其针与组织较易发生粘连而损伤较大。

（1）油烧针法　烧针前先详细检查针具并擦拭干净，用棉花将针尖及针体的一部分缠裹成纺锤形。棉球缠裹长度依针刺深度而定，一般稍长于针刺深度，但短于针体长度，应与针柄留有一点距离。缠裹好的棉球直径 1 ～ 1.5 厘米，松紧度要适中，呈内松外紧状。过松火候不到，浸油时也易滑脱；过紧则棉花不易烧透。然后将其浸入植物油中浸透，为了易于点燃，可先将其尖部的油挤干。点燃后，针尖先略向下，以免热油流到针柄部而烫手，并不断转动针体使之受热均匀。待油烧至将尽，棉球变黑收缩，针即烧透，将棉球先在其他物体上松动后甩掉，或用镊子刮脱棉球，迅即进针（图 2-42）。

图 2-42　油烧针法

（2）干烧针法　《针灸大成·素问九针论》说："灯上烧，令通红，用方有功。若不红，不能去病，反损于人"。现在多用酒精灯烧针，左手持灯，右手持针，靠近施术部位，烧针后迅速针刺。先烧针身，后烧针尖，若针身发红而针尖变冷者不宜进针。根据治疗需要，可将针烧至白亮、通红或微红。若针刺较深，需烧至白亮，速进疾出，否则不易刺入，也不易拔出，而且剧痛。如属较浅的点刺法，可以烧至通红，速入疾出，轻浅点刺。如属浅表皮肤的烙熨法，则将针烧至微红，在表皮部位轻而较慢地烙熨。

3. 针刺的深度

应根据病情、体质、年龄，以及穴位所在部位肌肉厚薄、血管深浅而定，要求既能祛邪，又不伤皮肉。《针灸大成·素问九针论》中说："切忌太深，恐伤经络，太浅不能去病，惟消息取中耳"。一般四肢及腰腹部肌肉丰富的穴位针刺稍深一些，但应浅于毫针深度；胸背部宜浅刺，靠近头面的穴位不宜火针刺。

4. 针后护理

火针刺后，立即用棉球或手指按压针孔，可以减少疼痛，但不可揉搓，以免出血。针孔的处理，视针刺深浅而定：针刺 0.3～1 厘米深，可不作特殊处理；针刺 1～2 厘米深，可用消毒纱布敷贴，胶布固定 1～2 天。两者均切忌洗浴水浸污染，以防感染。

5. 注意事项

（1）血管及主要神经分布部位不宜火针。

（2）针刺后局部呈现红晕或红肿未退时应避免洗浴；局部发痒要防止犬抓啃，以防感染。

（3）注意针具检查，有剥蚀或缺损时不宜使用，以防发生断针等意外事故。

二、常用灸法

灸法，主要是借灸火的温热性刺激，通过腧穴经络对机体的作用，以达到防治疾病目的的一种方法，为针灸疗法的重要组成部分。

（一）艾炷灸

艾炷灸是将纯净的艾绒放在平板上，用手搓捏成大小不等的圆锥形艾炷，置于施灸部位，点燃而治病的方法。常用艾炷或如麦粒大小，或如苍耳子大小，或如莲子大小，或如半截橄榄大小等。艾炷灸又分直接灸与间接灸两类。

1. 艾炷直接灸

将灸炷直接放在皮肤上施灸的方法，称为直接灸。根据灸后有无烧伤化脓，又分为化脓灸和非化脓灸。

（1）化脓灸 又称瘢痕灸。施灸时先将所灸腧穴部位涂以少量的大蒜汁，以增强黏附和刺激作用，然后将大小适宜的艾炷置于腧穴上，用火点燃施灸。每壮艾炷必须燃尽，除去灰烬后，方可易艾炷继续灸，直到规定壮数灸完为止。施灸时由于艾火烧灼皮肤，因此可产生剧痛，此时可用手在施灸腧穴周围轻轻拍打，借以缓解疼痛。在正常情况下，灸后1周左右，施灸部位化脓形成灸疮，5～6周灸疮自行痊愈，结痂脱落后而留下瘢痕。

（2）非化脓灸 又称无瘢痕灸。施灸时先在所灸腧穴部位涂以少量的凡士林，以使艾炷便于黏附，然后将大小适宜的（约如苍耳子大小）艾炷置于腧穴上点燃施灸，当艾炷燃剩2/5或1/4，犬开始感到灼痛时，即可易炷再灸，直到规定壮数灸完为止。一般应灸至局部皮肤出现红晕而不起疱为度。因其皮肤无灼伤，故灸后不化脓，不留瘢痕。一般虚寒性疾患均可采用此法。

2. 艾炷间接灸

又称间隔灸或隔物灸，是指在艾炷与穴位之间垫一衬隔物的施灸方法。其火力温和，具有艾灸和垫隔药物的双重作用，犬主人易于接受，较直接灸法常用，适用于慢性疾病和疮疡等。因其衬隔物的不同又可分为多种灸法。

（1）隔姜灸 选直径为2～3厘米的鲜姜，切成厚0.2～0.3厘米的薄片，中间以针扎数孔，然后将姜片置于应灸的腧穴或患处，再将艾炷放在姜片上点燃施灸。当艾炷燃尽，易炷再施灸，直至灸完所规定的壮数，以皮肤红润而不起疱为度（图2-43）。或将艾条点燃隔姜灸（图2-44）。常用于因寒而致的呕吐、腹痛以及风寒痹痛等证，有温胃止呕、散寒止痛的作用。

（2）隔蒜灸 将鲜大蒜头切成厚0.2～0.3厘米的薄片（捣蒜如泥压片亦可），中间以针刺数孔，置于应灸腧穴或患处，然后将艾炷

犬病针灸按摩治疗图解

图 2-43 艾炷隔姜灸

图 2-44 艾条隔姜灸

放在蒜片上，点燃施灸。待艾炷燃尽，易炷再灸，直至灸完规定的壮数。多用于治疗瘰疬、肺痨及初起的肿疡等病症，有清热解毒、杀虫等作用。

（3）隔盐灸　将干燥的食盐填敷于穴位，或于盐上再置一薄姜片，上置大艾炷施灸。

（4）隔附子饼灸　将附子研成粉末，用酒调和成直径约3厘米、厚约0.8厘米的附子饼，中间以针刺数孔，放在应灸腧穴或患处，上面再放艾炷施灸，直至灸完所规定壮数为止。有温补肾阳等作用，多用于治疗命门火衰而致的阳痿或疮疡久溃不敛等。

（二）艾条灸

1. 悬起灸

施灸时将艾条悬放在距离穴位一定高度上进行熏烤，不使艾条点燃端直接接触患犬皮肤，称为悬起灸。根据实际操作方法不同，悬起灸可分为温和灸、雀啄灸和回旋灸。

（1）温和灸　施灸时将艾条的一端点燃，对准应灸的腧穴部位或患处，距皮肤2～3厘米，进行熏烤，以犬局部有温热感而无灼痛，能够耐受为宜（图2-45）。一般每处灸10～15分钟，至皮肤出现红晕

图 2-45 悬起温和灸

为度。对于昏厥、局部知觉迟钝的患犬，医者可将中指、食指分开置于施灸部位的两侧，以通过其手指的感觉来测知患犬局部的受热程度，以便随时调节施灸的距离和防止烫伤。

（2）雀啄灸　施灸时，将艾条点燃的一端与施灸部位的皮肤并不固定在一定距离，而是像鸟雀啄食一样，一上一下活动地施灸（图2-46）。

（3）回旋灸　施灸时，艾条点燃的一端与施灸部位的皮肤虽然保持一定距离，但不固定，而是向左右方向移动或反复旋转地施灸（图2-47）。

图2-46　悬起雀啄灸

图2-47　悬起回旋灸

2. 实按灸

施灸时，将太乙针/雷火针艾条的一端烧着，用布7层包裹，立即紧按于应灸的腧穴或患处进行灸熨。如犬感觉太烫躲闪，提起艾条等热减后再灸。艾条冷则再燃再熨。如此反复灸熨7～10次为度。适用于风寒湿痹、肢体顽麻、痿弱无力等的治疗。

（三）温针灸

温针灸是针刺与艾灸结合应用的一种方法，适用于既需要留针又适宜用艾灸的病症。其方法是将针刺入腧穴，得气后并给予适当补泻手法后留针，将纯净细软的艾绒捏在针尾上，或将一段长约2厘米的艾条插在针柄上，点燃施灸。待艾绒或艾条烧完后除去灰烬，将针起出。

（四）温灸器灸

温灸器灸就是采用温灸盒或温灸筒等专门的施灸器具进行施灸的方法。它是将艾绒，或加掺药物，装入温灸器的小筒点燃，将温灸器的盖扣好，置于腧穴或应灸部位进行熨灸，直到所灸部位的皮肤红润为度。有调和气血、温中散寒的作用，一般需要灸治者均可采用。

（五）其他灸法

1. 灯火灸

又名"灯草灸""油捻灸""十三元宵火"或"神灯照"，是民间沿用已久的简便灸法。方法是用灯心草一根，以麻油浸之，燃着后快速对准穴位猛一接触，听到"叭"的一声迅速离开，如无爆炸之声可重复一次。具有疏风解表、行气化痰、清神止抽搐等作用。

2. 天灸

又称药物灸、发疱灸。是将对皮肤有刺激性的药物涂敷于穴位或患处，使局部充血、起疱，犹如灸疮，故名天灸。常用的药物有白芥子、蒜泥、斑蝥等。

（1）白芥子灸　将白芥子研成细末，用水调和，敷贴于腧穴或患处。利用其较强的刺激作用，敷贴后促使发疱，借以达到治疗的目的。一般可用于治疗关节痹痛、口眼㖞斜，或配合其他药物治疗哮喘等症。

（2）蒜泥灸　将大蒜捣烂如泥，取 3～5 克贴敷于穴位上，敷灸 1～3 小时，以局部皮肤发痒发红起疱为度。

（3）斑蝥灸　将芫菁科昆虫南方大斑蝥或黄黑小斑蝥的干燥全虫研末，用醋或甘油、酒精等调和。使用时先取胶皮一块，中间剪一如黄豆大的小孔，贴在施灸穴位上，以暴露穴位并保护其周围皮肤，将斑蝥粉少许置于孔中，上面再贴一层胶布固定即可，以局部起疱为度。

3. 醋酒灸

醋酒灸是应用醋和酒直接灸熨患部的一种古老而奇特的疗法，也叫火烧战船，过去常用于马、牛等动物的腰胯风湿、扭伤等疾患治

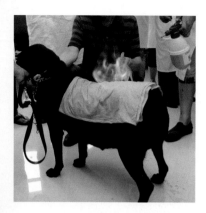

图2-48 犬醋酒灸（火烧战船）

疗，有非常良好的效果；作者在犬上试验，效果也不错（图2-48）。

其方法是：先准备1块垫布（白布或双层纱布）与1块盖布（比较厚实，以利保暖），大小与治疗犬相匹配；再准备足量的高度白酒或酒精与食用醋及其喷壶，以备燃烧与控制火候使用。施术时，先将患犬妥善保定，使腰背部充分暴露；其次，用温醋刷湿患犬腰背术部被毛，范围稍大于患部，再将垫布用温醋浸湿后垫搭于患犬腰背术部。然后在湿布上用喷壶均匀地喷洒白酒或酒精，点烧，让火焰在术部燃烧灸熨。控制火焰大小，太大时喷醋控制火候，太小时喷酒或酒精，使其燃烧维持相对稳定，并保持垫布不干，直至垫布下皮肤温热为止，每次持续0.5～3分钟。灸熨结束时，用盖布盖压灭火，抽去湿垫布洗净以备后用。盖布保暖一段时间，或用热风机吹干被毛，使犬勿受风寒。本法主治全身性风湿、腰背风湿等，对瘦弱病犬及孕犬应慎用。

（六）灸后的处理

施灸后，局部皮肤出现微红灼热，属于正常现象，无需处理。如因施灸过量，时间过长，局部出现小水疱，只要注意不擦破，可任其自然吸收。如水疱较大，可用消毒的毫针刺破水疱，放出水液，或用注射针抽出水液，再涂以龙胆紫，并以纱布包敷。如用化脓灸者，在灸疮化脓期间，要减少犬活动，加强营养，保持局部清洁，并可用敷料保护灸疮，以防污染，待其自然愈合。如处理不当，灸疮脓液呈黄绿色或有渗血现象者，可用消炎药膏或玉红膏涂敷。

三、常用按摩手法

（一）按法

是以拇指或掌根等部在一定穴位或部位上逐渐向下用力反复按

犬病针灸按摩治疗图解

压，按而留之，不可呆板。这是一种诱导的手法，适用于全身各部位。临床上按法又分指按法、掌按法、屈肘按法等。

1. 指按法

接触面较小，刺激的强弱容易控制调节，不仅可开通闭塞、散寒止痛，而且还能对犬进行保健美容，是最常用的保健推拿手法之一。如常按犬面部及眼部的穴位，既可美容，又可保护视力（图2-49）。

图 2-49　指按法

2. 掌按法

接触面较大，刺激也比较缓和，适用于治疗面积较大而较为平坦的部位，如腰背部、腹部等（图2-50）。

3. 屈肘按法

屈肘，用突出的鹰嘴部分按压犬体表。此法压力大，刺激强，故仅适用于肌肉发达厚实的部位，如腰臀部等（图2-51）。

图 2-50　掌按法

图 2-51　屈肘按法

按法操作时着力部位要紧贴犬体表，不可移动，用力要由轻而重，不可用暴力猛然按压。按法常与揉法结合应用，组成"按揉"复合手法，即在按压力量达到一定深度时，再作小幅度的缓缓揉动，使手法刚中兼柔。

（二）摩法

是指以掌面或指面附着于穴位表面，以腕关节连同前臂做顺时针或逆时针环形有节律的摩动。摩法要求肘关节自然屈曲、腕部放松，指掌自然伸直，动作要缓和而协调。频率每分钟 120 次左右。本法刺激轻柔缓和，是胸腹、胁肋部常用的手法。若经常用摩法抚摩腹部及胁肋，可使犬气机通畅，起到宽胸理气、健脾和胃、增加食欲的作用。摩法又分为指摩法、掌摩法、掌指摩法等。

图 2-52　指摩法

1. 指摩法

将食指、中指或无名指指面附着于一定的部位上，以腕关节为中心，连同掌、指作节律性的环旋抚摩运动（图 2-52）。

2. 掌摩法

将掌面附着于一定部位上，以腕关节为中心，连同掌、指作节律性的环旋抚摩运动（图 2-53）。

3. 掌指摩法

用掌根部大、小鱼际等在身体上进行抚摩运动。摩动时各指略微翘起，各指间和指掌关节稍稍屈曲，以腕力左右摆动；操作时可以两手交替进行（图 2-54）。

图 2-53　掌摩法

图 2-54　掌指摩法

（三）点法

用拇指顶端或中指、食指、拇指之中节，点按某一部位或穴位。其具有开通闭塞、活血止痛、调整脏腑功能等作用，常用于治疗脘腹挛痛、腰腿疼痛等病症。

（四）推法

以手指、掌或肘鹰嘴突紧贴于皮肤上，向上或向两边推挤肌肉。运用时，指、掌、肘要紧贴体表，用力要稳，速度要缓慢而均匀。此种手法可在犬体各部位使用，能增强肌肉的兴奋性，促进血液循环，并有舒筋活络的作用。推法可分为平推法、直推法、旋推法、合推法等。现仅以平推法说明之。平推法又分指平推法、掌平推法和肘平推法。

1. 指平推法

用拇指指面着力，其余四指分开助力，按经络循行或肌纤维平行方向推进（图 2-55）。此法常用于犬肩背、胸腹、腰臀及四肢部。

2. 掌平推法

将手掌平伏在皮肤上，以掌根为重点，向一定方向推进；或双手手掌重叠向一定方向推进（图 2-56）。此法常用于面积较大的部位。

图 2-55　指平推法

图 2-56　掌平推法

3. 肘平推法

屈肘后用鹰嘴突部着力向一定方向推进（图 2-57）。此法刺激力

图 2-57　肘平推法

量强，仅适用于肌肉较丰厚发达的部位，如臀部及腰背脊柱两侧膀胱经等部位。

（五）揉法

将手指螺纹面或掌面固定于穴位上，以穴位为支点作轻而缓和的回旋揉动。从揉法的动作来看，与摩法确有相似之处，但前者偏重于固定一点或一部位的揉，后者则是较轻柔的抚摩，位置不完全固定。从历代文献的记载来看，也是先有摩法，再有揉法，揉法由摩法衍化而来。揉法是保健推拿的常用手法之一，具有宽胸理气、消积导滞、活血化瘀、消肿止痛的作用，适用于全身各部，如揉按中脘、腹部配合其他手法对胃肠功能有良好的保健作用。揉法又分为指揉法、鱼际揉法、掌揉法等。

1. 指揉法

拇指、中指、食指、中指或无名指指面或指端轻按在某一穴位或部位上，作轻柔的小幅度环旋揉动（图 2-58）。

2. 鱼际揉法

将手掌的大鱼际部分吸附于一定的部位或穴位上，作轻轻的环旋揉动（图 2-59）。

图 2-58　指揉法

图 2-59　鱼际揉法

3. 掌揉法

用掌根部着力，手腕放松，以腕关节连同前臂作小幅度的回旋揉动（图2-60）。

（六）拿法

捏而提起谓之拿。此法是用大拇指和食指、中指指端对拿于患部或穴位上，作对称用力，一松一紧地拿按。拿法时腕部要放松灵活，用指面着力。动作要缓和而有连贯性，不可断断续续。用力要由轻到重，再由重到轻，不可突然用力（图2-61）。本法常用于保健推拿手法，具有祛风散寒、舒筋通络、开窍止痛等作用，适用于颈项、肩部、四肢等部位或穴位，且常作为推拿结束手法使用。

图2-60 掌揉法

图2-61 拿法

（七）擦法

将手掌的大鱼际、掌根或小鱼际附着在一定部位，进行直接来回摩擦，使之产生一定热量（图2-62）。本法益气养血、活血通络、祛风除湿、温经散寒，具有良好的保健作用。

（八）击法

用拳背、掌根、掌侧小鱼际、指尖或用桑枝棒叩击体表，具有舒筋通络，调和气血的作用。使用时垂直叩打体表，用力要快速而短暂，速度要均匀而有节律，不能有拖抽动作（图2-63）。可分为拳击法，常用于腰背部；掌击法，常用于头顶、腰臀及四肢部；侧击法，常用于腰背及四肢部；小鱼际击法与指尖击法，常用于头面、胸腹

图 2-62　擦法

图 2-63　击法

图 2-64　搓法

部；棒击法，常用于头顶、腰背及四肢部。

（九）搓法

用双手的掌面或掌侧挟住一定部位，相对用力作快速搓揉，并同时作上下往返移动（图2-64）。本法具有调和气血、舒通经络、放松肌肉等作用，适用于四肢及胁肋部。使用此法时，两手用力要对称，搓动要快，移动要慢。

（十）掐法

用拇指或食指指甲，在一定穴位上反复掐按。常与揉法配合使用，如掐揉人中，须先掐后揉（图 2-65）。本法有疏通经脉、镇静、安神、开窍的作用。

（十一）抖法

是指用双手握住患犬的四肢远端，用微力做连续的小幅度的上下连续颤动，使关节有松动感。此法具有疏松脉络、滑利关节的作用，常与搓法合用，作为结束手法，使患犬有一种舒松的感觉（图 2-66）。

犬病针灸按摩治疗图解

图 2-65　捅法

图 2-66　抖法

第三节

针灸新技术

一、电针术

电针是在刺入犬体的（毫）针上通以一定的脉冲电流的一种疗法。其既有针刺的作用，也有电生理效应，是针与电两种刺激相结合的综合疗法。电针仪作为治疗的主体，种类较多；但多以半导体元件装置，采用振荡发生器，输出接近犬体生物电的低频脉冲电。所谓脉冲电是指在极短时间内出现的电压或电流的突然变化，即电量的突然变化构成了电的脉冲，其基本波形多为双向尖脉冲。

（一）基本操作方法

1. 电针仪准备

电针仪器使用前，应该首先将各个旋钮归零或处于关闭状态（逆时针方向旋到底），然后接通 220V 电源。注意并排旋钮，每只旋钮只与相应的输出插孔相对应。治疗时，每路输出可以根据临床需要和病犬耐受性进行调节（图 2-67）。

2. 电针选穴

电针选穴除一般的方法外，还可根据神经干通过和肌肉神经运动点取穴。且由于电极多是成对接入，故电针选穴多数为偶数。如遇只

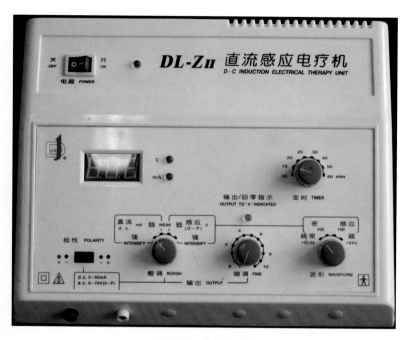

图 2-67　电针治疗仪

须单穴电针时，可选取有主要神经干通过的穴位（如后肢的环跳），将针刺入后，接通电针仪的一个电极；另一个电极则用盐水浸湿的纱布裹上，做无关电极，固定在同侧经络的皮肤上。

3. 连接电极

首先用毫针或圆利针刺入穴位，并获得针感。把电针仪的两根输出线分别接在已刺入穴位的两根针柄上。一般同一对输出电极连接在身体的同侧；尤其是胸部、背部穴位电针时，更不可将 2 个电极跨接在身体两侧，以免电流回路经过心脏造成不良影响。将电位器调至"0"度，打开电源开关，并逐渐调大输出电流至所需的量，避免增加太快给病犬造成突然的刺激。治疗完毕，须先把电位器调低至"0"度，然后关闭电源开关，拆去导线，将针轻轻捻动几下后出针。

4. 调节参数

治疗输出电压和电流强度应根据患犬病情与体质而定，多以患犬能够耐受为度。即出现局部肌肉作节律性收缩颤抖等表现，但犬能够保持安静而不挣扎。在调节好波形及强度后，轻轻按上定时键，一般持续通电 15～20 分钟。如作较长时间的电针治疗，病犬会逐渐产生电适应性，出现电针效应渐渐变弱，此时可适当增加刺激强度，或采用间歇通电的方法。

（二）刺激参数

电针刺激参数包括波形、波幅、波宽、频率和持续时间等，集中体现为刺激量问题。电针的刺激量如同针刺手法和药物剂量一样，对临床治疗具有指导意义。

1. 波形

常见的脉冲波形有方形波、尖峰波、三角波和锯齿波，也有正向是方形波，负向是尖峰波的。单个脉冲波可以不同方式组合而形成连续波、疏密波、断续波和锯齿波等（图 2-68）。

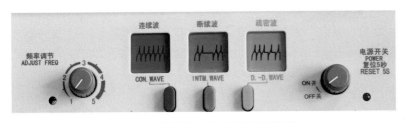

图 2-68　华佗牌电子针疗仪波形选择

（1）连续波　包括密波与疏波。一般频率高于 30 赫兹的连续波称为密波。密波能降低神经应激功能，常用于止痛、镇静、缓解肌肉和血管痉挛，也用于针刺麻醉等。而频率低于 30 赫兹的连续波称为疏波。疏波刺激作用较强，能引起肌肉收缩，提高肌肉韧带张力，常用于治疗痿证，各种肌肉、关节及韧带的损伤。

（2）疏密波　是疏波和密波交替出现的一种波形，疏密交替持续的时间各约 1.5 秒。该波能克服单一波形产生电刺激适应之不足，并能促进代谢、血液循环、改善组织营养、消除炎症水肿等。常用于外伤、关节炎、痛证、面瘫、肌肉无力等的治疗。

（3）断续波　是有节律地时断时续自动出现的组合波。断时，在

1.5 秒内无脉冲电输出；续时，密波连续工作 1.56 秒。这种波形机体不易产生电刺激适应性，其刺激作用较强，能提高肌肉组织的兴奋性，对横纹肌有良好的刺激收缩作用。常用于治疗痿证、瘫痪。

（4）锯齿波　是脉冲波幅按锯齿状自动改变的起伏波。每分钟 16 ～ 20 次或 20 ～ 25 次，其频率接近人体呼吸频率，故可用于刺激膈神经，做人工电动呼吸，配合抢救犬呼吸衰竭。

2. 波幅

波幅一般指脉冲电压或电流的最大值与最小值之差，也指它们从一种状态变化到另一种状态的跳变幅度值。电针的刺激强度主要取决于波幅的高低，波幅的计量单位是伏特（V），如电压从 0 ～ 30 伏间进行反复的突然跳变，则脉冲的幅度为 30 伏，治疗时通常不超过 20 伏。若以电流表示，一般不超过 2 毫安，多在 1 毫安以下。也有以电压和电流乘积表示的。

3. 波宽

波宽即指脉冲的持续时间，脉冲宽度也与刺激强度有关，宽度越大则意味着对犬的刺激量越大。电针仪一般输出脉冲宽度为 0.4 毫秒左右。

4. 频率

频率是指每秒钟内出现的脉冲个数，其单位为赫兹（Hz）。脉冲的频率不同，其治疗作用也不同，临床使用时应根据不同病情适当选择。

5. 刺激强度

刺激强度主要取决于波幅的大小，因犬的耐受度而异。一般以中等强度、犬能耐受为宜，过强或过弱的刺激都会影响疗效。

（三）适应范围

电针的适应范围和毫针刺法基本相同，凡毫针、圆利针和火针治疗的适应证皆可用电针治疗。可广泛应用于内伤、外伤、产伤、骨伤等各种疾病的治疗，并可用于针刺麻醉。如颜面神经麻痹、多发性神

犬病针灸按摩治疗图解

经炎、结膜炎、风湿性关节炎、类风湿关节炎、腰肌劳损、关节扭挫伤、子宫脱垂、遗尿、尿潴留等，效果明显，且止痛、解痉等作用也较单纯针刺为强。

二、穴位注射

穴位注射也称"水针"，是指将某些适宜肌内注射的药液、疫苗或抗体注入穴位或阳性反应点，通过针刺和药物的双重作用来防治疾病的一种方法（图2-69）。

图 2-69　喉俞穴位注射

（一）穴位注射的作用特点

1. 三重作用

即初期为机械刺激效应，通过经穴的传导得到即时效应，中期为药理学效应及后期的后效应，使经穴与药物的综合作用得以发挥。

（1）即时效应　是指在穴位注射数分钟及数小时内，可以收到针刺和药物注入对穴位刺激而引起针刺效应。

（2）中期效应　是指可在治疗数小时至1天内，可以收到药物对机体的生物学效应，也就是药理学效应。

（3）后效应　是指在前两个治疗效应基础上，可以收到调动和恢复治疗犬自身的功能调节效应。

2. 放大作用

很多实验表明，穴位注射对药物具有药理放大作用。即相同剂量的药物在穴位注射产生的药效，要快于并强于皮下注射或肌内注射，甚至与静脉注射相当；或达到同样药效，穴位注射的药物剂量却要比皮下注射或肌内注射小 1/3 ～ 1/2。

（二）注射方法

1. 注射

选取合适的注射器与注射针头，将药液抽入注射器内。对穴位处皮肤进行剪毛、消毒等处理，将针头对准穴位快速刺入。按照针刺的角度和方向要求，刺到一定的深度，提插获得针感，回抽针筒，如无出血，可将药液缓缓注入。退出针，做好相应的术后处理。

2. 选择穴位

选用对所患疾病的主治穴位，或选用循经络分布所触到的阳性反应点，或患部出现的压痛点；患犬软组织损伤处最痛点，较长肌肉或肌腱损伤的起止点。一般情况下，凡是毫针穴位都可以进行穴位注射，适用于一般毫针、圆利针或火针所适应的疾病。

3. 药物选择和适应范围

对没有特殊药物治疗目的，仅作为刺激作用增强与延长的，可选用灭菌注射水、0.1% 氯化钠注射液、5%～10% 葡萄糖注射液等。对于各种局部疼痛性疾病，可采用 0.5%～2% 盐酸普鲁卡因等局部麻醉药进行穴位封闭。对各种急性、慢性疾病的治疗，可选用维生素 B_1、维生素 B_{12}、安乃近、硫酸镁、抗生素、中药浸出液等，作小剂量的穴位注射。对于各种感染性疾病的预防和治疗，可选用适合于肌内注射的各种疫苗或抗体，减半量穴位注射。

（三）注意事项

注意药物性能、药理作用、配伍、禁忌、副作用、变态反应以及每个穴位注射药物的总剂量等。对副作用较大的药物，宜谨慎应用。药物用量的多少，根据穴位肌肉厚薄而定，肌肉较厚的部位，每个穴位用量应适当增多；肌肉较薄的部位，每个穴位用量应适当减少。而若药物用量较大，可以适当增加注射的穴位数量。每个穴位一次注入的药液量，头部和耳穴等处为 0.5～2 毫升，四肢上部及背腰为 5～20 毫升，根据病情及药液浓度酌情增减。一般药液不宜注入关节腔内，如误入关节腔内可引起肿痛、发炎等。不宜作静脉注射的药液切勿误入血管内，葡萄糖尤其是高渗葡萄糖不宜注入皮下，一定要注入深部。孕犬不宜采用刺激性药物进行穴位注射治疗。

三、穴位激光照射疗法

穴位激光照射疗法是采用低能量激光束照射穴位来防治病症的。大量的临床观察和实验研究证实，微细的激光束确能透过皮肤、皮下组织，达到普通金属毫针刺入穴位的一般深度，故可认为激光具有"光针"的作用；同时，激光不仅刺激穴位，还给穴位输入低能量，故又有微热作用，这又类同于"温针"或"光灸"，而且穴位激光照射无痛苦、无菌安全等。正因为如此，针灸学家认为，穴位激光照射疗法适宜防治所有经典针灸可防治的疾病。总之，穴位激光照射能产生通调经络、益气活血、调整脏腑功能、恢复阴阳平衡的作用，从而可达到防治疾病和促进健康的目的。

（一）特点

1. 无痛

低能量激光是用微细的光束照射穴位，不用担心像毫针刺入皮肤时的疼痛，对犬颇为适宜。同时，低能量激光刺激强度小，酸、麻、胀、热等显性针感少见，且轻微柔和，犬主人易于接受。

2. 无菌

针刺时针具消毒不严，往往易发生感染或传染疾病的事故，而激光束照射穴位，激光束本身不但不会将细菌带入而且还有直接或间接的灭菌作用。

3. 损伤小

激光照射穴位，不会对体表造成损害。相反，在皮肤破损、溃疡和黏膜部位，一般不适于针刺，而用激光特别是用二氧化碳激光照射，反而有一定的治疗作用，可消炎止痛，促进炎症消退和溃疡愈合。

4. 简便安全

穴位激光照射操作较简单，易于掌握和推广。同时，穴位激光照射一般为非接触性治疗，不像针刺不当可造成内脏或其他重要组织器官损伤，以及断针等事故，故较针刺更为安全。

5. 作用广泛

从原始刺激能量来看，激光是光能，针刺是机械能，艾灸为热能。而穴位激光照射，既能穿透皮表，具有针刺的特点；又可使局部穴位的温度提高，即光能转化为热能，兼有灸疗的作用；特别是二氧化碳激光，还可聚焦进行瘢痕灸或烧灼，而其损伤范围要比瘢痕灸或火针要小。这样就使得穴位激光治疗比单纯的针刺或艾灸或其他一些穴位刺激法，具有更大的优势。

（二）常用激光治疗方法

目前，穴位激光治疗仪的品种很多，但不论何种，其基本装置为激光器。用于穴位治疗的，基本上均以气体为激光工作物质，常用的有以下几种仪器。

1. 氦氖激光治疗仪

为目前临床上最为常用的一种激光穴位治疗仪（图 2-70）。多采用连续型氦 - 氖激光器作为光源，光束呈红色，工作物质为氦 - 氖原子气体，发射波长 6328 埃，功率 1 毫瓦到几十毫瓦不等。穴位氦氖激光治疗仪可分为两类。

（1）直射式　是激光束由激光器直接发出，相隔 30～100 厘米直接照射穴点，光点直径为 1～2 毫米；或可根据病情需要进行散射或用透镜聚焦，使之扩大照射面或细如银针针尖。此类仪器临床推广得较早、应用者也较多。

图 2-70　氦氖激光治疗仪

（2）光纤式　它是将氦 - 氖激光管输出端耦合于直径为 50/125 微米的光导纤维，其纤维能插入约相当于 5 号或 5.5 号注射针头粗细的专用空心针灸针进行治疗。这种针灸针的长度可根据需要而选择。它的优点是可以先将针刺入穴位一定的深度，然后再行激光照射。对于某些病症，如前

犬病针灸按摩治疗图解

列腺炎、副鼻窦炎、颈椎病、肱骨外上髁炎等，有特殊效果。正因如此，又将其称为光针仪。本仪器将光导纤维改插入特制的玻璃管内，还可像直射式作穴位表面照射。

（3）使用方法

①在使用之前，应详细检查仪器有无漏电、混线等问题，地线是否接好，以防触电或烧毁仪器等事件的发生。②选择合适的治疗体位，接通电源。③先将电流调节电钮置于第二或第三挡上，指示灯发亮，氦-氖激光仪发出橘红色光束。若激光管不亮或出现闪辉现象时，表明启动电压过低，应立即断电，并将电流调节旋钮沿顺时针方向旋1～2挡，停1分钟之后再打开电源开关。切勿反复多次开闭电源开关，以免造成故障。④捻动电流调节旋钮，至激光管最佳工作量，使激光管发光稳定。我国生产的氦氖Ⅰ型激光医疗机，须将电流量调至6毫安。并调整定时调节旋钮，定好时间，打开计时开关。⑤照射穴位前，应先准确找到穴位，并以龙胆紫药水标记。照射创面前，应先用生理盐水或3%硼酸水清洗干净。⑥激光束与被照射穴区应垂直，使光点准确落在穴区或病灶区。⑦照射距离一般为20厘米、30厘米、50厘米、100厘米，宜根据病情及仪器的性能而定。照射剂量，每穴2～5分钟，最长不可超过10分钟；每次照射2～4穴，每日照射1次；同一部位照射不宜超过12～15次。⑧在治疗过程中，激光仪可连续使用，但最长不宜超过4小时。治疗结束，关闭电源开关。⑨如采用光纤式激光仪治疗，穴区局部用碘伏消毒，并以75%酒精脱碘，用2%过氧乙酸消毒光导纤维，插入已行常规消毒的专用空芯针灸针内，将此针刺入所选穴区，至所需深度并得气后，再按上述方法开启电源开关，进行照射（图2-71）。治疗时间，每次15分钟。每次针刺照射2～3个部位。

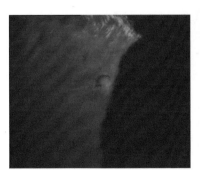

图2-71　氦氖激光治疗图

2. 二氧化碳激光治疗仪

图 2-72　二氧化碳激光治疗仪

二氧化碳激光波长 10.6 微米，属中红外光。用低功率密度的二氧化碳激光照射穴位，可对机体组织产生热效应，和艾灸所产生的热效应有类似之处，故又将其称为光灸。二氧化碳激光治疗仪也简称为光灸仪（图 2-72）。目前我国大陆所用二氧化碳激光治疗仪，多为 20 ～ 30 瓦二氧化碳激光束散光，输出形式为连续发射或脉冲发射，使它通过在棉板小孔照射到穴位上，发散角为 1 ～ 10 毫瓦弧度角。作为灸法，一般采用功率密度为 100 ～ 200毫瓦 / 厘米^{2}的二氧化碳激光，对哮喘、支气管炎、风湿性及类风湿关节炎、三叉神经痛、幼犬腹泻、伤口感染、过敏性鼻炎等均有良好的效果；而以较大功率密度行瘢痕灸或穴位烧灼、点射治疗，则对多种皮肤病、痢疾、肠炎以及某些关节外软组织损伤性疾患（如肩周炎、肱骨外上髁炎等）有良好效果。除此以外，二氧化碳激光治疗仪还被用于面部手术的穴位麻醉。

二氧化碳激光治疗仪使用方法如下。①首先打开水循环系统，并检查水流是否通畅，水循环系统如有故障，不得开机。②病犬取合适体位，以暴露治疗穴区或部位为原则。③检查并置各按钮于"0"位后，接通电源，依次开启低压、高压开关，并调激光器至最佳工作电流量。④缓慢调整激光器，按治疗需要而定。如为激光灸，使用散焦镜头，功率密度调至 100～200 毫瓦/厘米^2，角质层厚的部位可略高，但不宜超过 250 毫瓦 / 厘米^2；照射距离为 150 ～ 200 厘米，以局部舒适有温热感为宜，勿使之过热；每次治疗 10 ～ 15 分钟。如为瘢痕灸，使用聚焦镜头，功率密度 250 ～ 477 毫瓦 / 厘米^2；对准穴区作短暂烧灼，以局部皮肤呈灰白色为度。如为穴位烧灼，功率密度可更高。如以二氧化碳激光作点射治疗，所取穴区和病灶位置宜表浅，局部无重要血管神经，无穿入体腔之虞者，可用聚焦镜头，以输出功率密度 3 ～ 5 瓦 / 厘米^{2}的二氧化碳激光照射 5 ～ 15 秒。⑤治疗结束，按与开机相反顺序关闭各种机钮。但须注意，在关闭机组 15 分钟之内勿关闭水循环。

3. 氪激光治疗仪

氦-氖激光治疗仪的功率一般较小，若要进行较深较强刺激时，可改用氪激光治疗仪。其功率在 100 毫瓦左右，波长 6471 埃，红色激光，和氦-氖激光波长相近。若所使用的功率与氦-氖激光相近，其对生物组织的作用亦相似，若使用的功率较之大一些，则对穴区的刺激强度会大一些，作用会有所区别。

此外，还有氩激光，输出波长为 4880 ～ 5145 埃，为蓝绿色可见光，功率在 2 ～ 4 瓦。但作穴位照射应用时，需将功率经光导系统等衰减至 60 ～ 100 毫瓦。光点直径在 0.5 ～ 1 毫米，它尚可在光束照射过程中增添几个光脉冲，以加强治疗作用。氩激光治疗仪照射穴位时，大部分光为皮肤组织所吸收，仅有千分之几的光能透过皮肤，且进入皮肤后，光点散焦成一片。治疗时，患犬多无热、无痛、无其他感觉，但功率过大时可出现刺痛及导致皮肤色素沉着，应予避免。本仪器用于外伤性截瘫等有一定疗效。

4. 掺钕钇铝榴石激光治疗仪

本仪器亦可起光灸作用。二氧化碳激光治疗仪治疗时，激光束照射较为表浅，一般只有 0.2 毫米。在二氧化碳光灸仪的基础上，把光源改为掺钕钇铝榴石近红外激光，波长亦为 10.6 微米，但此激光进入皮下组织层时，有相当大的强度，可引起深部强刺激反应。

（三）注意事项

（1）照射部位的准确与否直接关系到疗效的好坏，因此当激光光源对准照射部位之后，应尽量保持病犬切勿移动，以避免照射不准，影响效果。

（2）激光照射的剂量必须掌握好，过小起不到治疗作用，过大则易发生头晕、恶心、乏力、嗜睡或烦躁、失眠、心悸，以至昏厥；有的还可出现轻度的腹胀、腹泻等。如有此类副作用，应及时处理。有此类情况的病犬，以后治疗时宜增加照射距离，或缩短照射的时间或次数。反应明显者，则须改用其他疗法。

（3）激光器放置位置须合理恰当，避免激光束射向人员频繁走动的区域。在激光辐射的方向上应安置必要的遮光板或屏风。

（4）在照射过程中，因为有反射的存在，以及有些激光是在红外线、紫外线光段而不能被肉眼所见，因此，操作人员除须穿工作服、戴白色工作帽外，与病犬一样还应配戴防护眼镜，以预防反射激光造成眼睛等的损害。

（5）无关人员不得进入激光治疗室，更不得直视激光束。

（6）操作人员应做定期检查，特别是对眼底视网膜的检查。

四、TDP、穴位磁疗与微波针疗法

（一）TDP

TDP 治疗仪是根据机体所需的几十种微量元素，通过科学配方涂制而成。在温热的作用下，能产生出带有各种元素特征信息的振荡信号，故命名为"特定电磁波谱"，"TDP"是它的汉语拼音缩写。TDP 治疗仪是一种高效、安全、简单的理疗型医疗器械（图 2-73）。

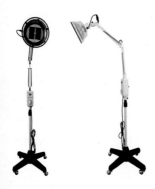

图 2-73　TDP 治疗仪

1. 功能

TDP 治疗仪的红外线热辐射对机体的治疗，能有效地疏通被阻塞或阻滞的微循环通道，促进机体对深部瘀血块和深部积液（水分子）的吸收。TDP 治疗仪产生出的各种元素的振荡信息，随红外线进入机体的同时，被带入机体，与相同元素产生共振，使机体中各种元素的活性被激活。元素所在的原子团、分子团和体内各种酶的活性得到提高，增强机体对缺乏元素的吸收，提高机体自身的免疫能力和抗病能力。

2. 特点

① 具有消炎镇痛、活血化瘀、舒筋活络，增强脑啡肽的分泌，

犬病针灸按摩治疗图解

持久镇痛的作用。

② 能迅速改善血液循环功能，促进微循环系统的通畅，促进血液循环。

③ 能提高机体内各种酶的活性，增强所缺乏元素的转换和吸收。增强胃肠功能。

④ 能提高机体自身的免疫功能，增强机体的抗病能力。

⑤ 能促进血液载氧率，增强脑细胞活力，改善睡眠质量。

3. 使用方法

① 接通电源，打开开关，预热 5 分钟。

② 保持照射部位皮肤裸露（图 2-74），将辐射头对准，调整其间距为 30 厘米左右。

③ 一般只用一个辐射头，如病损范围广，也可同时用 2 ～ 4 个辐射头。皮肤处温度维持在

图 2-74 TDP 治疗犬腰背部疾患

40℃治疗效果最好，温度过低疗效差，温度太高易灼伤皮肤。

④ 通常每次照射 30 ～ 60 分钟，每天 1 ～ 2 次，7 ～ 10 天为一个疗程。也可根据病情确定照射时间，或作长期保健性照射。

⑤ 治疗器应在规定条件下使用，保持其环境清洁，避免环境温度过高或过低或过度潮湿，以及勿在含有刺激性化学品与腐蚀性气体环境中使用。

⑥ 治疗器在使用中切勿剧烈转动、摇晃和震动，调节支臂伸缩及转动不得超过规定范围。

⑦ 治疗器较长时间不使用时，应将其置于干燥、清洁和无腐蚀性气体环境中保存。

4. 应用范围

（1）软组织损伤　肩周炎、腰肌劳损、腱鞘炎、急性软组织拉伤、扭伤、挫伤。

（2）骨骼病变　骨关节炎、风湿性关节炎、骨质增生、腰椎间盘

突出。

（3）神经系统及血液循环系统障碍性疾病 犬瘟热后遗症、颜面神经麻痹、后肢麻痹等。

（二）穴位磁疗

穴位磁疗法就是将磁性物体置于犬的一定穴位（包括反应点、病灶区等）上，进行适量刺激并达到防治疾病的目的。其主要有止痛、降压、镇静、消肿、消炎以及调整机体功能等多方面作用。其穴位的选择和一般针灸治疗的处方配穴大致相同，但最好能选择敏感点，对疼痛性病症，则多用局部穴。其有静磁法和动磁法两类。

1. 静磁法

一般是指采用永磁合金制成的器具进行穴位刺激。

（1）直接贴敷法 指将磁片或磁珠直接贴敷于腧穴或阿是穴（痛点、病灶区等）进行穴位刺激的一种方法，是临床穴位磁疗法中最常用的一种方法。先以75%酒精清洁消毒所选穴区，待干燥后置上磁片或磁珠，上盖一大于其表面积的胶布予以固定。贴敷较大型号的磁片时，为了避免压伤或擦破表皮，可在磁片与皮肤间夹一层纱布或薄纸。具体有以下几种直接贴敷法。

① 单磁贴敷法：指将一块磁片贴压于穴区或患部的方法。

② 双磁并贴法：是将两块磁片并列在一起的贴敷方法，适用于发病面积较大的部位，操作时可以同极磁块排列，亦可以异极磁块排列。若同极排列，可以使磁力线更深地透入患犬体内；但两块磁片需保持一定距离。若是异极排列，磁力线透入患犬体内较浅，两个磁片容易接近。这时体内有两种磁场进入。

③ 双磁对贴法：是利用南北极对称的两块磁片将病变部位或穴区点夹在中间的一种贴法。如内关与外关、阳陵泉与阴陵泉等穴相对贴敷。注意贴敷磁片要极性相反对置，另外要根据对贴的距离选择不同强度的磁片。

④ 多磁并贴法：是指将两块以上的磁片排列起来贴敷的一种方法。临床上适用于较大的体表肿瘤或较大面积的病变。

（2）间接贴敷法 它是指将永磁体磁片缝入衣服或放入布袋、皮带、塑料膜内而制成的磁衣、磁带、磁帽、护膝等，来进行治疗的一种方法。在穿戴上述物品时，注意使磁片对准穴位或病所。间接贴敷法适用于下列情况：对胶布过敏或不便粘贴的部位；磁片体积较大，不易用胶布固定；需长期治疗的慢性病症。间接贴敷前，应依据症情及取穴部位将磁片的数量和缝制的位置均作精确的估计，以使磁场能有效地作用，并达到最佳治疗效果。

（3）磁电法　较方便常用的是将 1500 高斯以上的两片磁片作为电极，固定于所选穴位上，再将电针仪的输出导线与磁片相连，通以脉冲电流进行治疗。电流强度由小逐渐增大，引起轻度刺痛感以病犬可耐受为度。波形可用连续波或疏密波。

2. 动磁法

动磁法又可分为手动磁法和电动磁法两种。

（1）手动磁法　本法主要用于附加型磁疗器具，如磁锟针、磁圆梅针等。

① 磁锟针法：治疗时以磁锟针的尖部垂直按压在选定的穴位上，同时给一定压力，每个穴位按压 3～5 分钟。可用于耳穴或体穴。按压的压力，耳穴约 100 克，体穴可重一些，以局部有胀、酸等感觉为宜。

② 磁圆梅针法：采用叩击法。以右手五指紧握针柄，右肘屈曲为 90°，依靠腕部活动形成叩击力量，可循经叩打，亦可叩打穴区或病灶区。以重叩、逆经叩打为泻；轻叩、顺经叩打为补。据病情而施轻、中、重三度刺法。轻叩以皮肤潮红为宜，中叩使局部微出血，重叩则可出血较多。每日或隔日 1 次。

（2）电动磁法

① 旋磁法：亦称旋转法。采用电动旋磁机的机头，直接对准穴位区。本机的机头前面装有保护罩，故可将机头直接靠近皮肤。为了使磁片转动后能有较强的磁场作用，其距离应尽量缩短，以不触及皮肤为限。四肢腕、肘、踝及爪部等组织不太厚的部位，注意应使机头之南北极向处于相反位置，使磁力线能穿越治疗的部位。具体操作时，病犬取坐位或卧位，充分暴露治疗部位。一般每个穴位或部位治疗 5～15 分钟，每次治疗 30 分钟左右（图 2-75）。

图 2-75　经络旋磁机

② 电磁法：采用交流电磁疗机治疗，因种类不同，方法亦有区别。

③ 低频交变磁疗法：依据刺激穴位所在的体表外形，选用合适的低频交变磁头，使磁头与穴区皮肤密切接触。由于磁头面积较大，最好用于病变局部的穴区或阿是穴的治疗。磁场强度，应按病变部位及病犬的情况而定，四肢及躯干远心端可用较高磁场强度。治疗时，令病犬取舒适体位，暴露需治疗的穴区或部位，据体表外形，选相应磁头。按要求，扭动磁强开关，指向"弱""中"或"强"。治疗过程中，局部有震动感和温热感为好。每次治疗 20 ～ 30 分钟。

④ 脉动磁疗法：病犬取卧位，暴露治疗穴区或部位，并使之处于两磁头之间，务使磁力线垂直穿过治疗部位。然后转动电流调节钮，逐步增加电流强度。治疗时间应据病情而定，20 分钟至 1 小时不等。

⑤ 电磁按摩法：又称电动磁按摩法。病犬取坐位或卧位，暴露穴区部位。将震动磁疗器或摩擦磁疗器置于其上，进行来回移动或局部震动刺激，每次治疗 20 ～ 30 分钟。

3. 注意事项

穴位磁疗法虽然比较安全，但也有一定副作用。副作用发生与犬年龄、体质、治疗部位、使用磁疗器具的种类、磁场强度等有关。其中以磁场强度大小影响较大。一般而言，中强磁片的副作用发生率在 2% 左右，强磁片的副作用发生率达 25%。磁疗器具的种类也有一定关系，磁片贴敷易发生副作用；旋磁法尽管也使用强磁片，然而因其作用时间短，副作用发生率只占 1% 左右。所以，使用贴敷法时，不主张开始使用强磁片，一般应在 1000 高斯的磁场强度以内。旋磁法副作用小，宜推广。

穴位磁疗法的副作用表现为头晕、嗜睡、失眠、兴奋等，个别尚可出现白细胞一过性减少或血压下降，局部发生水疱、瘀斑、疼痛或烧灼感等。副作用产生，快的可在几分钟内，慢则在几天以后。一般均较轻微，持续时间也不长，不需特殊处理，可以继续治疗。副作用较明显者，可以改换磁穴的腧穴、时间、强度或方法。对少数副作用持久不减者，宜暂时中断本疗法。停止治疗后，副作用很快会消失，无任何后遗症。钐钴及铈钴合金等永磁器材，均不存在放射性物质。另外，皮肤刺激反应明显者，可改用间接贴敷法或动磁法。

（三）微波针灸疗法

微波针灸是在毫针针刺的基础上，把微波天线接到针柄上，向穴位输入微波或直接照射腧穴以治疗疾病的一种方法。它综合了微波理疗和针灸的长处，是现代微波技术同传统的针灸方法相结合的产物。

1. 作用原理

微波是一种波长很短、频率很高、频率范围很宽的电磁波，在医用电磁波谱中，它位于超短波和长波红外线之间。微波具有特殊的产热作用，其热量均匀，热效率高，临床和实验还证明，它还有对神经、内分泌、心血管和消化系统的功能产生影响的热外效应。微波具有一定的光学性能，故可对人体组织进行局部照射，达到治疗效果。

2. 操作方法

（1）微波针灸　选用微波电针仪（图 2-76），接好仪器的电源、天线和各连接线，预热 3 分钟。将毫针刺入所选腧穴并行针得气后，把微波针灸仪的天线接到针柄上，并用支架固定好天线装置，再分别

图 2-76　微波电针仪

调节各路输出功率，使微波沿针输入穴位。

输出大小以患犬感到舒适为度。每穴每次 5～20 分钟。术后皮肤应有红晕或红斑。每日或隔日 1 次，10～15 次为 1 个疗程。

（2）微波穴位照射　选用微波电针仪，取局部腧穴或阿是穴，先开低压预热 3 分钟，再调整脉冲至治疗所需剂量，然后将定时开关顺时针旋至所需治疗时间，再置输出 U 针于腧穴上，最后调节微波输出功率至治疗量。每日或隔日 1 次，每次照射 10～15 分钟，急性病 3～6 次为 1 个疗程，慢性病 10～20 次为 1 个疗程。

3. 适应范围

微波的温热作用可以促进局部血液循环，改善营养状态，加强代谢过程，具有解痉、镇痛、防病等作用。因此，临床上多用来治疗风湿性关节炎、类风湿关节炎、颜面神经麻痹、偏瘫、软组织扭挫伤、腱鞘炎、乳腺炎、膀胱炎、胆囊炎、肌炎、盆腔炎、慢性支气管炎、术后疼痛或肠粘连等。

4. 注意事项

① 治疗必须在木质或其他不导电物质制成的床上或椅上进行。治疗区域及其附近不应有金属物品，否则容易引起灼伤。

② 使用时，天线内外导体之间不要发生碰撞，以免形成短路而烧毁仪器。

③ 靠近眼睛、睾丸、脑等部位的腧穴不宜用此法。

④ 有出血倾向的患犬、高热、治疗部位温度觉缺失、活动性肺结核及幼犬、老犬、孕犬，应忌用。

五、穴位埋置疗法

穴位埋置疗法是将吸附有药物的羊肠线（以下简称药线）埋入穴位，利用羊肠线对穴位的持续刺激和药物对穴位的作用来治疗疾病。国外有人在犬上穴位埋置黄金线，也收到了很好的疗效。穴位埋置疗法与现代医学的皮下植入疗法相似，因此也称穴位植入疗法。《灵枢·终始》云："久病者，邪气入深，刺此病者，深内而久留之"。《素问·离合真邪论》说："静以久留"，这是埋线法产生的理论基础。针刺"留针"的方法是用来加强巩固疗效的，留针后来又演变出埋针，用来进一步加强针刺效应，延长刺激的时间。埋线疗法正是在留针和埋针的基础上形成与发展的，穴位埋入药线疗法综合了针灸、留针、穴位注射、刺络放血等多种治疗方法，因此临床疗效显著。

（一）优势

① 与针灸比较，有针灸作用，但无针灸反复透皮的损害、疼痛。不行针，治疗次数少、节省时间、不繁琐。作用持久，不易复发。

② 与口服药比较，有药物作用，但无首过效应；无煎煮或经常服用的繁琐。药效集中专一、副作用少。

③ 与膏贴比较，有膏贴的局部作用与药物逐渐被吸收的优点，但比膏贴离治疗部位更近，是膏贴药物吸收的几百倍，药物利用率更高。

④ 与穴位注射（封闭）比较，有穴位注射的局部作用与药物被吸收后的作用；但比穴位注射作用的时间更长、更安全。

⑤ 与常规西药介入疗法比较，作用更全面，不仅有前者介入局部病灶的作用，本法还有穴位刺激的整体作用，有中医学特色。

（二）器具

弯头血管钳（36～42厘米）、持针钳、剪刀、无齿短镊、手术刀（尖头）或特制埋线针、药盘、药杯、注射针筒（5～10毫升）、针头（5～6号）、三角缝针（大号）各若干。铬制或纯"00""0"或"1""2"号肠线（或丝线、不锈钢环、某些药片，均需经高温高压消毒）。0.25%～1%普鲁卡因注射液、注射器、龙胆紫药水一小瓶、棉签（点定穴位用）、消毒用品及消毒胶皮手套等。

（三）适应证

慢性支气管炎、哮喘、胃及十二指肠溃疡等多种病症。

（四）主要穴区

以肌肉较丰厚的体穴为主，亦可取阿是穴等。

（五）操作方法

共分四种，即注线法、埋线针植入法、缝合针植入法及切开埋置法。

1. 注线法

（1）器具　9～12号腰穿针，将针芯前端磨平；0～1号肠线（粗细以能顺利穿进针孔为宜）等。

（2）方法　选好穴位之后，以龙胆紫做标记。常规消毒，在穴区作一局麻皮丘。然后，术者戴上胶皮手套，将经高压灭菌的腰穿针的针芯略退出，从针尖部将肠线插入孔内1～1.5厘米，剪断（针孔口不可露出肠线头）。快速将针刺入穴区，慢慢送针，略加提插探寻，至得气后，推按针芯，使肠线注入穴内，或边退针边注线。拔出针管，外敷以小方块消毒敷料。每次可注2～3穴，一般7～10天注线1次。

2. 埋线针植入法

（1）器具　埋线针、1～4号肠线等。

（2）方法　选好穴位，并进行标记、消毒及局麻。以直头止血钳夹住已灭菌的肠线（2～3厘米长）两端，将肠线的中部套在埋线针的尖端缺口内。助手绷紧进针部位皮肤，术者右手执埋线针，左手用直头钳拉紧肠线以免其滑出针尖缺口，对准穴位，迅速刺入。然后，缓慢送针，至有酸胀重等感觉时，放松直头钳，且把埋线针稍向前一推，肠线便植于穴内。起针，进针孔盖以消毒敷料。每次埋1～2个穴位，20天左右埋置1次。

此法操作简便，且可埋置各种型号较长的肠线，对穴位刺激比较强烈且更长久一些。但是在埋置时，只能进针不能退针，有时不易埋入满意的得气部位，且可能在进针过程中，因肠线脱开针尖缺口造成埋置失败。

犬病针灸按摩治疗图解

3. 缝合针植入法

（1）器具　医用三棱皮肤缝合针和持针器等。

（2）方法　选定穴位，在距穴位两侧各 1～2 厘米处分别作局麻皮丘。视病情不同，取不同型号三棱缝合针穿双股或四股肠线，左手拇指和食指绷紧或捏起皮肤，右手用持针器挟持缝合针从一侧皮丘刺入，深达皮下组织或肌肉，再从对侧局麻点穿出。可来回牵拉肠线数下，以加强刺激。略捏起两针孔间皮肤，将露在皮外的肠线紧贴皮肤剪断，使肠线两头完全埋入皮下。注意切不可让线头露出针孔，以免感染。在针孔处盖以消毒敷料。每次可取 1～2 穴，20 天左右埋置 1 次（图 2-77）。

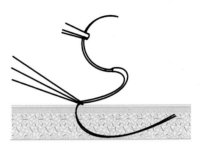

图 2-77　穴位埋置法

本法亦较简便，且刺激范围广，但埋置较浅表，难以深入到针感强的组织。

4. 切开埋置法

（1）器具　手术刀柄一把、刀片若干、缝合线、小号弯形皮肤缝合针 1 根、止血钳数把等。

（2）方法　选好穴位，并进行标记、消毒及局麻。铺上洞巾，用手术刀把皮肤切开约 1 厘米长的口，深至皮下。以止血钳分离皮下组织，直至穴位深处。可用止血钳反复按摩数次，以增强感应。按摩次数及轻重程度，视病情而定。

①埋线（物）法：在上述操作后将 0.5～1 厘米长的羊肠线 4～5 根或其他埋置物埋于肌层内，注意不埋在脂肪层或埋置过深，以防感染，切口用丝线缝合，盖上消毒纱布，5～7 天后拆掉丝线。

②结扎法：在用止血钳弹拨刺激刀口 40～50 下后，将穿有羊肠线的缝针从切口处刺入，经穴位的浅层组织（达肌层上、脂肪层下），再从切口穿出，将二线头适当拉紧打结（外科结）。如切口较大，可用丝线缝合一针，盖上消毒纱布，包扎 5～7 天后拆线。可按

不同需要，采用不同结扎方法。一般 3 周至 1 个月结扎一次，可根据体质情况适当缩短或延长结扎间隔时间。

（六）注意事项

穴位埋置后，机体可出现某些反应，应注意鉴别正常反应和异常反应。

（1）正常反应　有局部反应与全身反应两种。前者可由于刺激损伤及羊肠线（异性蛋白）刺激，1～5 天局部可出现红、肿、痛、热等无菌性炎症反应。反应较重的可见切口处羊肠线刺激脂肪引起液化，有少量乳白色渗液，均属正常现象，一般不需处理。若渗液较多凸出于皮肤表面时，可将乳白液挤出，用 75% 酒精棉球擦去，覆盖消毒纱布。施术后患肢局部体温也会升高，可持续 3～7 天，一般有上述反应者疗效较佳，反之则差。后者则是少数病犬治疗后 4～24 小时出现体温升高，一般 38℃ 左右或更高，持续 2～4 天能自行恢复正常。治疗后一般均有白细胞计数及中性粒细胞不同程度的增高现象。

（2）异常反应　常见的有以下几种。

① 疼痛：治疗后如伤口剧烈疼痛或肢体麻痛，为结扎过紧，需将羊肠线剪断，使结扎松解。

② 感染：少数病犬因治疗中无菌操作不当或伤口保护不好，造成感染，多在治疗后 3～4 天出现局部红肿，疼痛加剧，并可伴有发热。应予局部处理及抗感染处理。

③ 出血：多因刺激过重或缝针刺破血管所致，一般加压包扎即可止血。若加压仍不能止血者，可在出血处用丝线结扎血管，并将羊肠线抽掉。

④ 过敏：个别病犬对麻醉药或羊肠线过敏，表现局部瘙痒、红肿或全身发热等反应。个别切口处有脂肪液化，继而肠线溢出。对此可给予抗过敏治疗，过敏严重者则须改用其他方法治疗。

⑤ 神经损伤：如感觉神经损伤，会出现神经分布区皮肤感觉障碍；运动神经损伤，会出现所支配的肌肉群瘫痪，是由于操作不当，刺激过重，或扎住神经血管所致，必须引起注意。

a. 要严格注意无菌操作，对孕犬不宜使用。

b. 本法在同一个穴位上作多次治疗时，应稍偏离前次治疗的部位。结扎时应避开血管和神经。

c. 脊柱旁、腰骶部穴位和肌肉萎缩的肢体均宜用穿线法或埋线法。

d. 在肌腹和肌腱处施术，一般须先进行穴位按摩，然后埋线或结扎。肌肉松弛者宜用结扎法，结扎的松紧程度视肌肉松弛的情况而定。肌肉痉挛者须先按摩，次数可多些，一般只用埋线，不作结扎。

e. 未用完的羊肠线可浸泡在 75% 酒精中，或用新洁尔灭处理；临床再用时应用盐水浸泡，以免在组织内液化。

六、针刺镇痛术

针刺镇痛术也称针刺麻醉，是指用针刺的方法防止和治疗疼痛的一种方法（图 2-78）。它是在传统针刺治疗疼痛的基础上，结合现代麻醉临床实践发展起来的一种有效技术。由于其作用类似于现代医学的麻醉作用，故也称针刺麻醉。尽管研究表明，针刺麻醉尚有镇痛不全、不能完全消除内脏牵拉反应与个体差异较大等不足；但针刺麻醉在手术中所体现的优势却是不可否认的。如针刺麻醉具有抗创伤性休克、抗手术感染和促进术后创伤组织修复等作用，对生理干扰少，利于术后恢复。有鉴于此，人们积极开展了针药复合麻醉研究，实践证明其具有明显的优势。①镇痛效果显著加强，基本实现患犬在手术中处于良好的镇痛状态，还可减少术后痛的发生。②麻醉药物用量明

图 2-78　犬电针麻醉

显减少（一般减少 1/3 左右），药物副作用也随之减少。③麻醉效果优良率与手术成功率明显提高。④生理干扰少，副作用与并发症少，术后恢复快。

（一）针刺镇痛的一般规律

（1）针刺镇痛的特点　针刺既能镇急性痛，又能镇慢性痛；针刺既能抑制体表痛，又能减轻乃至消除深部痛和牵涉痛；针刺既能提高痛阈和耐痛阈，又能减低疼痛的情绪反应；针刺既能减低痛觉分辨率，又能提高报痛标准。

（2）针刺镇痛的强度　在适宜的针刺刺激条件下，针刺可使正常机体痛阈和耐痛阈提高达 65% ～ 180%。

（3）针刺镇痛的范围　针刺具有全身性的镇痛作用，但穴位与针刺镇痛部位之间有相对的特异性。

（4）针刺镇痛的时程　机体从针刺开始至痛阈或耐痛阈升高至最大值，一般需 20 ～ 40 分钟。继续运针或通电刺激，可使镇痛作用持续保持在较高水平上。停针后，其痛阈呈指数曲线形式恢复，半衰期为 16 分钟左右。

（二）针刺麻醉

1. 术前准备

针麻术实施前，必须从两个方面进行准备：一是术前预测；二是试针。

（1）预测　是通过测定病犬针刺诱导前后某些生理指标的变化，来估计其针麻效果，作为麻醉选择的依据之一。目前主要的方法如下。

① 皮肤感觉 - 知觉阈测定，包括触觉阈、痛阈和耐痛阈、两点辨别阈等。

② 自主神经系统机能状态测定：常用的指标有皮肤温度测定、眼心反射测定、肾上腺素皮内试验、呼吸节律波、指端脉搏容积波、心率、皮肤电变化等。

③ 其他如血液中相关的生物活性物质、体液的一些指标、通过

相关量表测定的心理学指标亦与犬体的痛反应能力相关，可以作为术前预测的参考。

实际运用中，经常以多个指标进行检测，相互参考，以尽可能做出合理的判断。

（2）试针　是在针麻效果术前测试的基础上，选择几个穴位进行针刺，以了解犬的针刺得气情况和对针刺的耐受能力。在条件许可下，手术前应试针，以便手术时采取适当的刺激方式和给予适当的刺激量。对于过去没有接受过针刺的病犬，经过试针后可以解除其对针刺的恐惧，以配合手术的进行。

2. 穴位选择

根据针刺选择的部位不同，针麻可分为体针麻醉、耳针麻醉、面针麻醉、头针麻醉等，而兽医应用的主要是体针麻醉。

（1）取穴原则　通常选用四肢和躯干经穴组成"针麻处方"，其主要遵循以下4个原则。①循经取穴，根据经络学说选取经脉循行经过手术切口或其附近，以及与手术脏腑相关的经脉上的相应穴位，尤其是相关的特定穴。如输穴、合穴、原穴、络穴、郄穴和一些交会穴的镇痛效应较好。②辨证取穴，根据病变和手术所涉及的部位、术中可能出现的各种证候选择相关的穴位。这里的证与患犬的病症不同，主要是指手术可能引起的一组症状。③同神经节段取穴，是依据神经解剖学知识，选取和手术部位同一节段或邻近节段神经分布区的穴位。④经验取穴，是指选取临床易得气、针感较强、操作方便的穴位，如百会、后三里、合谷、内关等。

（2）常用手术的针麻参考处方

头部手术：①山根、天门；②翳风、山根。

颈部手术：①天门、身柱；②天门、抢风；③百会、身柱。

胸部手术：抢风为主，配天门、天平、百会或身柱。

剖腹手术：①以百会为主，可配天平、身柱、尾根或关元俞、后海、三阳络、后三里等，每组两穴；②以天平为主，可与尾根、关元俞、抢风等相配，每组两穴；③以关元俞为主，配大肠俞或翳风、三焦俞、百会等。

后肢、会阴部、尿道、去势等手术：以百会为主，可与后海、尾根、后三里等相配，每组两穴。多以局部和神经干走向取穴为主。

前肢手术：以抢风穴为主，适当配合手术部位附近的穴位。

3. 刺激方式

依据所用器具的不同，针麻的刺激方式主要有手针式、电针式、经皮电刺激式 3 种。

（1）手针式　是指针刺得气后，以手指运针的方法来维持对穴位的适宜刺激，获得持续的得气感。运针频率在每分钟几十次至两百多次，捻转幅度在 90°～360°，提插幅度在肌肉丰厚处约 10 毫米。手针式优点是可以随时根据施术者的手下针感，调整运针的方法和强度，以维持良好的得气状态。目前已有电动捻针机代替人手捻针，或手法运针仪代替手法运针（图 2-79，图 2-80）。

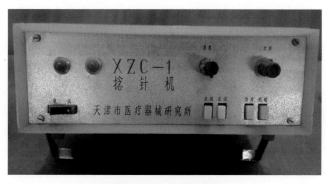

图 2-79　电动捻针机

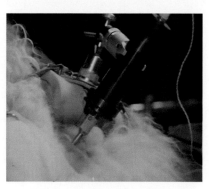

图 2-80　电动捻针疗法

（2）电针式　是指针刺得气后，采用电针仪给针体上施加一定的脉冲电流，利用其脉冲电流来维持针感的方式。电脉冲的频率多采用2赫兹和100赫兹等。其优点在于能获得相对稳定的刺激，并可以对刺激量进行定量控制；但不能体现手下针感，不能及时调整针的角度和深度，且易产生针刺耐受（图2-81）。

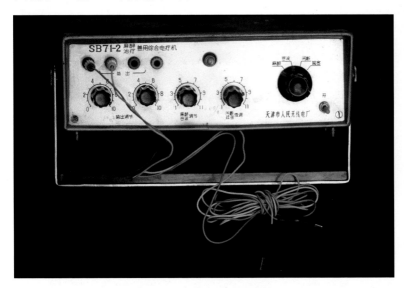

图 2-81　电针治疗镇痛仪

（3）经皮电刺激式　是指通过特定的电极而不是针灸针，作用于特定部位来获得镇痛效果的一种方法。它与电针式的区别就在于，后者是通过针灸针刺入穴位起作用，而前者则不用针刺，只是经皮电刺激而已。两者所用脉冲电流也有不同，经皮电刺激多用为高频率、小波宽的脉冲电，而电针多为低频率、大波宽的脉冲电，但两者均可取得良好的镇痛效果。由于经皮电刺激不用扎针，不会发生弯针、断针等事故，比较简便、安全，一般犬的主人在兽医师的指导下，在家就可以用于犬一些疼痛性疾病等的治疗或保健（图2-82）。

（三）针药复合麻醉

1. 常见方法

（1）针刺-硬膜外复合麻醉　针刺配合小剂量硬膜外药物麻醉。

硬膜外穿刺部位可选择相关的胸椎间隙，向头端插管 3 厘米留置。针刺诱导 5 分钟后先注入麻醉药物 5 毫升，再过 15 分钟后开始手术。若镇痛效果不佳，可每隔 15 分钟追加 3 毫升药物，直到效果满意为止，以确保手术顺利进行。麻醉药物通常选用 2% 的利多卡因或利多卡因与 0.3% 的盐酸地卡因混合剂。此法多用于胃部手术。

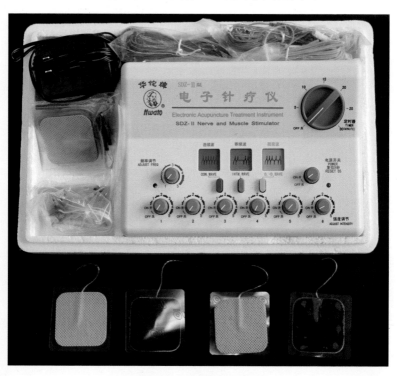

图 2-82　经皮电针治疗仪

（2）针刺 - 气体复合麻醉　即针刺配合小剂量气体麻醉药麻醉。针刺诱导后给氧化亚氮和氧气各半的混合气体，穴位刺激可连续数小时。这种方法镇痛效果良好，可使痛觉减弱维持较久，减少麻醉药物用量，术中、术后患犬循环系统功能保持相对稳定，各种生理功能也很少受到抑制，术后很少使用镇痛药，康复较快。适合于需要全身麻醉的大手术。

（3）针刺 - 硫喷妥钠复合麻醉　是针刺合并硫喷妥钠肌内注射的一种麻醉方法。可先行肌内注射 2.5% 硫喷妥钠 15 ～ 20 毫克 / 千克作为基础麻醉，再行针刺麻醉。用硫喷妥钠肌内注射作为基础麻醉，操作简单，效果稳定，诱导迅速平稳，但对疼痛刺激仍有反应，需借助于针刺穴位来镇痛。硫喷妥钠可引起呼吸抑制，麻醉过程应严密监护。

（4）针刺 - 局部复合麻醉　是指在针刺相关穴位镇痛的基础上，多次小剂量注射麻醉药物作局部浸润或阻滞，从而达到局部麻醉效果的方法。适用于通常情况下仅用针麻或局麻能完成的手术。

2. 药物选择

针麻与药物配合，并非都是增强作用，既有增效与减效的，也有影响不明显的，在针药复合麻醉中应注意选择。

（1）针刺镇痛增效药　共 16 种，如芬太尼、羟哌氯丙嗪、哌替啶、灭吐灵等。分属于阿片受体激动剂、多巴胺受体拮抗剂、5- 羟色胺释放剂，药物与针刺镇痛的强度和 / 或后效应之间呈剂效关系；阿片受体激动剂，多巴胺受体拮抗剂（如氟哌啶）或 5- 羟色胺释放剂（芬氟明）联合应用，可进一步提高针刺镇痛效应。

（2）针刺镇痛减效药　氯胺酮、安定、非那更、氯丙嗪、泰尔登等药物对针刺镇痛具有拮抗作用，其间也呈剂效关系。

（3）无影响药物　舒必利、泰必利、阿托品等药物，对针刺镇痛作用影响不明显。

第三章

腧 穴 篇

本书共介绍穴位 94 个，其中头颈部穴位 20 个，躯干及尾部穴位 39 个，前肢部穴位 18 个，后肢部穴位 17 个。

第一节
头颈部穴位

1. 分水 Fenshui（人中 Renzhong、水沟 Shuigou）

【定位】位于鼻唇沟中上 1/3 交界处（图 3-1，图 3-2）。1 穴。

【解剖】由鼻唇提肌与口轮匝肌构成其穴位解剖学基础，周围分布有上唇动、静脉和眶下神经、眼神经分支。

【取穴】于鼻唇沟中上 1/3 处取穴。

【手法】以毫针或三棱针直刺 0.5 厘米。

【主治】中风，中暑，咳嗽，休克。

2. 山根 Shangen（素髎 Suliao）

【定位】位于鼻背正中有毛与无毛交界处（图 3-1，图 3-2）。1 穴。

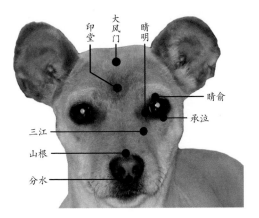

图 3-1　头部部分穴位

图 3-2　头颈部穴位（一）

【解剖】刺入鼻唇提肌、鼻背静脉丛，周围分布有鼻背动脉和眶下神经鼻外支。

【取穴】于鼻背有毛与无毛处的正中线上取穴。

【手法】三棱针点刺 0.2 ～ 0.5 厘米，出血。

【主治】中风，中暑，感冒，发热。

3. 三江 Sanjiang

【定位】位于内眼角下方的眼角静脉上（图 3-1，图 3-2）。左右侧各 1 穴。

【解剖】刺入眼角静脉，有眼角动脉伴行。

【取穴】 于内眼角下方的眼角静脉上取穴。

【手法】三棱针点刺 0.2 ～ 0.5 厘米，出血。

【主治】便秘，腹痛，目赤肿痛。

4. 承泣 Chengqi

【解剖定位与取穴】下眼眶上缘中部的眼球与眼眶之间处，左右眼各 1 穴（图 3-1，图 3-2）。

【手法】上压眼球，用毫针沿眼眶向内下方刺入 2 ～ 4 厘米。

【主治】急慢性结膜炎，角膜炎，视神经萎缩，视网膜炎，白内障。

5. 睛明 Jingming（睛灵 Jingling）

【解剖定位与取穴】内眼角的上、下眼睑交界处，左右眼各 1 穴（图 3-1，图 3-2）。

【手法】外压眼球，用毫针沿眶内直刺 0.2 ～ 0.5 厘米。

【主治】结膜炎，角膜炎，瞬膜肿胀。

6. 睛俞 Jingshu（眉神 Meishen）

【解剖定位与取穴】上眼睑正中，额骨眶上突正下缘，左右眼各 1 穴（图 3-1，图 3-2）。

【手法】下压眼球，用毫针沿上眼眶与眼球之间向内上方刺入 1 ～ 1.5 厘米。

【主治】结膜炎，角膜炎，虹膜炎，角膜溃疡。

7. 大风门 Dafengmen

【解剖定位与取穴】头顶部，顶额脊分叉处，1 穴。用手自上向下触摸取穴（图 3-1 ～图 3-3）。

【手法】艾灸。

【主治】感冒，意识不清，癫痫，破伤风。

8. 印堂 Yintang

【解剖定位与取穴】两眼眶上突连线的中点处，1 穴（图 3-1 ～图 3-3）。

【手法】毫针自上而下平刺 1 ～ 1.5 厘米，或艾灸。

【主治】感冒，意识不清，癫痫。

9. 太阳 Taiyang

【解剖定位与取穴】外眼角后约 1.5 厘米处血管上，左右侧各 1 穴（图 3-2，图 3-3）。

【手法】小宽针或三棱针顺血管刺 0.3 ～ 0.5 厘米，出血。

【主治】眼病。

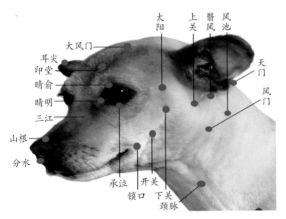

图 3-3　头颈部穴位（二）

10. 锁口 Suokou（地仓 Dicang）

【解剖定位与取穴】口角后约 0.5 厘米，口轮匝肌后缘，左右侧各 1 穴（图 3-2 ～图 3-4）。

【手法】毫针顺口角微向后上方斜刺 1 ～ 2 厘米。

【主治】面部肌肉抽搐或麻痹。

11. 开关 Kaiguan（大迎 Daying）

【解剖定位与取穴】口角后上方咬肌前缘，左右侧各 1 穴（图

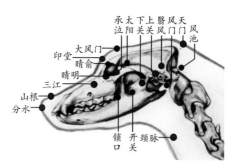

图 3-4　头颈部穴位（三）

3-2～图 3-4）。

【手法】毫针向后上方或前下方斜刺 2～3 厘米。

【主治】牙关紧闭，面神经麻痹。

12. 翳风 Yifeng

【解剖定位与取穴】耳基部，下颌关节后下方凹陷中，左右侧各 1 穴；于耳后，乳头与下颌骨之间的凹陷中取穴（图 3-2～图 3-4）。

【手法】毫针直刺 1～3 厘米。

【主治】颜面神经麻痹，耳聋。

13. 上关 Shangguan

【解剖定位与取穴】咬肌后上方与颧弓背侧间的凹陷中，左右侧各 1 穴。在开口时，于颧弓上方与下颌关节突的关节囊内取穴（图 3-2～图 3-4）。

【手法】毫针直刺 3 厘米，或艾灸。

【主治】颜面神经麻痹，耳聋。

14. 下关 Xiaguan

【解剖定位与取穴】咬肌后缘中部，下颌关节下方与下颌骨角间的凹陷中（与上关相对），左右侧各 1 穴。闭口时，在上关斜下方，颧弓与下颌切迹形成的凹陷中取穴（图 3-2～图 3-4）。

【手法】毫针直刺 3 厘米或艾灸。

【主治】颜面神经麻痹。

15. 耳尖 Erjian

【解剖定位与取穴】耳廓背侧的耳缘静脉上，左右侧耳各 1 穴（图 3-2，图 3-6）。

【手法】三棱针或小宽针顺血管点刺出血即可。

【主治】中暑，感冒，疝痛，休克，中毒等。

16. 天门 Tianmen（风府 Fengfu）

【解剖定位与取穴】头部枕骨后缘正中，1 穴。于两耳后缘连线与背中线相交处取穴（图 3-2～图 3-4，图 3-6）。

【手法】毫针直刺 1～3 厘米，或艾灸。

【主治】发热，脑炎，四肢抽搐，癫痫。

17. 风池 Fengchi

【解剖定位与取穴】耳后枕骨后缘寰椎翼上方的凹陷中，左右侧各 1 穴。于枕骨后缘寰椎翼前缘直上方的凹陷中取穴（图 3-2～图 3-4，图 3-6）。

【手法】毫针直刺 1～1.5 厘米。

【主治】感冒，颈部风湿。

18. 廉泉 Lianquan

【解剖定位与取穴】下颌正中线上，喉头上方舌骨上缘交界的凹陷中，1 穴（图 3-5）。

【手法】毫针由下向上直刺 2～3 厘米。

【主治】舌下肿，流涎，舌运动或吞咽障碍。

19. 喉俞 Houshu

【解剖定位与取穴】颈部腹侧，第三、四气管环之间的两侧凹陷处或腹侧中线，1 穴（气管切开）（图 3-5）。

【手法】毫针平刺或斜刺 0.5～1.5 厘米或腹侧中线气管切开，插入气管导管。

【主治】慢性气管炎，肺热咳嗽，呼吸困难。

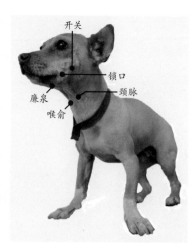

图 3-5 头颈部穴位（四）

20. 颈脉 Jingmai

【解剖定位与取穴】颈部旁侧面，颈静脉沟"中上"1/3 处的颈外静脉上，左右侧各 1 穴（图 3-2～图 3-5）。

【手法】用颈绳或徒手压迫使颈外静脉怒张，中宽针针锋平行血管刺入 0.5～0.8 厘米，出血。根据需要控制出血量，及时止血。

【主治】脑炎，中暑，中毒，肺充血。

❦⊱⊰ 第二节 ⊱⊰❦

躯干及尾部穴位

21. 大椎 Dazhui

【解剖定位与取穴】第七颈椎与第一胸椎棘突之间凹陷中，1 穴（图 3-6，图 3-7）。上下活动头颈，在动与不动交界处，低头时取穴。

【手法】毫针顺棘突方向刺入 2～4 厘米，或艾灸。

【主治】发热，风湿，神经痛，癫痫，支气管炎。

22. 陶道 Taodao（丹田 Dantian）

【解剖定位与取穴】位于第一、二胸椎棘突之间凹陷处，1 穴（图 3-6，图 3-7）。在大椎穴后第一个凹陷中取穴。

【手法】毫针沿棘突方向刺入 2～4 厘米，或艾灸。

【主治】肩部扭伤，前肢扭伤，神经痛，发热，癫痫。

23. 身柱 Shenzhu（鬐甲 Qijia）

【解剖定位与取穴】第三、四胸椎棘突之间的凹陷中，1 穴（图

犬病针灸按摩治疗图解

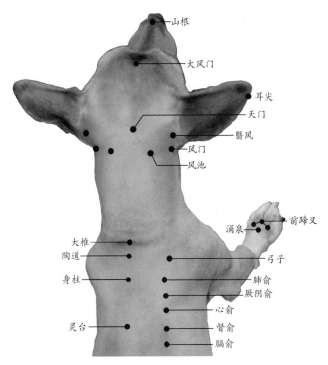

山根
大风门
耳尖
天门
翳风
风门
风池

前蹄叉
涌泉

大椎
陶道
身柱

灵台

弓子
肺俞
厥阴俞
心俞
督俞
膈俞

图 3-6　头背部部分穴位

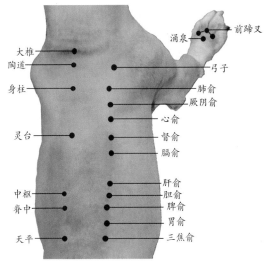

前蹄叉
涌泉

大椎
陶道
身柱

灵台

中枢
脊中

天平

弓子
肺俞
厥阴俞
心俞
督俞
膈俞

肝俞
胆俞
脾俞
胃俞
三焦俞

图 3-7　背部穴位（一）

3-6，图 3-7）。在大椎穴后第三个凹陷中取穴。

【手法】毫针沿棘突方向刺入 2 ～ 4 厘米。

【主治】肺炎，支气管炎，肩部扭伤，神经痛，咳嗽。

24. 灵台 Lingtai（苏气 Suqi）

【解剖定位与取穴】第六、七胸椎棘突之间的凹陷中，1 穴（图
3-6，图 3-7）。于身柱后第三个凹陷中取穴，或者天平穴向前数第六
个凹陷中取穴。

【手法】毫针顺棘突方向刺入 1 ～ 3 厘米，或艾灸。

【主治】肺炎，胃痛，肝炎，支气管炎。

25. 中枢 Zhongshu

【解剖定位与取穴】第十与第十一胸椎棘突之间的凹陷中，1 穴。
于灵台后第四个凹陷中取穴，或于天平向前第三个凹陷中取穴（图
3-7，图 3-8）。

【手法】毫针沿棘突方向刺入 1 ～ 2 厘米或艾灸。

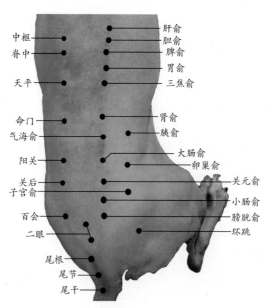

图 3-8 背部穴位（二）

【主治】食欲减退，胃炎。

26. 脊中 Jizhong

【解剖定位与取穴】第十一与第十二胸椎棘突之间的凹陷中，1穴（图3-7，图3-8）。中枢向后数第一个凹陷中取穴，或天平前第二个凹陷中取穴。

【手法】毫针沿棘突方向刺入0.5～1厘米，或艾灸。

【主治】少食，消化不良，腹泻，肝炎。

27. 天平 Tianping（悬枢 Xuanshu）

【解剖定位与取穴】第十三胸椎与第一腰椎棘突之间凹陷中，1穴（图3-7，图3-8）。沿最后肋骨后缘向上摸到第十三胸椎棘突，在第十三胸椎与第一腰椎棘突间的凹陷中取穴。

【手法】毫针沿棘突方向刺入1～3厘米，或艾灸。

【主治】风湿病，腰部扭伤，消化不良，腹泻。

28. 命门 Mingmen（肾门 Shenmen）

【解剖定位与取穴】第二、三腰椎棘突之间的凹陷中，1穴（图3-8，图3-9）。天平后第二个凹陷中取穴，或百会向前数第五个凹陷中取穴。

【手法】毫针沿棘突方向刺入1～3厘米，或艾灸。

【主治】风湿病，腰部扭伤，慢性肠炎，阳痿，肾炎，腹泻，尿血。

29. 阳关 Yangguan（腰阳关 Yaoyangguan）

【解剖定位与取穴】第四、五腰椎棘突之间凹陷中，1穴（图3-8～图3-10）。于百会前第三个凹陷中取穴。

【手法】毫针沿棘突方向刺入1～3厘米，或艾灸。

【主治】性功能减退，子宫内膜炎，风湿病，腰部扭伤。

30. 关后 Guanhou

【解剖定位与取穴】第五、六腰椎棘突之间的凹陷中，1穴（图

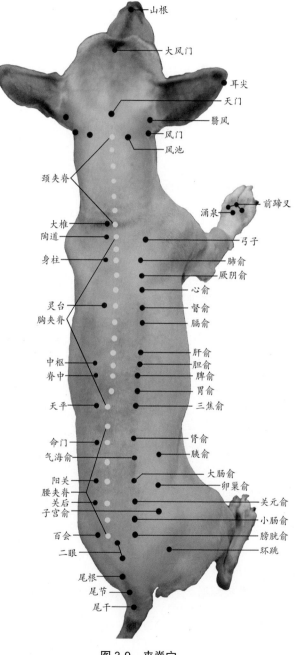

山根

大风门

耳尖

天门

翳风

风门

风池

颈夹脊

涌泉

前蹄叉

大椎

弓子

陶道

肺俞

身柱

厥阴俞

心俞

督俞

灵台

膈俞

胸夹脊

肝俞

胆俞

中枢

脾俞

脊中

胃俞

天平

三焦俞

命门

肾俞

气海俞

胰俞

阳关

大肠俞

腰夹脊

卵巢俞

关后

关元俞

子宫俞

小肠俞

百会

膀胱俞

二眼

环跳

尾根

尾节

尾干

犬病针灸按摩治疗图解

图 3-9　夹脊穴

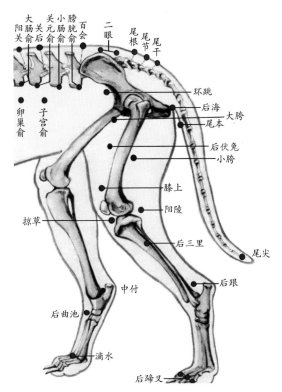

大肠俞 关后俞 小肠俞 膀胱俞 百会 二眼 尾根 尾节 尾干

环跳
后海 大胯
尾本
后伏兔
小胯

卵巢俞 子宫俞

膝上
阳陵
后三里
尾尖

掠草

后跟

中付

后曲池

滴水

后蹄叉

图 3-10　犬后躯穴位

3-8 ～图 3-10）。于百会前第二个凹陷中取穴。

【手法】毫针直刺 1 ～ 2 厘米，或艾灸。

【主治】子宫内膜炎，卵巢囊肿，膀胱炎，大肠麻痹，便秘。

31. 百会 Baihui（十七椎 Shiqizhui）

【解剖定位与取穴】第七腰椎棘突与荐骨之间的凹陷中，1 穴（图
3-8 ～图 3-10）。于腰荐十字部凹陷中取穴。

【手法】毫针直刺 1 ～ 2 厘米，或艾灸。

【主治】坐骨神经痛、后躯瘫痪、直肠脱出、腰胯闪伤。

32. 夹脊 Jiaji

【解剖定位与取穴】第一颈椎至第七颈椎（称颈夹脊）及第一胸

椎至第七腰椎（称胸腰夹脊）各棘突后旁开 1.5 ～ 3 厘米（图 3-9）。

【手法】常用于按摩，或毫针向脊中线直刺或斜刺 1 ～ 1.5 厘米，间断针刺 3 ～ 4 针，或艾灸。

【主治】通利气血，调理脏腑，颈胸腰部扭伤和风湿及其椎间盘疾病。

33. 二眼 Eryan（上髎 Shangliao，次髎 Ciliao）

【解剖定位与取穴】第一、二背荐孔处，每侧各 2 穴（图 3-8 ～ 图 3-10）。于百会后第一、二凹陷处，旁开一指取穴。

【手法】毫针直刺 1 ～ 1.5 厘米，或艾灸。

【主治】腰胯疼痛，后肢瘫痪，子宫疾病。

34. 尾根 Weigen（腰奇 Yaoqi）

【解剖定位与取穴】最后荐骨与第一尾椎棘突之间的凹陷中，1 穴（图 3-8 ～ 图 3-10）。上下活动尾巴，于"动与不动"的荐尾交界处的凹陷中取穴。

【手法】毫针直刺 0.5 ～ 1 厘米，或艾灸。

【主治】后躯瘫痪，尾麻痹，脱肛，便秘或腹泻，腰背神经麻痹。

35. 尾本 Weiben

【解剖定位与取穴】尾根腹面正中的血管上，1 穴（图 3-10，图 3-11）。于尾根腹面正中的血管上取穴。

【手法】三棱针直刺 0.5 ～ 1 厘米，或艾灸。

【主治】腹痛，尾神经麻痹，腰部风湿。

36. 尾节 Weijie

【解剖定位与取穴】第一、二尾椎棘突之间的凹陷中，1 穴（图 3-8 ～ 图 3-10）。

【手法】毫针直刺 0.5 ～ 0.8 厘米，或艾灸。

【主治】后躯瘫痪，尾麻痹，脱肛，便秘或腹泻。

37. 尾尖 Weijian

【解剖定位与取穴】尾巴尖端处，有尾动、静脉与尾神经分布，1穴（图3-10）。于尾尖部取穴。

【手法】用三棱针从末端直刺0.5～0.8厘米，或小宽针挑刺尾尖。

【主治】中风，中暑，胃肠炎。

38. 后海 Houhai（长强 Changqiang）

【解剖定位与取穴】尾根与肛门之间的凹陷中，1穴（图3-10，图3-11）。

【手法】毫针向前上方刺入1～3厘米。

【主治】腹泻，直肠麻痹，肛门括约肌麻痹，阳痿。研究证实，后海注射疫苗，可以起到减量增效的作用。

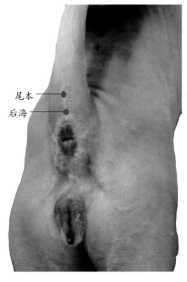

图 3-11　后海与尾本

尾本

后海

39. 肺俞 Feishu

【解剖定位与取穴】第三或倒数第十肋间，背最长肌与髂肋肌之间的肌沟中，左右侧各1穴（图3-12，图3-13）。

【手法】毫针沿肋间向内下斜刺1～2厘米，或艾灸。

【主治】肺炎，支气管炎。

40. 厥阴俞 Jueyinshu

【解剖定位与取穴】第四或倒数第九肋间，背最长肌与髂肋肌之间的肌沟中，左右侧各1穴（图3-12，图3-13）。

【手法】毫针沿肋间向内下斜刺1～2厘米，或艾灸。

【主治】心脏病，呕吐，咳嗽。

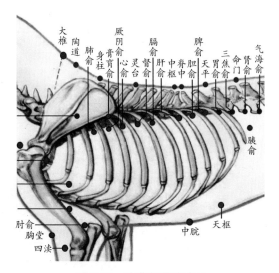

图 3-12　胸背部骨骼腧穴

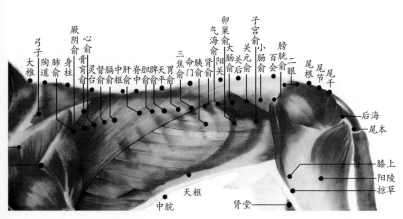

图 3-13　背肌肉部穴位

41. 心俞 Xinshu

【解剖定位与取穴】第五或倒数第八肋间，背最长肌与髂肋肌之间的肌沟中，左右侧各 1 穴（图 3-12，图 3-13）。

【手法】毫针沿肋间向内下斜刺 1～2 厘米，或艾灸。

【主治】心脏疾患，癫痫。

42. 督俞 Dushu

【解剖定位与取穴】第六或倒数第七肋间，背最长肌与髂肋肌之间的肌沟中，左右侧各1穴（图3-12，图3-13）。

【手法】毫针沿肋间向内下斜刺1～2厘米，或艾灸。

【主治】心脏疾患，腹痛，膈肌痉挛。

43. 膈俞 Geshu

【解剖定位与取穴】第七或倒数第六肋间，背最长肌与髂肋肌之间的肌沟中，左右侧各1穴（图3-12，图3-13）。

【手法】毫针沿肋间向内下斜刺1～2厘米，或艾灸。

【主治】慢性出血性疾患，膈肌痉挛。

44. 肝俞 Ganshu

【解剖定位与取穴】第九或倒数第四肋间，背最长肌与髂肋肌之间的肌沟中，左右侧各1穴（图3-12，图3-13）。

【手法】毫针沿肋间向内下斜刺1～2厘米，或艾灸。

【主治】肝炎，黄疸，眼病。

45. 胆俞 Danshu

【解剖定位与取穴】第十或倒数第三肋间，背最长肌与髂肋肌之间的肌沟中，左右侧各1穴（图3-12，图3-13）。

【手法】毫针沿肋间向内下斜刺1～2厘米，或艾灸。

【主治】肝炎，黄疸，眼病。

46. 脾俞 Pishu

【解剖定位与取穴】第十一或倒数第二肋间，背最长肌与髂肋肌之间的肌沟中，左右侧各1穴（图3-12～图3-14）。

【手法】毫针沿肋间向内下斜刺1～2厘米，或艾灸。

【主治】食欲减退，消化不良，呕吐，贫血。

47. 胃俞 Weishu

【解剖定位与取穴】第十二或倒数第一肋间，背最长肌与髂肋肌

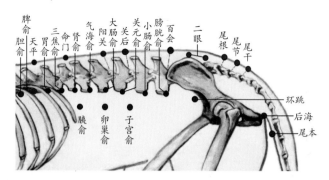

图 3-14　腰背部腧穴

之间的肌沟中，左右侧各 1 穴（图 3-12 ～图 3-14）。

【手法】毫针沿肋间向内下斜刺 1 ～ 2 厘米，或艾灸。

【主治】食欲减退，消化不良，呕吐，贫血。

48. 三焦俞 Sanjiaoshu

【解剖定位与取穴】第十三肋骨后缘与该肌沟的交汇处，沿最后一个肋骨后缘向上触摸，到第一腰椎横突末端处取穴，左右侧各 1 穴（图 3-12 ～图 3-14）。

【手法】毫针直刺 1 ～ 2 厘米，或艾灸。

【主治】食欲减退，消化不良，呕吐，贫血。

49. 肾俞 Shenshu

【解剖定位与取穴】背最长肌与髂肋肌形成的肌沟中，在第二腰椎横突末端相对肌沟中，左右侧各 1 穴（图 3-12 ～图 3-14）。

【手法】毫针直刺 1 ～ 3 厘米，或艾灸。

【主治】肾炎，多尿症，不孕症，阳痿，腰部风湿，腰部扭伤。

50. 气海俞 Qihaishu

【解剖定位与取穴】背最长肌与髂肋肌形成的肌沟中，在第三腰椎横突末端相对肌沟中，左右侧各 1 穴（图 3-12 ～图 3-14）。

【手法】毫针直刺 1 ～ 3 厘米，或艾灸。

【主治】便秘，气胀。

犬病针灸按摩治疗图解

51. 大肠俞 Dachangshu

【解剖定位与取穴】背最长肌与髂肋肌形成的肌沟中，在第四腰椎横突末端相对肌沟中，左右侧各 1 穴（图 3-13 ～图 3-15）。

【手法】毫针直刺 1 ～ 3 厘米，或艾灸。

【主治】消化不良，肠炎，便秘。

52. 关元俞 Guanyuanshu

【解剖定位与取穴】背最长肌与髂肋肌形成的肌沟中，在第五腰椎横突末端相对肌沟中，左右侧各 1 穴（图 3-13 ～图 3-15）。

【手法】毫针直刺 1 ～ 3 厘米，或艾灸。

【主治】消化不良，便秘，腹泻。

53. 小肠俞 Xiaochangshu

【解剖定位与取穴】背最长肌与髂肋肌形成的肌沟中，在第六腰椎横突末端相对肌沟中，左右侧各 1 穴（图 3-13 ～图 3-15）。

【手法】毫针直刺 1 ～ 3 厘米，或艾灸。

【主治】肠炎，肠痉挛，腰骶痛。

54. 膀胱俞 Pangguangshu

【解剖定位与取穴】背最长肌与髂肋肌形成的肌沟中，在第七腰椎横突末端相对肌沟中，左右侧各 1 穴（图 3-13 ～图 3-15）。

【手法】毫针直刺 1 ～ 3 厘米，或艾灸。

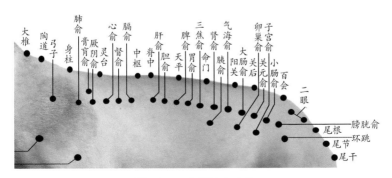

图 3-15　背部体表穴位

【主治】膀胱炎，血尿，膀胱痉挛，尿液潴留，腰痛。

55. 胰俞 Yishu

【解剖定位与取穴】肾俞腹侧约 3 厘米处，左右侧各 1 穴。于肾俞或第二腰椎横突末端下约 3 厘米处取穴（图 3-13 ～图 3-15）。

【手法】毫针直刺 1 ～ 2 厘米。

【主治】胰腺炎，消化不良，慢性腹泻，多尿症。

56. 卵巢俞 Luanchaoshu

【解剖定位与取穴】第四腰椎横突末端下约 3 厘米处，左右侧各 1 穴（图 3-13 ～图 3-15）。

【手法】毫针直刺 1 ～ 3 厘米。

【主治】卵巢机能减退，卵巢炎，卵巢囊肿。

57. 子宫俞 Zigongshu

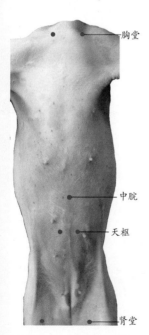

胸堂

中脘

天枢

肾堂

图 3-16　中脘与天枢

【解剖定位与取穴】第五腰椎横突末端下约 3 厘米处，左右侧各 1 穴（图 3-13 ～图 3-15）。

【手法】毫针直刺 1 ～ 3 厘米。

【主治】卵巢囊肿，子宫内膜炎，子宫炎，腰部风湿。

58. 天枢 Tianshu

【解剖定位与取穴】脐旁两指处，左右侧各 1 穴（图 3-16）。

【手法】毫针直刺 0.5 厘米。

【主治】肠痉挛，肠炎，便秘，子宫内膜炎。

59. 中脘 Zhongwan

【解剖定位与取穴】剑状软骨与脐连线的中点，1 穴（图 3-16）。

【手法】毫针斜刺 0.5～1 厘米，或艾灸。

【主治】肠痉挛，肠炎，便秘，子宫内膜炎。

第三节
前肢部穴位

60. 胸堂 Xiongtang

【解剖定位与取穴】胸前外侧臂三头肌与臂头肌间的臂头静脉上，左右侧各 1 穴（图 3-17～图 3-19）。头高举、两腿站立，于胸前两侧血管上取穴。

【手法】三棱针或小宽针顺血管方向急刺 1 厘米。

【主治】中暑，肩肘扭伤，风湿症。

61. 肩井 Jianjing（肩髃 *Jianyu）

【解剖定位与取穴】臂骨大结节上缘的凹陷中，左右侧各 1 穴（图 3-17～图 3-19）。于肩峰前下方的凹陷中取穴。

【手法】毫针直刺 1～3 厘米。

【主治】前肢及肩部神经麻痹，肩部扭伤，臂神经与冈上肌麻痹。

62. 肩外髃 *Jianwaiyu（肩髎 JianLiao）

【解剖定位与取穴】肩端上，臂骨大结节后上方凹陷中，左右侧各 1 穴（图 3-17～图 3-19）。于肩峰后下方的凹陷中取穴。

【手法】毫针直刺 2～4 厘米，或艾灸。

【主治】前肢和肩部神经痛或神经麻痹、肩部或前肢扭伤、冈上

---

* 在兽医针灸书籍中，"肩髃"与"肩外髃"之"髃"，几乎全写成"颙"字，而在其穴位名称注音中却全标注为"Yu"。查《康熙字典》与《新华字典》等古今权威工具书，"颙"字只有"Yong"音，而无"Yu"音，且只有大头与仰慕之意。人医针灸著作之"肩髃"全用的是"髃"字。髃，髃骨，为肩端之骨；肩髃在肩端部肩峰与肱骨大结节之间，故名。据此，将这 2 穴名分别改为"肩髃"与"肩外髃"。

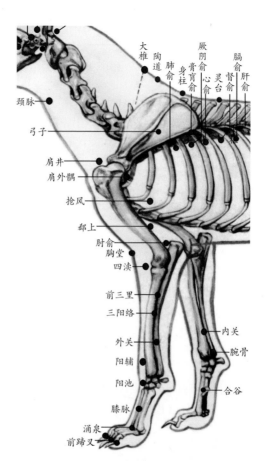

图 3-17　前肢骨骼穴位

肌麻痹。

63. 抢风 Qiangfeng（臑会 Naohui）

【解剖定位与取穴】三角肌后缘、臂三头肌长头与外头之间凹陷中，左右侧各 1 穴（图 3-17～图 3-19）。于肩关节后方的肌肉大凹陷中取穴。

【手法】毫针直刺 2～4 厘米。

【主治】前肢神经麻痹，前肢扭伤，前肢风湿症。

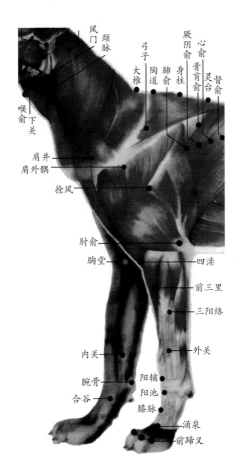

图 3-18　前肢肌肉穴位

64. 郄上 Xishang

【解剖定位与取穴】肘俞前上方，肘俞与肩外髃连线的下 1/4 处，左右侧各 1 穴（图 3-17，图 3-19，图 3-20）。

【手法】毫针直刺 2 ～ 4 厘米。

【主治】前肢扭伤，神经痛或神经麻痹，臂桡神经麻痹。

65. 肘俞 Zhoushu（天井 Tianjing）

【解剖定位与取穴】臂骨外上髁与肘突间的凹陷中，左右侧各 1 穴（图 3-17 ～图 3-20）。于肘端前的凹陷中取穴。

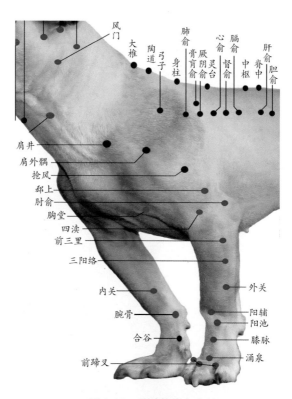

风门
大椎
陶道 弓子
身柱 肺俞
膏肓俞 厥阴俞 心俞
灵台 膈俞
督俞 中枢
脊中 肝俞
胆俞

肩井
肩外髃
抢风
郄上
肘俞
胸堂
四渎
前三里
三阳络
内关
腕骨
合谷
前蹄叉

外关
阳辅
阳池
膝脉
涌泉

图 3-19　前肢体表穴位

【手法】毫针直刺 2 ～ 4 厘米。

【主治】关节炎，前肢及肘部神经痛或神经麻痹。

66. 四渎 Sidu（前曲池 Qianquchi）

【解剖定位与取穴】臂骨外上髁与桡骨外髁之间前方的凹陷中，左右侧各 1 穴（图 3-17 ～图 3-20）。于肘俞斜前下方、臂骨外上髁与桡骨外髁间前方的凹陷中取穴。

【手法】毫针直刺 2 ～ 4 厘米，或艾灸。

【主治】前肢扭伤，神经痛或麻痹，臂肱与桡神经麻痹。

67. 前三里 Qiansanli

【解剖定位与取穴】腕外屈肌与第五指伸肌之间的前臂外侧上 1/4

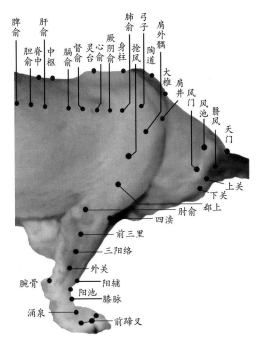

脾俞 肝俞 肺俞 弓子 肩外髃
胆俞 脊中 中枢 膈俞 督俞 灵台 心俞 厥阴俞 身柱 抢风 陶道 大椎 肩井 风门 风池 翳风 天门

图 3-20　前肢肩部体表穴位

上关
下关
郄上
肘俞
四渎
前三里
三阳络
外关
阳辅
腕骨
阳池
膝脉
涌泉
前蹄叉

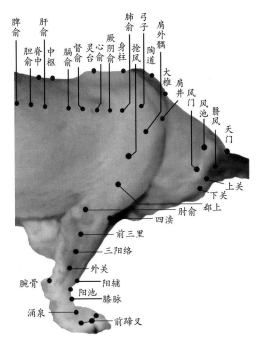

处，左右肢各 1 穴（图 3-17 ～图 3-20）。于四渎后下方的桡骨外侧，即前肢外侧上 1/4 处取穴。

【手法】毫针直刺 2 ～ 4 厘米，或艾灸。

【主治】桡尺神经麻痹，前肢神经痛或风湿症。

68. 外关 Waiguan

【解剖定位与取穴】桡骨与尺骨之间的前臂外侧下 1/4 处，左右肢各 1 穴（图 3-17 ～图 3-20）。

【手法】毫针直刺 1 ～ 3 厘米，或艾灸。

【主治】桡尺神经麻痹，前肢神经痛或风湿症，便秘，乳汁分泌不足。

69. 内关 Neiguan

【解剖定位与取穴】前臂内侧的桡尺骨之间，与外关相对应之处，左右肢各 1 穴（图 3-17～图 3-19）。

【手法】毫针直刺 1～2 厘米，或艾灸。

【主治】前肢神经麻痹，胃肠痉挛，急腹症，心脏疾患，中风。

70. 阳辅 Yangfu

【解剖定位与取穴】前臂骨远端正中、阳池上方 2 厘米处，左右肢各 1 穴（图 3-17～图 3-20）。

【手法】毫针直刺 0.5～1 厘米，或艾灸。

【主治】前肢神经麻痹，腕腱扭伤。

71. 阳池 Yangchi

【解剖定位与取穴】腕关节背侧，腕骨与尺骨远端连接处的凹陷中，左右肢各 1 穴（图 3-17～图 3-20）。于第三、四掌骨间直上，腕横纹凹陷中取穴。

【手法】毫针直刺 0.5～1 厘米，或艾灸。

【主治】指、趾扭伤，前肢神经麻痹或疼痛，感冒，腕关节炎。

72. 合谷 Hegu

【解剖定位与取穴】前肢第一、二掌骨之间，第二掌骨外侧缘中点，左右肢各 1 穴（图 3-17～图 3-19）。

【手法】毫针向内上方斜刺 2～3 厘米。

【主治】感冒，前肢麻痹或疼痛。

73. 腕骨 Wangu

【解剖定位与取穴】尺骨远端与副腕骨之间的凹陷中，左右肢各 1 穴（图 3-17～图 3-19）。

【手法】毫针从前臂内侧直刺 0.5～1 厘米，或艾灸。

【主治】胃炎，腕肘及指关节炎。

74. 膝脉 Ximai（劳宫 Laogong）

【解剖定位与取穴】第一掌关节内侧下方，第一、二掌骨间的掌心浅静脉上，左右肢各 1 穴（图 3-17～图 3-20）。

【手法】三棱针或小宽针顺血管直刺 0.5 ～ 1 厘米，出血。

【主治】球腕关节肿胀，屈腱炎。

75. 涌泉 Yongquan（三间 Sanjian）

【解剖定位与取穴】第三、四掌骨间的掌背侧静脉上，左右肢各 1 穴（图 3-17 ～图 3-20）。

【手法】三棱针直刺 1 厘米，出血。

【主治】指扭伤，中暑，腹痛，风湿，感冒。

76. 前蹄叉 Qianticha（指间 Zhijian，六缝 Liufeng，八邪 Baxie）

【解剖定位与取穴】掌、指关节缝中皮肤皱褶处，每肢 3 穴。于掌骨小头间的掌骨间隙中取穴（图 3-17 ～图 3-20）。

【手法】三棱针斜刺 1 ～ 2 厘米，或点刺出血。

【主治】指扭伤，麻痹。

77. 三阳络 Sanyangluo

【解剖定位与取穴】前臂骨外侧桡骨结节下约 4 厘米的肌沟中，左右侧各 1 穴（图 3-17 ～图 3-20）。于桡骨结节与前臂骨远端间中上 1/3 处的肌沟中取穴。

【手法】毫针斜向内下方刺入 1.5 ～ 2.5 厘米。

【主治】主要为电针镇痛穴位。

❧❧❦ 第四节 ❦❧❧
后肢部穴位

78. 环跳 Huantiao

【解剖定位与取穴】股骨大转子前方的凹陷中，左右侧各 1 穴（图 3-21，图 3-23，图 3-24）。于股骨大转子最高点前缘的凹陷中取穴。

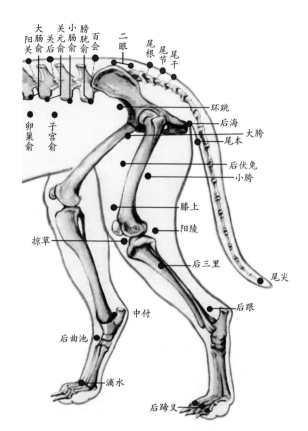

大阳关 大肠俞 关元俞 关元后俞 小肠俞 膀胱俞 百会 二眼 尾根 尾节 尾干 环跳 后海 尾本 大胯 后伏兔 小胯 膝上 阳陵 掠草 后三里 尾尖 后跟 中付 后曲池 滴水 后蹄叉 卵巢俞 子宫俞

图 3-21　后肢骨骼穴位

【手法】毫针直刺 2 ～ 4 厘米，或艾灸。

【主治】后躯麻痹，骨盆支神经痛或麻痹，坐骨神经痛，股骨神经麻痹。

79. 大胯 Dakua

【解剖定位与取穴】在环跳下方，髋关节股骨大转子前下方凹陷处取穴。左右侧各 1 穴（图 3-21，图 3-23，图 3-24）。

【手法】圆利针或火针沿股骨前缘向后下方斜刺 1 ～ 1.5 厘米，或毫针刺入 2 ～ 3 厘米。

【主治】后肢风湿，闪伤腰胯。

80. 小胯 Xiaokua

【解剖定位与取穴】在股骨第三转子后下方的凹陷处，股二头肌前缘的肌间隙内取穴。左右侧各 1 穴（图 3-21，图 3-23，图 3-24）。

【手法】圆利针或火针直刺 1～1.5 厘米，或毫针直刺 2～3 厘米。

【主治】后肢风湿，闪伤腰胯。

81. 后伏兔 Houfutu

【解剖定位与取穴】股骨前，由大转子到膝盖骨间连线的中点取穴，左右侧各 1 穴（图 3-21，图 3-23，图 3-24）。

【手法】圆利针或火针直刺 1～1.5 厘米，或毫针直刺 2～3 厘米。

【主治】膝关节痛，腰胯风湿。

82. 邪气 Xieqi

【解剖定位与取穴】在股二头肌与半腱肌之间的肌沟中，与肛门水平位置取穴，左右侧各 1 穴（图 3-22～图 3-24）。

【手法】圆利针或火针直刺 1.5 厘米，或毫针直刺 2～3 厘米。

【主治】后肢风湿，腰胯闪伤。

83. 汗沟 Hangou

【解剖定位与取穴】在股二头肌与半腱肌之间的肌沟中，与膝盖骨水平位置取穴，左右侧各 1 穴（图 3-22～图 3-24）。

【手法】圆利针或火针直刺 1.5 厘米，或毫针直刺 2～3 厘米。

【主治】后肢风湿，腰胯闪伤。

84. 肾堂 Shentang

【解剖定位与取穴】股内侧隐静脉上，左右肢各 1 穴。于大腿内侧的隐静脉上取穴（图 3-22～图 3-24）。

【手法】小宽针顺血管刺入 0.5～1 厘米，出血。

【主治】髋关节炎，髋关节和膝关节扭伤，后肢肿痛。

85. 膝上 Xishang（鹤顶 Heding）

【解剖定位与取穴】髌骨上缘外侧约 0.5 厘米处，左右肢各 1 穴

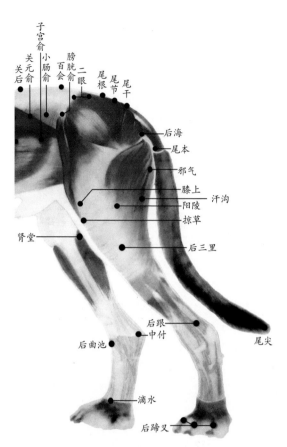

子宫俞
关元俞
关后
小肠俞
膀胱俞
百会
二眼
尾根
尾节
尾干

后海
尾本
邪气
膝上
阳陵   汗沟
掠草
肾堂
后三里

后跟
中付
后曲池   尾尖

滴水
后蹄叉

图 3-22　后肢肌肉穴位

（图 3-21 ～ 图 3-24）。

　　【手法】毫针直刺 0.5 ～ 1 厘米。

　　【主治】膝关节炎。

86. 掠草 Lüecao（膝下 Xixia，膝眼 Xiyan）

　　【解剖定位与取穴】髌骨与胫骨隆起之间、膝外与膝"中直韧带"之间的凹陷中，左右肢各 1 穴。于膝眼处的膝外与膝"中直韧带"凹陷中取穴（图 3-21 ～ 图 3-24）。

　　【手法】毫针直刺 1 ～ 2 厘米，或艾灸。

　　【主治】扭伤，神经痛，膝关节炎。

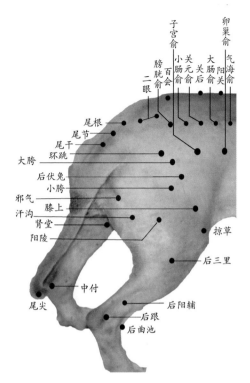

图 3-23　后肢胯部体表穴位

87. 阳陵泉 Yanglingquan（膝阳关 Xiyangguan）

【解剖定位与取穴】膝关节外侧后股二头肌肌间隙内，左右肢各 1 穴。于膝关节外侧后约 1 厘米凹陷中取穴（图 3-21 ～图 3-24）。

【手法】毫针或圆利针直刺 1 ～ 1.5 厘米。

【主治】膝关节扭伤，风湿或后肢麻痹。

88. 后三里 Housanli

【解剖定位与取穴】小腿外侧上 1/4 处，胫腓骨间隙，距腓骨头腹侧约 5 厘米处左右肢各 1 穴（图 3-21 ～图 3-24）。

【手法】毫针直刺 1 ～ 2 厘米，或艾灸。

【主治】后躯麻痹，骨盆神经痛或麻痹，胃肠炎，肠痉挛，急腹症，关节炎，发热，消化不良。

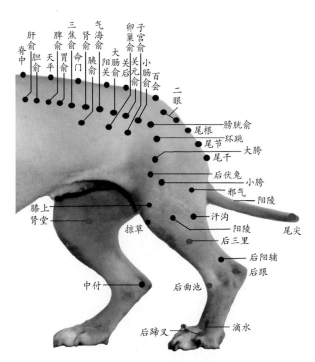

图 3-24　后肢体表穴位

脊中　肝俞　胆俞　天平　脾俞　胃俞　三焦俞　命门　肾俞　胰俞　气海俞　大肠俞　阳关　关后　子宫俞　卵巢俞　关元俞　小肠俞　百会　二眼　膀胱俞　尾根　环跳　尾节　大胯　尾干　后伏兔　小胯　邪气　阳陵　汗沟　阳陵　后三里　尾尖　后阳辅　后跟　膝上　肾堂　掠草　中付　后曲池　后蹄叉　滴水

89. 后阳辅 Houyangfu

【解剖定位与取穴】腓骨小头与外踝连线下 1/4 处的肌沟内，左右肢各 1 穴（图 3-23，图 3-24）。

【手法】毫针直刺 0.3 ～ 0.5 厘米，或艾灸。

【主治】后肢疼痛，麻痹，发热，消化不良。

90. 后跟 Hougen（跟端 Genduan，昆仑 Kunlun）

【解剖定位与取穴】跟骨与腓骨远端之间的凹陷中，左右肢各 1 穴（图 3-21 ～图 3-24）。

【手法】毫针直刺 0.5 厘米，或艾灸。

【主治】扭伤，后肢麻痹。

91. 中付 Zhongfu（太溪 Taixi）

【解剖定位与取穴】跟骨内侧凹陷中，左右肢各 1 穴（图 3-21 ～图

3-24）。

【手法】毫针直刺或斜刺 0.5 ～ 2 厘米，或艾灸。

【主治】扭伤，后肢麻痹。

92. 后曲池 Houquchi（解溪 Jiexi）

【解剖定位与取穴】跗关节前的横纹中，胫骨、跗骨之间的静脉上，或避开血管取穴，左右肢各 1 穴（图 3-21 ～图 3-24）。

【手法】三棱针或小宽针顺血管方向刺入 0.3 ～ 0.5 厘米，出血，或避开血管，毫针直刺和斜刺 1 ～ 3 厘米，或艾灸。

【主治】跗关节扭伤，球节捻挫，腹痛。

93. 滴水 Dishui

【解剖定位与取穴】后肢与涌泉的相对应位置，左右肢各 1 穴。于后肢第三、四跖骨间的跖背侧静脉上取穴（图 3-21，图 3-22，图 3-24）。

【手法】三棱针直刺 1 厘米，出血。

【主治】趾扭伤，中暑，腹痛，风湿，感冒。

94. 后蹄叉 Houticha（趾间 Zhijian，六缝 Liufeng）

【解剖定位与取穴】跖趾关节缝皮肤皱褶中，每肢 3 穴（图 3-21，图 3-22，图 3-24）。

【手法】三棱针或小宽针顺血管直刺 0.3 ～ 0.5 厘米，出血。

【主治】感冒，发热，趾关节扭伤。

治 疗 篇

第一节
常见内科病症防治

一、感冒

感冒多见于各种细菌或病毒所致的上呼吸道感染，有狭义与广义之分。前者指普通感冒，是一种轻微的上呼吸道（鼻及喉部）感染；而后者还包括流行性感冒等，一般比普通感冒更严重，可能会出现发热、冷颤及肌肉酸痛等全身性症状较为明显的临床表现。

（一）病因病机

中兽医学认为，感冒多因腠理不固，外受风寒或风热，致使肺卫失常而发病。

（二）辨证施治

本病常见风寒感冒与风热感冒两种证型。

1. 风寒感冒

证见恶寒重、发热轻、咳嗽、鼻流清涕、四肢疼痛、苔薄白、脉浮紧等；治以疏风解表。

（1）针灸治疗　以大椎为主穴，肺俞、百会、阳池等为配穴（图4-1）。毫针急刺，或三棱针急刺出血；或用柴胡注射液等穴位注射。

（2）配合治疗　口服荆防败毒散或穴位注射复方安乃近注射液。

2. 风热感冒

证见发热重，恶寒轻，鼻流黄色黏液性液体，口渴，咽喉红肿，咳嗽，苔薄黄，脉浮数；治以解表清热。

（1）针灸治疗　以大椎为主穴，风池、外关等为配穴（图4-2）。

图4-1　风寒感冒选穴

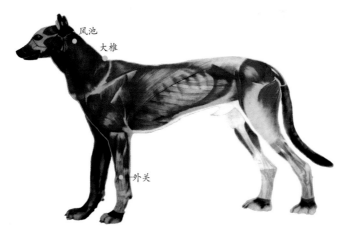

图4-2　风热感冒选穴

毫针急刺，或三棱针急刺出血；或穴位注射清开灵注射液。

（2）配合疗法　口服银翘散或清开灵口服液；或在药敏试验基础上穴位注射抗生素和地塞米松。

3. 其他流感及其他传染病

在疾病的初期，也可表现为风热感冒症状。治疗除在药敏试验或临床经验基础上穴位注射抗生素外，还应该及时在天门、脾俞、三焦俞、百会等穴位，注射相应的高免血清或单克隆抗体。

二、咳嗽

咳嗽为呼吸系统疾患的常见症状之一，常见于上呼吸道感染、急性、慢性支气管炎、支气管扩张、肺结核等疾病。中兽医学认为，咳嗽可分为外感咳嗽和内伤咳嗽两大类。

（一）病因病机

其一为外感风寒或风热之邪，从口、鼻、皮毛而入。肺合皮毛，开窍于鼻，肺卫受邪，肺气壅遏不宣，清肃失常；其二为脏腑病变，累及肺脏而致咳嗽，如脾虚生湿，湿聚成痰，上浸于肺，肺气不得宣降；或因肝气郁结，久而化火，火盛烁肺，气失清肃，均可导致病犬咳嗽。

（二）辨证施治

1. 外感咳嗽

如同感冒，外感咳嗽也常见风热与风寒咳嗽两种；但咳嗽症状比感冒表现得更为明显。

（1）风热咳嗽　证见咳嗽，咳痰色黄，身热沉郁，脉浮数，舌苔薄黄；治以疏风清肺，宣肺止咳。

① 针灸治疗：以肺俞、风池穴为主，咳嗽伴咽喉肿痛配合谷；发热恶寒配大椎、外关。发热重，细菌性感染可在大椎注射相应的敏感抗生素、强的松龙等（图4-3）。

② 配合治疗：方用鱼蛤石花汤。生石膏10克，鱼腥草、金银花、

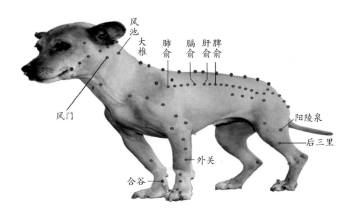

图 4-3　咳嗽选穴

海蛤粉各 5 克，北沙参、杏仁、前胡各 4 克，川贝母、木蝴蝶、橘红各 3 克；水煎服，每日 1 剂，水煎 2 次，取汁约 70 毫升，分 2 次内服，适合于 3 千克的犬。

（2）风寒咳嗽　证见咳嗽，痰液稀薄色白，发热沉郁，脉浮紧，苔薄白；治以祛风散寒，宣肺止咳。

① 针灸治疗：肺俞、风池为主穴，合谷、外关为配穴（图 4-3），毫针急刺，或电针；可灸。

② 配合治疗：方用苏桔甘草汤。紫苏叶 4 克，桔梗、甘草、橘红各 2 克，麻黄 1 克；煎法、服法、用法同前。

③ 或选大椎、风门、肺俞，选用维生素 B₁ 注射液或胎盘注射液，每次取穴一对，注射 0.5 毫升，由前往后，依次轮换取穴。隔日一次，20 次为 1 个疗程。本法适用于慢性支气管炎。

2．内伤咳嗽

常见痰湿侵肺与肝火烁肺两类。也可见到阴虚燥咳、肺寒咳嗽等证。

（1）痰湿侵肺　以久病、痰多为特征，咳嗽黏痰，胃纳减少，舌苔白腻，脉象濡滑。治以健脾利湿，化痰止咳。

① 针灸治疗：肺俞、脾俞，配合谷、后三里，针刺、电针或艾灸（图 4-3）。

② 配合治疗：二陈汤合四君子。

（2）肝火烁肺　证见气逆作咳，痰少咽干，苔黄少津，脉象弦数。治以清肝泻肺为主，酌情辅以滋阴润肺、化痰止咳、降气疏肝。

①针灸治疗：阳陵泉、肝俞、肺俞，针刺、电针或艾灸（图4-3）。

②配合治疗：清肝方剂可酌情选用左金丸、黛蛤散等；泻肺方剂可酌情选用泻白散、白虎汤；化痰止咳可酌选贝母瓜蒌散；清肺润肺宜选清燥救肺汤；疏肝降气可选用四逆散加减。

（3）阴虚燥咳　证见咳嗽日久，干咳无痰，或痰少而黏，不易咯出，口渴咽干，喉痒声嘶哑，大便秘结，脉象细数，舌红少苔，口舌紫青。治以清肺养阴，化痰止咳。

①针灸治疗：选肺俞、肝俞、脾俞，咯血加膈俞（图4-3）。

②配合治疗：方用百合固金汤或养肺止咳汤：生地黄5克，北沙参、麦冬各4克，五味子、小茴香各2克。水煎服。

（4）肺寒咳嗽　证见秋冬天气寒冷或骤受风寒引起咳嗽，日久不愈，日轻夜重，咳嗽痰鸣，咯痰白稀，便溏溺清，纳呆神疲，脉细缓，舌淡苔薄白，口舌暗淡。治以温肺散寒，化痰止咳。

①针灸治疗：选肺俞、风池、阳陵泉。

②配合治疗：方用止咳散和理中汤，或冬花五炙饮（炙枇杷叶5克，炙款冬花、炙杏仁各4克，炙紫花地丁、炙米壳各2克），水煎服。

三、气喘

气喘又称喘息、喘逆，是指呼吸急促而困难，以腹肋翕动为特征的一种临床症状，可出现于多种内科疾病过程中。

（一）病因病机

导致肺气上逆与肾气失纳的各种原因均可致病犬气喘。病变涉及肺、肾、心、肝等脏腑，病理性质有虚、实、寒、热的不同。临床应了解呼吸气息的深浅、病程经过、年龄、体质、伴发症及舌脉特征等。

（二）辨证施治

重点是辨别虚实与判断脏腑归经。年轻体壮犬多为实喘，年老体虚犬多为虚喘；新病多为实喘，久病多为虚喘。热病多为实喘，大失血或大吐、大泄后多为虚喘，甚至是元气败绝的危候。喘而气盛息粗，呼吸深长，脉浮大滑数有力者为实喘；喘而气弱息微，呼吸浅表，紧张气怯，脉微弱或浮大中空者为虚喘。喘而流清涎，腹满身热，脉洪大有力者，为实热证；喘而流黏涎，面青肢冷，六脉似无，为元气欲脱之危候。传染病所致气喘，除了辨证治疗外，可同时应用相应的高免血清进行天门、身柱、天突、肺俞等穴位注射。

1. 风寒实喘

证见咳喘气急、痰稀薄、鼻液冷稀、发热、恶寒、苔白、脉浮等症。治以疏散风寒，宣肺平喘。

① 针灸治疗：肺俞、风池、风门，毫针用补法，酌加灸（图4-4）。

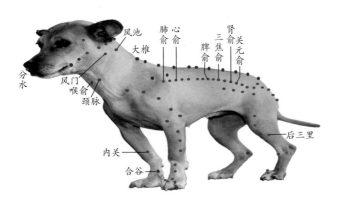

图 4-4　气喘选穴

② 配合治疗：穴位注射氨茶碱；口服加味三拗汤（麻黄、杏仁、炙甘草、生姜）。

2. 风热实喘

证见气息急促，叫声高而气粗，痰稠多黄或鼻流黄涕，苔黄厚，脉浮数有力。治以疏散风热，宣肺平喘。

① 针灸治疗：颈脉放血，毫针刺肺俞、大椎和喉俞等（图4-4）。

② 配合治疗：细菌感染可穴位注射相应的抗生素和地塞米松；口服麻杏石甘汤。

3. 肺虚喘

证见病势缓慢，气息短促，四肢无力，喘声低微，口色淡白，脉虚弱。治以益气滋阴，定喘止咳。

① 针灸治疗：肺俞、脾俞、后三里等，毫针刺或穴位注射黄芪注射液（图4-4）。

② 配合治疗：二陈汤合四君子汤，或百合固金汤合复方丹参丸，按说明书口服。

4. 肾虚气喘

证见气喘日久，吸少呼多，气不接续，动则喘甚，形寒肢冷，脉细无力。温肾滋阴，纳气定喘。

① 针灸治疗：肾俞、肺俞、关元俞等，毫针补法刺激，或艾灸或温针灸（图4-4）。

② 配合治疗：肾气丸，口服。

5. 痰气互结喘

证见咳嗽痰多，气喘息急，喉间痰鸣，舌淡或稍暗，苔白腻，脉弦紧。治以化痰降气平喘。

① 针灸治疗：肺俞、脾俞，配合谷、后三里，针刺或电针或艾灸（图4-4）。

② 配合治疗：苏子降气汤加减。

6. 水气凌心喘

证见气喘息涌，痰多呈泡沫状，胸满不能平卧，肢体水肿，心悸怔忡，畏冷肢凉，尿少，舌淡胖，苔白滑，脉弱而数。治以温补心肾，化气利水。

① 针灸治疗：心俞、三焦俞、内关，配穴分水、关元俞、脾俞、后三里（图4-4）。先泻后补，针灸并用，以温阳化饮。

② 配合治疗：真武汤加减；或海珠喘息定、止喘灵注射液、参

犬病针灸按摩治疗图解

蛤补肺胶囊、固本咳喘片、人参气雾剂等。

四、发热

发热是机体对抗热源因子和外邪所表现出的一系列复杂的防御性保护性反应。适当发热往往有利于机体抵抗致病因子尤其是病菌；但发热能耗气伤津，损害机体，甚至造成不良后果。因此，原则上发热早期不要轻易降热，否则会导致疾病加重；但对于长期发热或高热应尽早及时处理，以免对犬造成严重危害。根据病因可将发热分为感染性发热和非感染性发热。临床上以感染性发热为多见。中兽医学把发热一般分为外感发热与内伤发热两大类；但在临床辨证治疗的过程中，尤其是针对急性感染性发热，应结合相应的抗感染治疗，效果会更好一些。因为现代研究表明，中西兽医药学辨病与辨证治疗感染性疾病，是各有特长与优势，也各具不足；两者相结合，不仅可以弥补西兽医药学"有证无病可识"与中兽医药学"有病无证可辨"之不足，而且还能显著提高与改善抗生素等中西药的临床疗效。

（一）病因病机

一般来说，发热是邪毒由表入里，闭阻气机，正邪交争于体内或热毒充斥于体内的一种病理表现，有"阳盛则热"和"阴虚发热"两种基本类型。发热的病因有外感发热和内伤发热两大类，而外感发热可以转化为内伤发热，内伤发热也可使外感发热更易发生。发热方式有急性发热和慢性发热；热势有微热、低热、高热、灼热等，应根据病情分别处理。

（二）辨证施治

外感者，解表发之；入里者清热解毒、通腑泻下、养阴益气、扶正祛邪。无论是外感发热或内伤发热，都包含了许多感染性疾病，所以在针灸治疗的同时，应注意相应的抗感染治疗。

1. 外感发热

证见恶寒发热，或见高热、全身酸痛、脉浮数、鼻镜干燥、无汗等。治以解表退热或清热解毒。

① 针灸治疗：主穴为大椎、外关、前蹄叉。外感风寒加风池、风门等；外感风热加四渎、肺俞；暑热加颈脉放血、前三里、后三里等（图4-5）。手法均以泻法为主，大椎需深刺。除针灸外，还可按摩梳理肌肤皮毛，附加物理降温。

② 配合治疗：解表退热，荆防败毒散；清热解毒，柴葛解肌汤；肺热喘急，麻杏石甘汤，可酌情选用。

2. 内伤发热

多见阴虚发热与食积发热两种。

（1）阴虚发热　临床以低热为主，肛温39.5～40.0℃，脉细数。治以养阴清热。

① 针灸治疗：以大椎为主，后曲池、肺俞为伍（图4-5），手法以补法为主，阴虚补之则虚热降，应当防寒保暖以御寒。

② 配合治疗：胃热证，白虎汤；发热皮疹，清瘟败毒散；胆热证，大柴胡汤；湿热证，甘露消毒丹。可酌情选用。

（2）食积发热　证见不思饮食，肚腹胀满，便少秘结或不排便。治以消食化积，通便清热。

① 针灸治疗：以中脘、前三里、后三里为主，配大椎、脾俞、关元俞等（图4-5）。

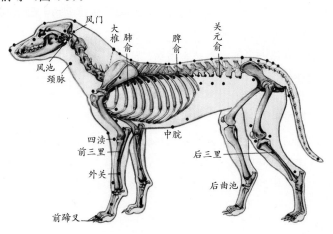

图4-5　发热选穴

② 配合治疗：腑实证，大承气汤；胆热证，大柴胡汤；湿热证，甘露消毒丹。可酌情选用。除药物治疗外，可适当控制饮食或采用饥饿疗法。

五、中暑

中暑是夏季的常见病之一，中兽医称之为"暑厥""暑风""闭证"，认为本病是由于体内元气亏虚，暑邪乘虚而入，燔灼阳明，触犯心包所致。犬因皮毛丰度不同而发病率有差异，中大型长毛犬多发。

（一）病因病机

中暑可分为阳暑与阴暑两类：阳暑多发生于夏季，常因长期处在高温环境中或烈日下，暑热之邪伤津、耗气所致。证见体温急剧升高、呼吸急促、心跳加快、黏膜潮红，甚则发绀、神志紊乱、兴奋不安、站立不稳、东倒西歪，最后抽搐、昏迷而死。阴暑又称寒包火。多因先伤暑天酷热之气，后突遭寒冷侵袭，毛孔突然紧闭，腠理不通，体热不得发散，形成寒包火。

（二）辨证施治

1. 阳暑

根据病情轻重，可分为先兆中暑、轻症中暑、重症中暑三种。治则：益气阴，防暑热。

（1）先兆中暑　证见大量流涎，口渴嗜饮，视力障碍，肢体乏力，体温高但不超过40℃。此时如能及时休息，脱离高温环境，一般在短时间内即可恢复。

（2）轻症中暑　先兆中暑症状加重，体温多升高到41℃以上，出现皮肤湿冷、脉搏细弱、心率加快、血压下降等呼吸、循环衰竭症状和体征。

（3）重症中暑　证见高热、血压下降，甚至昏迷、危及生命。

① 针灸治疗：可行全身按摩、梳理皮毛、通风降温（物理降温法）、前后蹄叉、耳尖、尾尖放血。针灸以心包经取穴为主，神志昏迷者用手指掐或针刺分水、蹄叉、内关（图4-6）。

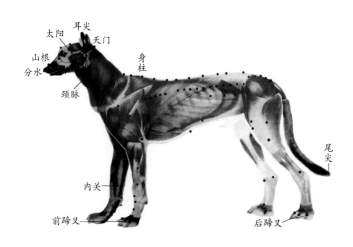

太阳　耳尖
山根　天门
分水　身柱
颈脉
内关
前蹄叉
后蹄叉
尾尖

图4-6　中暑选穴

② 配合治疗：可用太子参、麦冬、玉竹、菊花、夏枯草、甘草。舌苔黄腻者再加藿香、佩兰煮水代饮。用冰块或冰袋冷敷头部，或用冷水毛巾敷头部、腋窝及大腿内侧以加快散热；或用冷盐水灌肠，缓解后，口服绿豆甘草滑石汤。

2. 阴暑

病状与阳暑相似，但口鼻发凉，四肢厥冷，多因患病动物天热奔跑而归，主人立即用冷水浇淋或洗冷水澡，之后不久而发病。治以清暑散寒，泄热安神。

① 针灸治疗：急刺分水、山根、耳尖、尾尖、太阳等，可酌情放颈脉血，配伍天门、身柱、蹄叉（图4-6）。

② 配合治疗：四逆汤加砂仁，一般服用3～5天就能见效。或饮生姜红糖水，而千万不要让犬喝冰镇绿豆汤等，以免雪上加霜。

六、咽喉炎

咽喉炎属中兽医喉痹范畴，是一种常见的咽喉疾病，以咽喉疼痛，患犬表现不安、挠腮为主要特征；但本病常常累及气管，常伴咳嗽。采用中兽医辨证施治，往往能取得良好的效果。

《犬病针灸按摩治疗图解》
配套二维码链接视频

请用手机扫描二维码，即可查看相应视频

码图 17　中枢穴、脊中穴、天平穴

码图 18　命门穴、阳关穴

码图 19　关后穴、百会穴

码图 20　尾根穴、尾节穴、尾尖穴、
尾本穴

《犬病针灸按摩治疗图解》
配套二维码链接视频

请用手机扫描二维码，即可查看相应视频

码图 21　后海穴

码图 22　二眼穴

码图 23　肺俞、厥阴俞、心俞、
督俞、膈俞、肝俞、胆俞、脾俞、
胃俞、三焦俞

码图 24　肾俞、气海俞、大肠俞、
关元俞、小肠俞、膀胱俞

（一）病因病机

多因寒冷、物理性与化学性刺激及邻近器官或组织炎症蔓延，或因感染性因素所致。

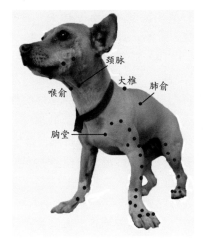

图 4-7 咽喉炎选穴

（二）辨证施治

1. 针灸治疗

以喉俞为主穴，选颈脉、胸堂或肺俞为配穴（图4-7），毫针刺和血针点刺出血。或取大椎、肺俞等穴，可行刺血、针刺、艾灸、敷贴疗法，或用水针、推拿、拔罐、耳穴、电针、手足针、埋藏、磁疗等。大椎与肺俞针灸或水针效果可靠。

2. 配合治疗

常见风热、风寒、痰湿、肝郁与阴虚等类型。

（1）风热　证见咽喉部红肿热痛，吞咽不利，咳嗽，痰黄稠，伴有发热，恶寒，舌红，苔薄黄，脉浮数。咽后壁淋巴滤泡红肿，肿胀的淋巴滤泡中央出现黄白色点状渗出物。治以疏风清热，利咽止咳。方用：桑叶、菊花、金银花各9克，枇杷叶、牛蒡子各6克，板蓝根、猫爪草各21克，黄芩、浙贝母各12克，百部、桔梗各6克，甘草6克。水煎，内服，2次/日。

（2）风寒　证见咽喉微痛，吞咽不畅，咳嗽痰白，并见恶寒摇头，舌淡红，苔薄白，脉浮紧。咽后壁淋巴滤泡肿胀微红。治以疏风散寒，利咽止咳。方用：防风、荆芥、百部、桔梗各10克，僵蚕、紫苏叶、薄荷、甘草、细辛各6克，生姜3片。水煎，内服，2次/日。

（3）痰湿　患犬体形多肥胖或长期嗜食肥甘厚味食物，常吞咽不利、咳嗽、痰白黏稠，舌淡红，舌体胖，苔白厚腻，脉滑。咽后壁滤泡增生，黏膜肥厚。治以化湿祛痰，利咽止咳。方用：半夏、桔梗、百部、昆布、海藻各 10 克，黄芩、浙贝母各 20 克，陈皮、甘草各 6 克，牡蛎、猫爪草、茯苓各 30 克，丹参 20 克。

（4）肝郁　患犬不安、激动、易怒，常见似咽中不适如有异物样咳咔，痰难咳出。用力咳时甚至可引起恶心呕吐，舌边暗红，苔薄白，脉弦。咽喉部黏膜层慢性充血，咽后壁滤泡增生，黏液腺肥大，分泌增加。治以疏肝理气，利咽止咳。方用：柴胡、甘草、薄荷各 6 克，白芍、浙贝母、丹参各 20 克，枳壳、郁金、木蝴蝶、瓜蒌、昆布、海藻、桔梗各 12 克，玄参、牡蛎各 30 克。水煎，内服，2 次 / 日。

（5）阴虚　老年犬常因咽喉痒感而咳嗽，易受刺激引起恶心、干呕，多在入夜加重，舌红苔少，脉细数。检查时咽部敏感（诱咳阳性）易恶心，咽后壁黏膜干燥或萎缩。病程较长，治以滋阴降火，利咽止咳。方用：生地黄、玄参、丹参各 20 克，麦冬、桔梗各 10 克，知母、桑白皮、地骨皮、牛膝、瓜蒌各 12 克，薄荷、甘草各 6 克，牡蛎 30 克。若见肺阴虚加五味子敛阴止咳；若见肝肾阴虚加金樱子、桑椹、女贞子、墨旱莲，滋养肝肾之阴、濡养咽喉，达到止咳的目的。水煎：每日 1 剂，分午、晚 2 次服用。

七、癫痫

癫痫是一种慢性反复发作性短暂性脑功能失调综合征。它以脑神经元异常放电引起反复痫性发作为特征，是神经系统常见疾病之一。癫痫的发病率与年龄有关，幼年犬和老年犬易发；有一定的家族性特征。中兽医学称本病为痫证、癫疾，俗称"羊痫风"。

（一）病因病机

癫痫在犬常继发于犬瘟热等传染病，也有因情绪刺激或先天遗传所致。中兽医学认为，其多因痰浊上逆，蒙蔽清窍。

（二）辨证施治

癫痫可分为实证与虚证两大类，前者多见于癫痫初期，证见发作时猝然倒地、牙关紧闭、口吐白沫、角弓反张、抽搐劲急或有吼叫声；发作过后疲乏无力，但略加休息即可平复如常。后者多见于癫痫后期，证见发作次数频繁，抽搐强度较弱，苏醒后精神萎靡、表情痴呆、反应力减退。发作时急则治标，治以镇痉息风、醒脑开窍为主；间歇期缓则治本，治以补益心肾、健脾化痰等方法。

1. 针灸治疗

针刺分水、后海、后三里、阳陵泉。分水向鼻中隔深刺、强刺，后海可点刺出血，其余穴位常规针刺。每天或隔天治疗一次，可根据发作情况增加针刺数，控制发作后逐渐减少次数。间歇期可采用化脓灸灸大椎、肾俞、前三里、后三里，每次可选 1～2 穴，每半月灸 1次，4 次为一疗程。或电针大风门 - 内关、太阳 - 后三里、风池 - 百会穴组，3 组穴位可交替使用，密波刺激 10～15 分钟。或采用大椎、百会、前三里、后海穴位埋线，每次选用 1～2 穴，无菌局麻后埋入医用羊肠线，每 20 天 1 次（图 4-8）。

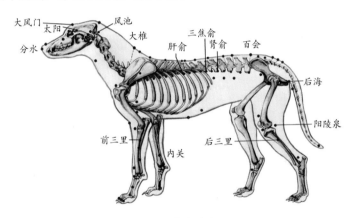

图 4-8　癫痫选穴

2. 配合治疗

口服安宫牛黄丸、全蝎粉或扑米酮等抗癫痫西药。犬瘟热等传染病引起的并发症，可用相应的高免血清或单克隆抗体注入天门、大椎、百会、三焦俞、肝俞等。

3. 注意事项

针灸治疗犬癫痫疗效较好，但应通过脑电图等检查以明确诊断。

对继发性癫痫应重视原发病的诊断与治疗，对持续发作并伴有高热、昏迷等危重病例，必须采取综合疗法。

八、惊风

惊风又称"惊厥"，俗名"抽风"，是幼年动物常见的一种急重病症，以抽风与意识障碍为主要特征；任何季节均可发生，年龄越小，发病率越高。其证情往往比较凶险，变化迅速，威胁生命。所以，古代医家认为惊风是一种恶候。临证上惊风可分为急惊风和慢惊风。凡起病急暴，属阳属实者，统称急惊风；凡病势缓慢，属阴属虚者，统称慢惊风。

（一）病因病机

惊风可见于现代兽医学的高热、中枢神经系统感染、中毒、维生素D缺乏和钙缺乏等疾病中。急惊风多因外感风寒，内挟宿食，生痰化热，热极生风而发作，或由急性热病所致；慢惊风多因久病之后，脾胃虚弱而生。昏迷、抽搐为一过性，热退后抽搐自止者，为表热；高热持续，反复抽搐、昏迷者，为里热。神志昏迷、高热痰鸣，为痰热上蒙清窍；妄言谵语、狂躁不宁，为痰火上扰清空；深度昏迷、嗜睡不动，为痰浊内蒙心包，阻蔽心神。外风邪在肌表，清透宣解即愈，若见高热惊厥，为一过性证候，热退惊风可止；内风病在心、肝，热、痰、惊、风四证俱全，反复抽搐，神志不清，病情严重。六淫致病，春季以春温伏气为主，兼夹火热，症见高热、抽风、昏迷，伴吐衄、发斑；夏季以暑热为主，暑必夹湿，暑喜归心，其症以高热、昏迷为主，兼见抽风；若痰、热、惊、风四证俱全，伴下痢脓血，则为湿热疫毒，内陷厥阴。

（二）辨证施治

惊风的症状在临床上可归纳为八候，即搐、搦、颤、掣、反、引、窜、视。八候的出现，表示惊风已在发作；但惊风发作时，不一定八候全部出现。由于惊风的发病有急有缓，证候表现有虚有实，有寒有热，故惊风治疗以清热、豁痰、镇惊、息风为主要原则；痰盛者必须豁痰，惊盛者必须镇惊，风盛者必须息风，然热盛者必须先解热。由于痰有痰火和痰浊的区别；热有表里的不同；风有外风、内风的差异；惊证既可出现惊跳、号叫的实证，亦可出现恐惧、惊惕的虚证。因此，豁痰有芳香开窍，清火化痰，涤痰通腑的区分；清热有解肌透表，清气泄热，清营凉血的不同；治风有疏风、息风的类别，镇惊有清心定惊、养心平惊的差异。

1. 针灸治疗

毫针刺分水、合谷、内关、滴水、百会、印堂。高热取四渎、大椎、蹄叉放血；痰鸣取后三里、脾俞，牙关紧闭取下关、开关，均采用中强刺激手法。或灸大椎、脾俞、关元俞、百会、后三里（图4-9）。

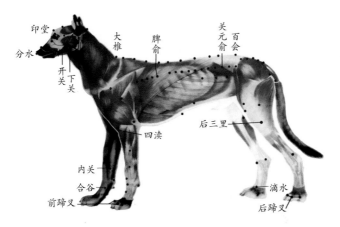

图4-9　惊风选穴

2. 配合治疗

（1）风热动风　证见发热，身痛，头痛，咳嗽流涕，烦躁不宁，四肢拘急，目睛上视，牙关紧闭，舌红苔白，脉浮数或弦数。治以疏风清热、息风止痉。方用银翘散加减或小儿回春丹，以清热定惊。

（2）气营两燔　起病急骤，高热烦渴欲饮，神昏惊厥，舌绛苔糙，脉数有力。治以清气透热，清营凉血与息风平肝。方用清瘟败毒饮加减：连翘、石膏、黄连、黄芩、栀子、知母、生地黄、水牛角、赤芍、玄参、牡丹皮、羚羊角、石决明、钩藤；神志昏迷加石菖蒲、郁金，或用至宝丹、紫雪丹息风开窍；大便秘结加生大黄、芒硝通腑泄热；呕吐加半夏、玉枢丹降逆止吐。

（3）邪陷心肝　证见高热不退，烦躁不安，神识昏迷，项背强直，四肢拘急，口眼相引，舌质红绛，脉弦滑。治以清心开窍，平肝息风。方用羚角钩藤汤加减：羚羊角、钩藤、僵蚕、菊花、石菖蒲、川贝母、广郁金、龙骨、竹茹、黄连。同时，另服安宫牛黄丸清心开窍。热盛加生石膏、知母；便干加生大黄、玄明粉泄热通便；口干舌红加生地黄、玄参养阴生津。

（4）湿热疫毒　证见壮热烦躁，呕吐腹痛，大便脓血，神明无主，谵妄神昏，反复惊厥，舌红苔黄，脉滑数。治以清化湿热，解毒息风。方用：黄连解毒汤加味（黄芩、黄连、黄柏、栀子、厚朴、白头翁、秦皮、钩藤、石决明）。舌苔厚腻，大便不爽加生大黄；窍闭神昏加安宫牛黄丸清心；频繁抽风加紫雪丹平肝息风；呕吐加玉枢丹辟秽解毒止吐。

（5）惊恐惊风　证见神怯胆虚，易受惊吓，惊则气乱，恐则气下，气机逆乱，引动肝风，神昏抽搐，四肢欠温，脉乱不齐。治以镇惊安神，平肝息风。方用琥珀抱龙丸加减：琥珀、朱砂、金箔、胆南星、天竺黄、人参、茯苓、淮山药、甘草、菖蒲、钩藤、石决明。抽搐频作加止痉散；气虚血少者加黄芪、当归、白芍、酸枣仁。

九、晕动症

晕动症是指犬在随主人乘坐船、车、飞机等过程中，由于受到颠簸、摇摆等刺激，引起自主神经系统和耳平衡器官的紊乱，从而产生流涎、呕吐等症状的统称。

（一）病因病机

晕动症是由于犬乘坐车、船等时，大脑与所接受到来自感觉器官的信息相抵触，即犬的眼睛不能够明确地与车辆等对照物的运动在内耳形成平衡的机制，中枢神经系统通过大脑中的恶心中枢对这种压力作出应答反应，形成晕动证。中兽医学认为，其病因可分为内因和外因两个方面。内因为髓海不足，气血亏虚及痰浊中阻，是发病之本；旋转、摇摆、颠簸等为外因，是发病的诱因。

（二）辨证施治

证见犬上车时，常出现紧张和恐惧，途中或下车后表现流涎、呕吐或干呕。治以化痰定惊。

1. 针灸治疗

以肝俞、脾俞为主穴，选风池、内关、后三里、中脘为配穴（图4-10）。毫针或电针于乘坐车船之前进行针刺。

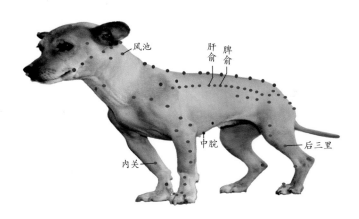

图4-10　晕动症选穴

2. 配合治疗

5%～10%葡萄糖注射液或维生素 B_{12} 注射液或维生素 C 注射液，分别或混合穴位注射；或在穴位上喷洒，同时进行穴位按摩。

十、心脏病

心脏病不是只有年老、极肥胖和大型犬种才会患上的一种疾病，其实任何年龄及品种的狗都有可能患上心脏病。心脏病以咳嗽、气喘、脉搏薄弱、心杂音、虚脱、昏厥、牙龈颜色发青、腹水、贫血、体力不济、生长迟缓为临床特征。心脏病一定要先辨证再施治，不能见心病则治心，一定要根据六经、气血、五行辨证规律予以正确辨证。中兽医学认为，心肺同源，心肾同根。所以，全面认识心脏病比治疗更重要。

（一）病因病机

心脏病不外乎心气不足与心血不足，尚有气血俱伤者。也就是说，万般变化不出气血阴阳。所有心脏病都与肺、心、肾相关。故临床考虑肺源性、肾源性、心源性三大类病因。此外，值得关注的是风湿性心脏病，犬尤其是运动型中大型犬比较常见。

中兽医学认为，风湿性心脏病多属于"怔忡""喘证""水肿""心痹"等范畴。其病机主要是风寒湿邪内侵，久而化热或风湿热邪直犯，内舍于心，乃致心脉痹阻，血脉不畅，血行失度，心失所养，心神为之不安，表现为心悸、怔忡，甚而阳气衰微不布，无以温煦气化，而四肢逆冷，黏膜暗红，唇舌青紫。水湿不化，内袭肺金，外则泛溢肌肤四肢或下走肠间，而见水肿、咳嗽气短、不能平卧等证。属湿阻血瘀，需利湿除痰，活血化瘀。

（二）辨证施治

心脏病辨证应从阴阳气血方面着眼，气有余便是火，火旺者阴必亏；气不足便是寒，寒胜者阳必衰。多见心血不足与心气不足两类证候。

1. 心血不足

证见烦躁、小便赤、口咽干、皮肤干燥、精神不衰，更甚者狂躁不安、脉细数或洪大、喜冷食等。治以养心滋肾，补脾利水。

（1）针灸治疗　以心俞、肾俞为主穴，配内关、肺俞，毫针或电针刺激（图4-11）。或用参麦注射液、丹参注射液或复方丹参注射液进行穴位注射。

（2）配合治疗　可用维生素B_1和维生素B_{12}注射液加5%葡萄糖注射液，混合后穴位注射。同时可口服复方丹参片或脉塞通片。

2. 心气不足

证见精神不振、喜卧懒动、小便清长，重则发呕，脉必细微或浮空，舌苔白腻润。治以补脾益气，养血安神，温补肾阳。

（1）针灸治疗　选穴针治以心俞、内关为主穴，选肝俞、脾俞、肾俞为配穴（图4-11）。毫针或电针，可将当归注射液注入穴内。

犬病针灸按摩治疗图解

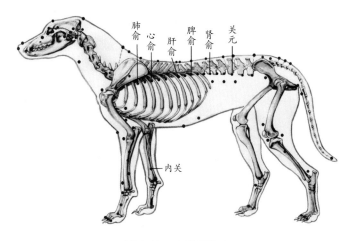

图 4-11　心脏病选穴

（2）配合治疗　可用安定注射液、维生素 B_1 注射液进行穴位注射。同时配合口服复方丹参片或脉塞通片。

3. 风湿性心脏病

症见心悸、怔忡、四肢逆冷、黏膜暗红、唇舌青紫、四肢或肠间水肿、咳嗽气短、不能平卧等。治以利湿除痰，活血化瘀。

（1）针灸治疗　以关元、心俞与脾俞为本，配内关等（图 4-11）。心脏病急救针关元和内关，下针后心脏复苏即见心跳、脉动。

（2）配合治疗　利湿化瘀汤加减（制半夏、枳实、茯苓、丹参、川芎、赤芍、沙参、麦冬、五味子）。

十一、糖尿病

糖尿病属于中兽医消渴的范畴，以多饮、多食、多尿、身体消瘦为特征。消渴之名首见于《黄帝内经》，东汉著名医家张仲景在《金匮要略》中将其分为三种类型。即渴而多饮者为上消；消谷善饥者为中消；口渴、小便如膏者为下消。

（一）病因病机

中兽医学认为，饮食不节、情志失调、劳欲过度、素体虚弱等因素，均可导致消渴，其病机特征是阴虚燥热，以阴虚为本，以燥热为标；但两者常常互为因果。燥热甚者致阴虚越甚，阴虚甚者也致燥热越甚。消渴病位多在肺、胃和肾，但以肾脏为主。肺燥阴虚，津液失于滋润，则会出现口干舌燥、烦渴多饮的上消证候；胃热炽盛，腐熟水谷的能力过盛，则常出现多食易饥的中消证候；肾虚精亏，不能约束小便，则会出现尿频量多、尿浊如脂膏的下消证候；若兼有肺燥、胃热与肾虚，则会同时出现多饮、多食、多尿等证候。

糖尿病病程多较长，常常日久不愈，会因气阴两伤而合并出现其他病症。如肺燥阴伤，可合并肺痿等病症；肾阴亏耗，肝失滋润，可合并雀目、内障、耳聋等病症；燥热内炽，蕴毒成脓，可合并疮疖、痈疽等病症；阴虚燥热，炼液为痰，痰阻经络，可合并中风偏瘫或胸痹心痛等病症。

（二）辨证施治

在临床上，中兽医学常将糖尿病分为肺热津伤型、胃热炽盛型、肾阴亏损型和阴阳两虚型。

1. 肺热津伤型

证见口渴多饮，并伴有舌燥、多饮多尿、舌红少津、苔薄黄而干、脉数等。治以清热润肺，生津止渴为主。

（1）针灸治疗　肺俞、脾俞、胰俞、膈俞为主，配四渎、后三里、肾俞、肝俞、滴水（图4-12，图4-13）。毫针补泻结合，或艾灸。

（2）配合治疗　可选用《丹溪心法》中的消渴方：生地黄、天花粉、黄连、荷梗（藕秆）、沙参、麦冬、藕汁、姜汁、蜂蜜。每日一剂，用水煎服。若因肺热津伤而致气阴两亏者，可选益气养阴、生津止渴的玉泉丸：人参、黄芪、天花粉、葛根、麦冬、茯苓、炙甘草。

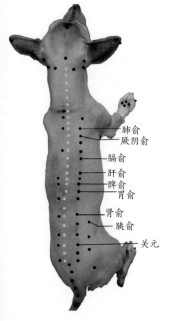

肺俞
厥阴俞
膈俞
肝俞
脾俞
胃俞
肾俞
胰俞
关元

图4-12　糖尿病选穴（1）

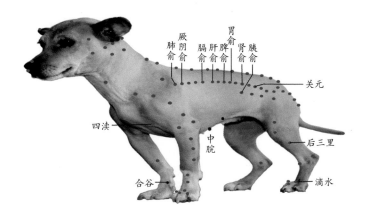

图 4-13　糖尿病选穴（2）

若肺热炽盛者，则可选清热泻火、益气生津的白虎汤加人参汤加减：石膏、知母、粳米、炙甘草、人参、黄连。

2. 胃热炽盛型

证见多食易饥为主，伴有口渴、尿多、形体消瘦、大便燥结、舌红苔黄、脉滑数有力等。治以清胃泻火、养阴增液为主。

（1）针灸治疗　脾俞、胃俞、胰俞、后三里为主，配膈俞、中脘、四渎、合谷（图 4-12，图 4-13），毫针补泻结合，或电针或艾灸。

（2）配合治疗　可选用《景岳全书》玉女煎加减，石膏、熟地黄、麦冬、牛膝、知母、黄连、栀子，每日 1 剂（严重者可日服两剂），用水煎服。若大便燥结严重，可加玄参、大黄（后下）。若口渴多饮、多食、便溏，或食少、精神不振、四肢乏力、舌淡苔白而干、脉弱，可选用健脾益气、生津止渴的七味白术散：人参、白术、茯苓、葛根、木香、炙甘草、藿香。

3. 肾阴亏损型

证以尿频量多为主，伴有尿浊如脂膏、或尿有甜味、乏力、口唇干燥、大便干结、皮肤瘙痒、舌红、少苔、脉数等。治以滋阴补肾、润燥止渴为主。

（1）针灸治疗　肾俞、关元、滴水为主，配膈俞、脾俞、厥阴俞、后三里，毫针补泻结合，或电针或艾灸（图 4-12，图 4-13）。

（2）配合治疗　可选用《小儿药证直诀》六味地黄丸加减：熟地黄 24 克、山茱萸 12 克、山药 12 克、泽泻 9 克。

4．阴阳两虚型

证见尿频量多且混浊如脂膏，甚则饮溲、畏寒怕冷、形体消瘦、四肢欠温、舌淡苔白而干、脉沉细无力等。治以温阳滋阴，补肾固涩为主。

（1）针灸治疗　肾俞、脾俞为主，配肺俞、膈俞、肝俞、后三里（图 4-12，图 4-13），毫针补法，或电针或艾灸。

（2）配合治疗　可选用《金匮要略》肾气丸加减。附子（先煎1～2 小时）、桂枝、熟地黄、山茱萸、怀山药、牡丹皮、泽泻、茯苓。每日 1 剂，水煎服。若畏寒肢冷较甚，可加鹿茸粉冲服；若尿过频而量过多，可加覆盆子、金樱子、桑螵蛸。

十二、甲状腺功能亢进

甲状腺功能亢进简称甲亢，是由多种原因引起的甲状腺激素分泌过多所致的一组常见内分泌疾病。临床以多食、消瘦、畏热、激动等高代谢综合征，神经和血管兴奋增强，以及不同程度的甲状腺肿大和眼突、肢颤、颈部血管杂音等为特征。

（一）病因病机

甲亢病的发生与自身免疫、遗传和环境等因素关系密切，其中以自身免疫因素最为重要。环境因素主要包括创伤、精神刺激、感染等诱发甲亢发病的因素。不少甲亢的发生主要与自身免疫、遗传因素有关，但发不发病却和环境因素有着密切关系。如遇到诱发因素就发病，而避免诱发因素就不发病。因此，犬甲亢的预防可以通过避免诱发因素来实现。

1．环境性因素

（1）感染　如感冒、扁桃腺炎、肺炎等。

（2）外伤　如车祸、创伤等。

（3）精神刺激　如精神紧张、忧虑等。

（4）过度疲劳　如运动过量等。

（5）妊娠　妊娠早期可能诱发或加重甲亢。

（6）碘摄入过多　如大量吃海带等海产品。

（7）某些药物　如乙胺碘呋酮等。

2. 其他因素

（1）功能亢进性结节性甲状腺肿或腺瘤，后者被认为是由肿瘤基因所致。

（2）垂体瘤分泌促甲状腺激素（TSH）增加，引起垂体性甲亢。

（3）亚急性甲状腺炎、慢性淋巴细胞性甲状腺炎、无痛性甲状腺炎等都可伴发甲亢。

（4）外源性碘增多引起甲亢，称为碘甲亢。如甲状腺肿患犬服碘过多，服用甲状腺片或左甲状腺素钠（L-T4）过多均可引起甲亢，少数服用胺碘酮药物也可致甲亢。

3. 中兽医学病机

患犬素体阴亏、肾阴不足、水不涵木、肝阴失敛；复遭精神创伤、情志抑郁，肝失疏泄、气郁化火，则更易炼液成痰，壅滞经络，结于项下而成瘿。七情不遂，肝气郁结，气郁化火，上攻于头，故急躁易怒，面红目赤，口苦咽干，头晕目眩。肝郁化火伤胃阴，胃火炽盛而消谷善饥；脾气虚弱，运化无权，则消瘦乏力；肾阴不足，相火妄动则遗精、阳痿；肾阴不足，水不涵木则肝阳上亢，肢舌震颤；心肾阴虚，则心慌、心悸；阴虚内热，则怕热，舌质红，脉细数。患犬素体阴虚，遇有气郁，则易化火，灼伤阴血。总之，患犬气郁化火，炼液为痰，痰气交阻于颈前，则发于瘿肿；痰气凝聚于目，则眼球突出。

（二）辨证施治

1. 肝郁脾虚痰结型

证见精神抑郁，胁痛敏感，吞咽不爽，胃纳不佳，餐后胀满恶心，消瘦乏力，大便溏薄，双目突出，舌质淡胖，可有齿痕，苔薄白、腻，脉弦细或细滑。治以疏肝健脾，益气化痰。

针灸治疗及按摩：肾俞、肝俞、大椎、颈部夹脊穴为主，配脾俞、合谷、内关、后三里、三焦俞等。肾俞、肝俞与脾俞采用补法刺激，大椎、合谷、后三里、三焦俞采用泻法刺激，颈夹脊按摩刺激（图4-14，图4-15）。

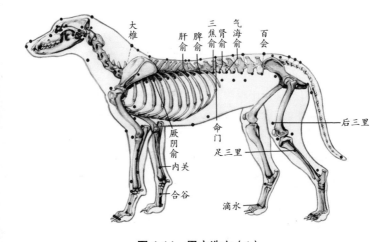

图4-14　甲亢选穴（1）

2. 气阴两虚型

证见形体消瘦，神疲乏力，怕热喜凉，甲状腺肿大，舌质红，苔薄黄，脉细数。治以气阴双补，益气滋阴。

针灸治疗及按摩：肾俞、肝俞、大椎、颈夹脊为主，配气海俞、厥阴俞、滴水、后三里等穴（图4-14，图4-15）。所有穴采用补法刺激，或艾灸，颈夹脊采用按摩或艾灸。

3. 阴虚阳亢型

证见心烦无眠，精神不安，乏力怕热，鼻镜干燥，敏感易怒，足颤，多食易饥，口渴多饮，消瘦，舌红，脉弦数或细数。治以滋阴平肝，生津止渴。

针灸治疗：肾俞、肝俞、百会为

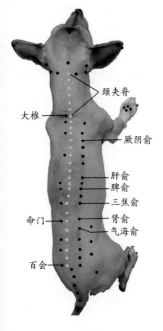

图4-15　甲亢选穴（2）

主，配大椎、颈夹脊、命门、后三里等（图 4-14，图 4-15）。肾俞、后三里、内关可用补法刺激，余穴可用泻法或平补平泻法刺激。

（三）治未病

1. 防病于未然

情志因素在甲亢的发病中具有重要作用，故在日常生活中应给予犬良好的生活照顾和精神陪伴，以避免或减少情志致病。其次，给予合理饮食，避免刺激性食物，以健脾益胃，增强体质，提高犬的免疫力和抗病能力，减少或避免甲亢的发生。

2. 既病防传变

若甲亢已发生，则应尽早诊断与治疗，以防止病情加重与并发症的发生。《素问·玉机真藏论篇》云："五脏相通，移皆有次，五脏有病，则各传其所胜。"因而，要根据甲亢并发症发生的规律，采取预防性措施，防止并发症的发生，控制疾病的转变。

3. 愈后防复发

甲亢津液耗伤有一个恢复的过程，原有的病情有可能迁延和复发。因此，初愈阶段，药物、饮食、精神、药膳等要综合调理，并要定期检查，认真监控，是甲亢防止复发的重要措施。

十三、肝炎

肝炎是现代兽医学概念，常见于中兽医学的"黄疸""胁痛""积聚"等病症，临床上可分为急性肝炎与慢性肝炎两种，但以慢性肝炎居多，且以慢性肝炎为例述之。

（一）病因病机

根据现代兽医学的认识，肝炎主要由肝炎病毒感染所致。中兽医药学虽然早已有"瘟疫"之说，认为发病是由非风、非寒、非热、非寒、非湿与非燥的"戾气"所致；但其瘟疫之说只是在于提示这类疾病的传染性与流行性特点而已，而具体的辨证施治还依旧是"外感不

第四章 治疗篇

外六淫，民病当分四时"，从风、寒、暑、湿、燥、火进行论治；且在实践中已经形成了一套卓有成效的温病辨证施治理论与方法，而与现代兽医学针对病原感染的防治方法形成了明显的优势互补。

（二）辨证施治

1. 肝胆湿热

证见右胁胀痛，腹部胀满，恶心作呕，目黄或无黄，小便黄赤，大便黏腻臭秽。舌苔黄腻，脉弦滑数。治以清热利湿，凉血解毒。

（1）针灸治疗　大椎、阳陵泉、脾俞、胆俞为主，热重配四渎，湿重配灵台（图4-16）。毫针刺用泻法。

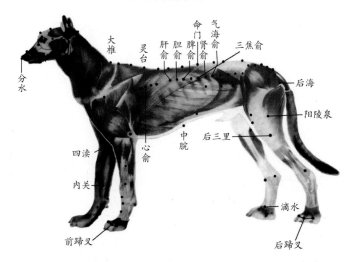

图4-16　肝炎选穴

（2）配合治疗　方药选用茵陈蒿汤类，酌加凉血解毒药。

2. 肝郁脾虚

证见胁肋胀满，精神抑郁，面色萎黄，食纳减少，口淡无味，脘痞腹胀，大便溏薄。舌淡苔白，脉沉弦。治以疏肝解郁，健脾和中。

（1）针灸治疗　胆俞、肝俞、脾俞、后三里为主穴，畏寒甚者配大椎、灵台，腹胀甚者配气海俞，脘痞甚者配中脘、内关（图4-16）。毫针刺用补法。

（2）配合治疗　方药选用逍遥散、柴芍六君子汤等。

3. 肝肾阴虚

证见两目干涩，口燥喜饮，少觉烦热，舌红瘦少津或有裂纹，脉细数无力。治以养血柔肝，滋阴补肾。

（1）针灸治疗　肝俞、肾俞、滴水为主，配脾俞、后三里、中脘（图4-16）。毫针刺用补法。

（2）配合治疗　方药选用一贯煎、滋水清肝饮等。

4. 脾肾阳虚

证见畏寒喜暖，腹痛弓腰，食少便溏，食谷不化，甚则滑泄失禁，下肢水肿，舌质淡胖，脉沉细无力或沉迟。治以健脾益气，温肾扶阳。

（1）针灸治疗　脾俞、肾俞、命门、后三里为主，畏寒甚者配大椎、灵台，腹胀甚者配气海俞，脘痞甚者配中脘、内关（图4-16）。毫针刺用补法，或艾灸。

（2）配合治疗　方药选用附子理中汤合五苓散、四君子汤合金匮肾气丸等。

5. 瘀血阻络

证见肤色晦暗或见赤缕红斑，肝脾肿大，质地较硬。舌质暗紫或有瘀斑，脉沉细涩。治以活血化瘀，散结通络。

（1）针灸治疗　肝俞、胆俞、内关、后三里为主，配心俞、滴水（图4-16），毫针用泻法，或艾灸。

（2）配合治疗　方药选用血府逐瘀汤或下瘀血汤、鳖甲煎丸等。

6. 瘀胆型肝炎

证见尿色深黄，大便色浅，似陶土色，故称陶土色大便。治以清热利湿，凉血活血，化瘀散瘀，疏肝利胆为主。

（1）针灸治疗　胆俞、肝俞、后三里、三焦俞为主，配后海、滴水、内关（图4-16）。毫针刺用泻法，或平补平泻法，或艾灸。

（2）配合治疗　可重用赤芍配伍大黄，或用黛矾散、硝矾散等方药。如属阴黄，则治以温散寒湿，选用茵陈四逆汤或茵陈术附汤之类。

7. 重症肝炎

证见神昏不清，出血发斑，尿少，腹水，四肢逆冷，脉微欲绝。早期治疗应采取综合措施为好。对热毒炽盛者，可静脉滴注茵栀黄注射液，或口服黄连解毒汤，或大剂量新鲜金钱草榨汁内服；对气营两燔者，可服大剂清瘟败毒饮；热入营血者，可用清营汤合犀角地黄汤加减；热毒内结便秘鼓肠者，服用大黄类方，通里攻下，或保留灌肠；热毒神昏者，服用紫雪丹或安宫牛黄丸，或静滴醒脑静、清开灵；湿浊神昏者，服用菖蒲郁金汤加减；气阴亏竭欲脱者，滴注生脉液合大剂量西洋参频服。

（1）针灸治疗　分水、大椎、肝俞、脾俞为主，配后三里、后海、肾俞、蹄叉（图 4-16），毫针刺酌情用补法、泻法或补泻同用。

（2）药物配伍　茵陈、玉米须各 30 克，水煎服，治疗急性黄疸型肝炎。茵陈 30 克，白茅根 15 克，大枣 10 个，水煎服，治疗急性黄疸型肝炎。柴胡、甘草各 6 克，白芍、瓜蒌各 9 克，焦山楂 12 克，红花 3 克，水煎服，可降低谷丙转氨酶。

（三）治未病

防治肝炎，要采取以切断传播途径为主的综合防治措施。隔离病犬，切断传播途径，加强粪便、垃圾的管理，搞好室内卫生，食具应专用。对输血、注射、针灸、取血、手术、消毒、隔离等工作要做到严肃认真，安全可靠，以防医源性感染。

十四、黄疸

黄疸是指眼睛、口、鼻、阴道黏膜及其他组织器官黄染的一种病症，可见于多种疾病过程中。临床常分为阴黄和阳黄两大证型。

（一）病因病机

阴黄多因寒湿内阻所致，阳黄多因湿热郁蒸所致。

（二）辨证施治

1. 阴黄

证见黏膜青黄，色泽晦暗，精神委顿，形寒怕冷，耳、鼻、四肢冰冷，大便稀溏，尿液发黄，舌淡苔腻，脉象沉迟。治以温中化湿，健脾益气。

（1）针灸治疗　以脾俞为主穴，选后三里、肝俞、阳陵泉为配穴（图4-17）。毫针或电针。或黄芪注射液脾俞、肝俞和后三里穴位注射。

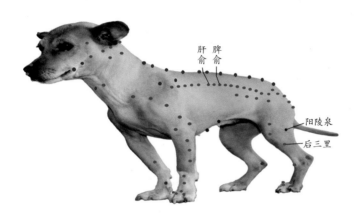

肝俞　脾俞

阳陵泉

后三里

图 4-17　黄疸选穴

（2）配合治疗　维生素 B_{12} 注射液或肝细胞生长素注射液脾俞和肝俞穴位注射。或口服加减茵陈术附汤。

2. 阳黄

证见体热不退，黏膜黄染，色鲜光润，精神不振，食欲减退，大便溏泄，小便短赤，舌苔黄腻，脉象滑数。治以清热利湿。

（1）针灸治疗　肝俞为主穴，选脾俞、阳陵泉、后三里为配穴（图4-17）。毫针或电针。或肝俞、脾俞穴位注射茵栀黄或板蓝根注射液。

（2）配合治疗　体温升高较严重者，有针对性地选用抗生素和地塞米松于肝俞和脾俞穴位注射。或口服茵陈蒿汤。

十五、休克

休克是临床各科严重疾病中常见的一种并发症，是一种极为危重的状态。临床上休克可分为早期（也称代偿期）、中期（也称淤滞期）与晚期（也称难治期）。其主要临床表现有血压下降、皮肤黏膜苍白、四肢湿冷和肢端发绀、浅表静脉萎陷、脉搏细弱、全身无力、尿量减少、烦躁不安、反应迟钝、神志模糊甚至昏迷等。

（一）病因病机

休克发生，多因有效循环血量不足，导致急性组织灌注量不足，从而导致组织缺氧、微循环瘀滞，脏器功能障碍和细胞代谢功能异常。其发病规律一般是从代偿性组织灌注减少到微循环衰竭，最后导致细胞死亡。中兽医学认为，其有气阴亏虚、阴竭阳脱、热毒内闭几种不同类型。

（二）辨证施治

休克多发生在过敏、严重创伤、大出血或重度感染之后，及时抢救是挽救患犬生命的关键。休克时，针灸是急救良方，但配合中医药辨证施治；或配合穴位注射肾上腺素或抗生素，并根据病情，给予输氧、输血或输液，效果会更好。

1. 针灸治疗

分水、合谷、内关、山根为主，配百会、肾俞、尾尖、蹄叉、涌泉、滴水（图 4-18），毫针急刺、电针和放血疗法，往往有奇效。

2. 配合治疗

（1）气阴亏虚证　证见患犬神志不清，黏膜苍白，呼吸急促而弱，皮肤干燥，尿少烦渴，四肢厥冷，唇舌干绛，苔少而干，脉细数而无力。治以益气养阴，救逆固脱。可用生脉散加减。

（2）阴竭阳脱证　证见神志不清，黏膜青灰，皮肤紫花或大片瘀斑，皮肤湿冷，四肢冰凉，呼吸不整，体温不升，唇紫发青，苔白滑，脉微欲绝。治法：益气回阳，救逆固脱。可用参附龙牡救逆汤

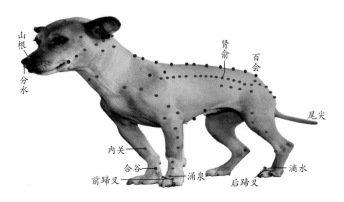

图 4-18　休克选穴

加减。

（3）**热毒内闭证**　证见高热，烦躁，或精神萎靡，甚则神志昏迷，强直抽搐，喉中痰鸣，胸腹灼热，黏膜苍白，四肢厥冷，口渴喜饮，小便短赤，大便秘结，舌红，苔黄燥，脉细数。治法：清热解毒，通腑开窍。可用清瘟败毒饮合小承气汤加减。

十六、胰腺炎

胰腺炎是多发生在成年犬上的一种消化系统疾病，临床上以呕吐、腹痛、发热、脂肪泻与生化检查以血清淀粉酶、脂肪酶升高等为主要特征。胰腺炎可分为急性和慢性两种，多属于中兽医学的"胃脘痛""腹痛"及"胁痛"等范畴。

（一）病因病机

急性胰腺炎是犬的一种常见急腹症，是胰酶在胰腺内被激活后引起胰腺组织自身消化、水肿、出血甚至坏死的急性炎症反应。临床主要表现为突然发作、前腹部剧烈疼痛、发热、恶心呕吐、腹胀，严重者可出现休克、呼吸衰竭及腹膜炎等危急证候。可分急性水肿型、急性出血型和急性坏死型三种类型。急性胰腺炎反复或持续发作会导致胰管梗阻。慢性胰腺炎则是由于各种因素造成胰腺组织和功能的持续性、永久性损害。胰腺出现不同程度的腺泡萎缩、胰管变形、纤维化及钙化，并出现不同程度的胰腺外分泌和内分泌功能障碍，临床上以患犬多有反复发作的上腹痛而弓腰萎靡，甚则常伴有恶心呕吐，长期消化不良、消瘦、腹泻或大便中有脂肪细胞、血尿淀粉酶增加。

本病中兽医学病机常为虚实兼杂，但有所侧重。偏实者，肝胆湿热，胃失和降，治宜清肝利胆、和胃缓下，重在通腑。偏虚者，脾馁肝横，气血瘀滞，治宜扶脾柔肝、益气祛瘀。

（二）辨证施治

1. 针灸治疗

临床证明，针灸对本病有较好的止痛消炎、解痉止呕的作用。

（1）体针疗法　后三里、内关、胰俞、天枢为主，配中脘、脾俞、胃俞、关元俞、肝俞（图4-19）。每次选主穴2～3个，配穴1～2个。针体垂直刺入，大幅度捻转提插以加强刺激，均用泻法。得气后留针半小时，每隔5分钟运针一次。去针后，可加艾灸。上述穴位，亦可以用电针治疗，疏密波，强度以可耐受为宜，刺激15分钟。无论体针或电针，急性期日针2次以上。必须禁食，并配合胃肠减压、抑制胰腺分泌（乌司他丁/奥曲肽）、抑酸（奥美拉唑）、抗感染、补液支持疗法。

（2）穴位注射　后三里、胰俞为主，腹痛加胃俞、关元俞，呕

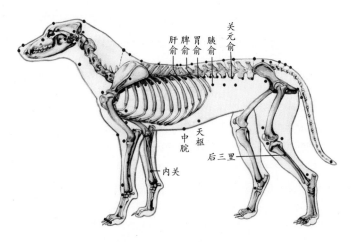

图4-19　胰腺炎选穴

吐加内关、中脘（图 4-19）。10% 葡萄糖注射液、阿托品注射液穴位注射。

2. 配合治疗

（1）肠胃积热　证见腹部胀痛而拒按，胃脘部痞塞不通，恶心呕吐，大便秘结，舌质红，苔黄燥，脉滑数。治以清热化湿，通里攻下。方用清胰汤合大承气汤加减：柴胡、枳壳、黄芩、黄连、白芍、木香、金银花、延胡索、生大黄（后下）、芒硝（冲服）、厚朴。

（2）肝胆湿热　证见胃脘疼痛，发热，恶心呕吐，身重倦怠或黄疸，舌苔黄腻，脉滑数。治以疏肝泄胆，清热利湿。方用清胰汤合龙胆泻肝汤加减：龙胆、茵陈、生栀子、柴胡、黄芩、胡黄连、白芍、木香、生大黄（后下）、金钱草、薏苡仁、苍术、焦三仙。

（3）脾虚食滞　证见食后胃脘饱胀不适，泄泻，大便酸臭或有不消化食物，口色淡黄，肌瘦，倦怠乏力，舌淡胖，苔白，脉弱。治以健脾化积，调畅气机。方用清胰汤合枳实化滞丸加减：焦白术、焦三仙、茯苓、枳实、金银花、黄芩、柴胡、泽泻、陈皮、薏苡仁、木香。

（4）瘀血内结　证见脘腹疼痛加剧，部位固定不移，脘腹或左胁下有痞块，X 线片或 B 超发现胰腺有钙化或囊肿形成，舌质紫暗或有瘀斑、瘀点，脉涩。治以活血化瘀，理气止痛。方用少腹逐瘀汤加减：香附、延胡索、没药、当归、川芎、赤芍、蒲黄、五灵脂、柴胡、薏苡仁、黄芩、丹参。

十七、腹痛

腹痛是犬的一个常见症状，但可能只会表现为精神不振或萎靡或不愿活动。常见于现代兽医学的急性和慢性胰腺炎、急性和慢性腹膜炎、急性和慢性肠炎及肠痉挛病症中。

（一）病因病机

中兽医学将腹痛分为外邪侵袭和内伤两大类，并认为湿暑热之邪侵入腹中，使脾胃运化功能失调，邪滞于中，气机阻滞，不通则痛。足太阴脾经、足阳明胃经别入腹里，足厥阴肝经抵小腹，任脉循腹里，因此，腹痛与这四条经脉密切相关。治疗腹痛，则根据"通则不痛"的理论依据，以"通"为原则，但"通"有行气活血之分。应按临证表现，分别采取不同的"通"法，即实则攻之，虚则补之，寒则热之，热则寒之，气滞者理气，血瘀者活血。

（二）辨证施治

1. 针灸治疗

腹痛常用的止痛穴位有：后三里、蹄叉、内关、天枢、中脘、三江（图4-20）。虚寒性腹痛多见，故多用温热疗法，如艾灸神厥、后三里、关元俞、天枢等（图4-20），或腹部热敷、葱熨法、盐熨法，及口服生姜红糖水等，以温中散寒止痛。

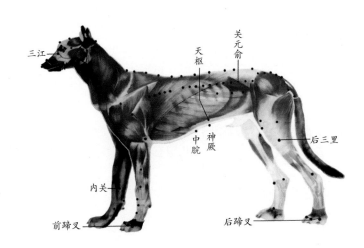

图4-20　腹痛选穴

2. 辨证施治

（1）**虚寒证**　证见腹痛绵绵或拘引作痛，时作时止，喜热恶冷，痛时喜按，空腹及运动疲劳后加剧，大便溏泄，神疲气短，肢冷畏寒，萎靡，舌淡苔白，脉沉细。治以甘温益气，助阳散寒，温里理气。方用小建中汤：桂枝、干姜、附子、芍药、炙甘草、党参、白术、饴糖、大枣等。

（2）**气滞证**　证见脘腹胀满，痛引两胁或下连少腹，嗳气后痛减，舌苔薄白，脉弦。治以疏肝解郁，行气止痛。方用柴胡疏肝散：柴胡、枳壳、香附、陈皮、芍药、甘草、川芎等。

（3）血瘀证　证见少腹刺痛而拒按，经久不愈，疼痛剧烈，痛处固定不移，舌质紫暗或有瘀斑，脉弦或涩滞。治以活血化瘀，和络止痛。方用少腹逐瘀汤：桃仁、红花、牛膝、当归、川芎、赤芍、甘草、延胡索、蒲黄、五灵脂、香附、乌药、青皮等。

（4）食积证　证见脘腹胀满，疼痛拒按，厌食呕吐，口臭或痛而欲泻，便后痛减或大便秘结，舌苔厚腻，脉滑实。治以消食导滞，理气止痛。方用枳实导滞丸加减：大黄、枳实、神曲、黄芩、黄连、泽泻、白术、茯苓等。

3. 配合治疗

根据病情可选用阿托品、维生素 K_3、盐酸消旋山莨菪碱注射液、庆大霉素、双黄连、普鲁卡因等进行穴位注射。同时直肠滴注平胃液或止痢液等。

十八、呕吐

呕吐是指由于各种原因导致胃内容物从口吐出的一种病症。呕吐在犬临床上很常见，由功能性、器质性、习惯性以及过食等原因所致。中兽医有"有声无物为呕，有物无声为吐"之说，而临床上两者常常同时出现，故统称为呕吐。

（一）病因病机

呕吐多为胃肠感受寒热或食入不洁食物等多种原因引起，也是胃肠炎或某些传染病的一种常见症状，可零星或频繁发作。中兽医学认为，本病是由于各种原因导致胃气上逆所致，临床上多见实证与虚证两种。

（二）辨证施治

1. 实证呕吐

证见发病较急，病程较短，突然呕吐，呕吐物稀薄，伴有恶寒肢冷，苔薄白，脉浮紧，多为寒邪所伤；吐物腥臭，伴有口干喜饮，舌苔黄厚，脉多沉数，多为热邪所伤；吐物腐酸，伴有肚腹饱满，舌苔白腻，脉沉实，多因饮食所伤。治以和胃降逆止呕。寒邪所伤宜温胃降逆，热邪所伤宜清胃热降逆，食伤所致宜化食降逆。

（1）针灸治疗　后三里、胃俞、中脘为主，随证配穴，寒伤加百会、脾俞，另加温灸；热伤和食伤均可加大椎，放尾尖血（图4-21，图4-22）。

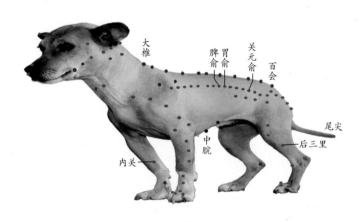

图 4-21　呕吐选穴（1）

（2）中药治疗　外感呕吐，方用藿香正气散加减（藿香、紫苏、白芷、厚朴、大腹皮、白术、茯苓、甘草、陈皮、半夏）；伤食停滞呕吐，方用保和丸加减（神曲、山楂、莱菔子、陈皮、半夏、茯苓、连翘、谷芽、麦芽、鸡内金）；若积滞化热，腹胀便秘者，可用小承气汤。

（3）配合治疗　穴位注射胃复安注射液，炎症严重时可用相应的敏感抗生素加地塞米松注射液穴位注射。

2. 虚证呕吐

证见发病一般比较缓慢，病程较长，呕吐时作时止，食入稍多即吐，倦怠乏力，口色淡白，四肢不温，大便溏泄，舌淡脉弱。治以补脾和胃，降逆止呕。

（1）针灸治疗　脾俞、内关为主穴，配合后三里、胃俞、关元俞等穴（图4-21，图4-22）。或电针另加温针或穴位注射黄芪注射液。

（2）中药治疗　香砂六君子汤加减（党参、茯苓、白术、甘草、砂仁、木香、陈皮、半夏、丁香、吴茱萸）。脾阳不振，畏寒肢冷，可加干姜、附子，或用附子理中丸温中健脾。

（3）配合治疗　穴位注射胃复安注射液。其他某些传染病除了辨证施治外，另加相应的高免血清或单克隆抗体注入天门、脾俞、关元俞和胃俞等穴。

十九、泄泻

泄泻是指犬的排便次数增多，粪便稀薄，甚至泻出如水样的一种疾病。泄泻多见于西兽医学的急慢性肠炎、消化不良、肠功能紊乱、过敏性

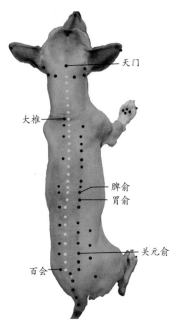

图 4-22　呕吐选穴（2）

结肠炎、肠结核、神经官能症性腹泻等疾病。临床上根据发病情况及病程长短有急性、慢性之分。

（一）病因病机

中兽医学认为，泄泻的病变主要在脾、胃与大肠、小肠，急性泄泻多因内伤饮食，外受寒湿，侵及肠胃，导致脾胃升降失司，水湿下注大肠而泄泻；或因夏秋感受湿热，留于肠胃，导致传导失常而泄泻；或暴饮暴食，或食不洁之物，或过食生冷、肥甘，致食滞中焦，损伤脾胃，运化失司而致泄泻。慢性泄泻多因脾肾阳虚，脾阳不足，运化无力，水湿内停，留于肠胃而成泄泻；或肾阳不足，无以温化，水湿内停而作泄泻。

（二）辨证施治

1. 急性泄泻

（1）寒湿泄泻　证见泄泻清稀，腹痛肠鸣，喜温畏冷，口不渴，

舌淡苔白，脉多沉迟。治以芳香化湿，解表散寒。

　① 针灸治疗：天枢、气海俞、后三里为主，配中脘、关元俞、脾俞、合谷（图 4-23，图 4-24），针灸并用，或隔姜灸，以温中利湿。

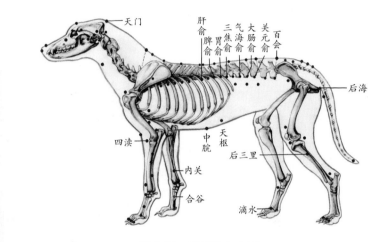

图 4-23　泄泻选穴（1）

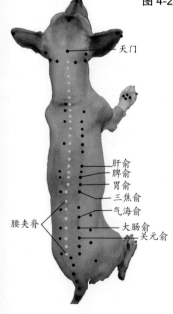

图 4-24　泄泻选穴（2）

　② 配合治疗：藿香正气散加减。

　（2）湿热泄泻　证见腹痛即泻，泻下黄糜热臭，肛门灼热，小便短赤或兼身热，口渴，舌苔黄腻，脉象滑数。治以清肠利湿。

　① 针灸治疗：天枢、后三里为主，配四渎、三焦俞、脾俞、滴水（图 4-23，图 4-24），针刺用泻法，以清热利湿。

　② 配合治疗：葛根黄芩黄连汤加减；或后海注入庆大霉素和 0.5% 普鲁卡因注射液混合液；体温升高者，可于后海内注入抗生素和地塞米松注射液。若是传染病的症状表现，则另用相应的高免血清或单克隆抗体注入

后海、天门、脾俞、三焦俞等。

（3）饮食所伤　证见泻下粪便臭如败卵，腹痛肠鸣，泻后痛减，脘腹痞满，嗳气不欲食，舌苔垢浊，脉象滑数或弦。治以消食导滞。

① 针灸治疗：天枢、胃俞、后三里为主，配内关、脾俞、大肠俞、关元俞（图4-23，图4-24），针刺用泻法，以调中消导。

② 配合治疗：保和丸加减。

2. 慢性泄泻

（1）脾虚泄泻　证见大便溏薄，甚则完谷不化，食欲废绝，食后不舒，肤色萎黄，神疲倦怠，舌淡苔白，脉弱无力。治以健脾益气，和胃渗湿。

① 针灸治疗：中脘、天枢、关元俞、后三里为主，配脾俞、后海、胃俞、腰夹脊（图4-23，图4-24），毫针刺用补法，或艾灸或按摩。

② 配合治疗：参苓白术散加减。

（2）肾虚泄泻　证见黎明之前即泻，肠鸣腹痛，泻后则安，腹部凉，时有腹胀，下肢不温，舌淡苔白，脉沉细无力。治以温补脾肾，固涩止泻。

① 针灸治疗：大肠俞、后海、后三里为主，配命门、关元俞、百会、腰夹脊等（图4-23，图4-24），毫针刺用补法，或艾灸或按摩。

② 配合治疗：四神丸加减。

（3）肝郁泄泻　证见情绪紧张之时即发生腹痛泄泻，腹中雷鸣，泻后痛减，矢气频作，胸胁胀闷，食少，舌淡，脉弦。治以抑肝扶脾，调中止泻。

① 针灸治法：中脘、天枢、关元俞、后三里为主，配脾俞、肝俞、胃俞、后海、腰夹脊（图4-23，图4-24），毫针刺用补法，或艾灸或按摩。

② 配合治疗：痛泻要方加减。

二十、消化不良

消化不良是幼犬的一种常见病症，以食管、胃、十二指肠的正常蠕动功能失调，临床上断断续续的上腹部不适或疼痛、食欲减退或废绝、饱胀、恶心、嗳气等为特征。多见于胃和十二指肠部位的慢性炎症等。

（一）病因病机

当今宠物已经成为家庭的娇贵成员，由于缺少陪伴或不能满足其需求而导致精神紧张、情志抑郁、肝气郁结、横逆犯胃、脾胃受伤，致使受纳和运化水谷功能障碍的现象愈来愈多；或由于宠物过度受宠、暴饮暴食、过食肥甘厚腻、损伤脾胃、中焦气机阻塞、健运失司、腐熟无权；或素体脾胃虚弱，或由于各种原因日久，损伤脾胃致脾胃虚弱，纳运无力，痰湿滞留中焦，致使脾气不升、胃气不降、气机逆乱；或由于误用下泻药，损伤中阳，外邪乘机而入，或湿滞日久化热，寒热互结，气不升降。

（二）辨证施治

根据以上病因病机，中兽医学将消化不良分为以下几个证型进行辨证施治。

1. 肝气犯胃型

证见胃脘胀痛，纳呆嗳气，烦躁易怒，或焦虑不寐，随情志因素而变化，舌苔薄白，脉弦。治以疏肝理气，化滞消痞。

（1）针灸治疗　后三里、内关、中脘为主穴，配胃俞、天枢、脾俞、肝俞，毫针刺，也可用电针或温针。

（2）配合治疗　柴胡疏肝散加减（柴胡、白芍、枳壳、香附、川芎、陈皮、甘草）。嗳气频作者，加旋覆花、赭石；烦躁不安者，加炒酸枣仁、五味子；肝郁化火犯胃出现胃脘灼热、嘈杂、泛酸者，加黄连、吴茱萸、栀子、牡丹皮。

2. 饮食停滞型

证见脘腹胀满，嗳腐吞酸，纳呆恶心或呕吐不消化食物，舌苔厚腻，脉滑。治以消食导滞，和胃降逆。

（1）针灸治疗　后三里、内关、中脘为主穴，配胃俞、天枢、关元俞、百会（图4-25），毫针刺，也可用电针或温针。

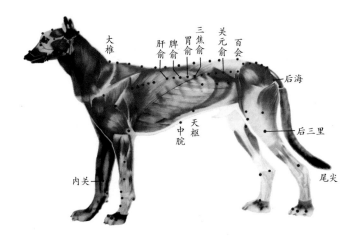

图 4-25　消化不良选穴

（2）配合治疗　保和丸合平胃散加减（山楂、神曲、莱菔子、陈皮、半夏、茯苓、苍术、厚朴、枳实、连翘）。若食积化热，大便秘结者，可加大黄、槟榔；若食积脾虚，大便溏薄者，可加白术、扁豆。脾虚所致，也可内服多酶片、乳酶生或中药保和丸。

3. 痰湿停滞型

证见胃脘痞满，嗳气，食欲减退，舌苔白腻，脉沉濡缓。治以健脾益气，和胃化湿。

（1）针灸治疗　后三里、内关、中脘为主穴，配后海、关元俞、尾尖、脾俞、三焦俞（图4-25）。常用白针，或电针或艾灸。

（2）配合治疗　平胃散合二陈汤加减（苍术、半夏、厚朴、陈皮、茯苓、甘草）。气逆嗳气不除加旋覆花；胸膈满闷加瓜蒌、薤白；痰黄，口干加黄芩。湿热所伤热甚者，穴位注射相应敏感抗生素和地塞米松注射液。

4. 寒热错杂型

证见胃脘痞满不痛，肠鸣泄泻，舌苔薄黄而腻，脉弦数。治以辛开苦降，和胃消痞。

（1）针灸治疗　脾俞、后海、关元俞、百会为主，配大椎、尾尖、胃俞（图 4-25）。也可用电针或温针，体温升高者可将双黄连注射液注入大椎。

（2）配合治疗　半夏泻心汤加减（半夏、黄连、黄芩、党参、甘草、干姜、大枣）。偏寒者，重干姜，加吴茱萸；偏热者，重黄芩、黄连；气滞胀痛者，加柴胡、白芍、木香；夹瘀者，加丹参、三七粉；便溏者，加炒白术、山药；便秘者，加大黄。

二十一、腹胀

腹胀也称肚胀，是指腹部一部分或全腹部膨隆。临床上常见的引起腹胀的疾病有吞气症、急性胃扩张、幽门梗阻、肠梗阻、肠麻痹、顽固性便秘、肝胆疾病及某些全身性疾病等。

（一）病因病机

引起腹胀的原因很多，但主要见于胃肠道臌气、腹水与腹腔肿瘤等。正常动物胃肠道内可有少量气体；而当咽入胃内空气过多或因消化吸收功能不良时，胃肠道内产气过多，肠道内的气体又不能从肛门排出体外，则可导致腹胀。《诸病源候论·腹胀候》："腹胀者，由阳气外虚，阴气内积故也。阳气外虚，受风冷邪气，风冷，阴气也。冷积于腑脏之间不散，与脾气相壅，虚则胀，故腹满而气微喘。"

（二）辨证施治

1. 针灸治疗

腹中气胀，取穴膈俞、中脘；虚寒腹胀，取大肠俞、脾俞；腹胀不通、大便干，取天枢、后三里；腹中大热不安、腹有大气、暴胀满，取后三里、后跟、蹄叉；脾胃虚弱、心腹胀满、不思饮食、肠鸣腹痛、食不化，取后三里、后海、脾俞；大肠有热、肠鸣腹满、食不化、喘不能久立，取脾俞、关元俞、肾俞（图 4-26），或艾灸中脘、天枢、神阙（图 4-27）。

2. 中药治疗

外感六淫成胀，藿香正气散；内因七情成胀，沉香降气散。忧思

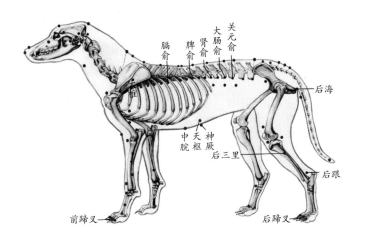

图 4-26　腹胀选穴（1）

过度，致伤脾胃，心腹膜胀，喘促烦闷，肠鸣气走，辘辘有声，大小便不利，脉虚而涩，局方七气汤；浊气在上，则生腹胀，生姜泻心汤加木香、厚朴或木香顺气汤；脾胃不温，不能腐熟水谷而胀，附子理中汤；肾脏虚寒，不能生化脾土而胀，济生肾气丸；忧思伤及心脾，腹胀兼有喘促、呕逆、肠鸣、二便不利者，可用苏子汤；它如食积、虫积等亦可致腹胀。脾虚气滞所致腹胀，可用枳术丸，也可服用健脾丸；湿阻气机所致腹胀，可用木香顺气丸；肝气郁滞所致腹胀，可用逍遥丸。

二十二、便秘

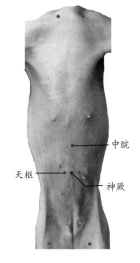

图 4-27　腹胀选穴（2）

便秘是指犬肠管收缩力降低和蠕动减弱，使肠管内容物排泄停滞，水分大量被吸收，粪便变硬，排便困难或延迟或停止的一类疾患。排便疼痛常见于肛门直肠炎、肛门周围炎、肛门或结肠内有异物等；机械性阻塞常见于结肠肿瘤、直肠肿瘤、会阴疝；功能障碍性常见于巨大结肠症、甲状腺功能亢进、肠管麻痹、全身肌无力等。应注意原发疾病的诊断与治疗。

（一）病因病机

中兽医学认为，犬便秘多因胃肠积热或气血亏损所致，以粪便秘结或排粪不畅为主要病症。临床常见实秘和虚秘两种证型。

（二）辨证施治

1. 实秘

证见粪便干硬量少，继则排粪困难，努责难下，食欲减退，口渴喜饮，口臭苔黄厚，脉弦。治以行滞通便。

（1）针灸治疗　大肠俞为主，配后三里、后海、关元俞（图4-28，图4-29），毫针用泻法或电针。

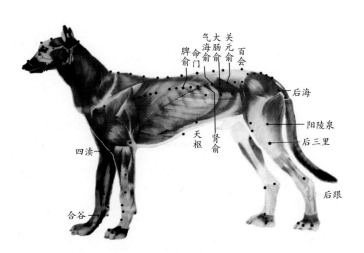

图4-28　便秘选穴（1）

（2）配合治疗　根据便秘情况，可选择大承气汤、小承气汤或调胃承气汤，煎液灌肠或口服，或配合治疗直肠滴注适量5%氯化钠溶液，配合腹壁按摩。

2. 虚秘

证见排粪不畅，精神不振，食欲减退，舌淡苔白润，脉沉迟。治以润燥通便。

（1）针灸治疗及按摩　大肠俞为主穴，配天枢、脾俞、关元俞、气海俞、后三里、后海、肾俞、命门、四渎、合谷（图4-28，图4-29）。毫针用补法，或电针、温针或艾灸，腰夹脊按摩。

（2）配合治疗　增液汤或麻子仁丸煎液灌肠或灌服，或直肠滴注生理盐水和维生素C，配合直肠按摩，便通后继续用生脉饮调喂之。

二十三、脱肛

脱肛又称直肠脱垂，是以直肠末端黏膜脱于肛门外为特征的一种病症。

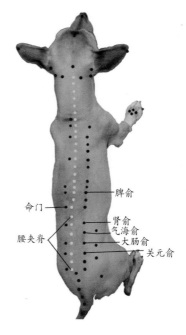

脾俞
命门
肾俞
气海俞
腰夹脊
大肠俞
关元俞

图4-29　便秘选穴（2）

（一）病因病机

现代医学认为脱肛是因各种原因引起肛门括约肌松弛所致。中兽医学认为，脱肛多因久泻、久痢、身体虚弱，以致中气下陷，收摄无权而引起。久痢、久泻、久咳以及雌犬生育过多，体质虚弱，劳伤耗气，中气不足，以致气虚下陷，固摄失司，而致脱肛；或幼犬先天不足，气血未旺，或年老体衰，或滥用苦寒攻伐药物，亦能导致真元不足，关门不固，而致脱肛。脱肛除了与大肠有关外，还与肺、胃、脾、肾等脏腑有关。肺与大肠相表里，脾胃为气血生化之源，肾开窍于二阴，主一身之元气，故以上脏腑若有病变，都可能影响直肠而发生脱肛。

（二）辨证施治

1. 针灸治疗

先将脱出的肛门黏膜（称莲花穴）用消毒液清洗除去污物，用三棱针散刺去除瘀血，再以 3% 明矾水溶液冲洗，使黏膜瘀肿消除，人工辅助，使其自然复回肛门，然后再施以针灸按摩疗法，效果更好。

脱肛治疗的基本原则是升气固脱，取穴以督脉、足太阳膀胱经穴为主。百会、后海、大肠俞为主，若中气下陷者，可加脾俞、气海俞、后三里；湿热下注者，加阳陵泉、脾俞、三焦俞。百会用补法或灸法，早晚用艾条灸百会各一次，每次 3～5 分钟；其余主穴用平补平泻法（图 4-28～图 4-31）。

中老龄动物脱肛多由于脾虚所致，坚持按摩百会，可获得较好的疗效。可每日按摩 3～5 次，每次 5～10 分钟，一般按摩 3 天后可收到一定疗效，一周后可基本获愈。或捏拿腰夹脊与胸夹脊，重捏后海、命门，往返二十余分钟，再揉按百合、后海各 5 分钟。

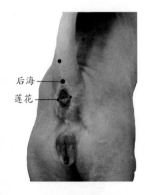

图 4-30　脱肛选穴（1）

后海
莲花

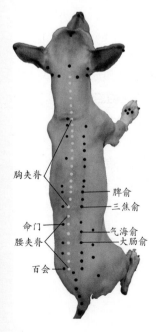

图 4-31　脱肛选穴（2）

胸夹脊
脾俞
三焦俞
命门
气海俞
腰夹脊
大肠俞
百会

2.　配合治疗

（1）肺热气虚之脱肛　证见病犬易疲劳，四肢乏力，气短喘粗，或出现鼻塞，流脓涕，咳嗽剧烈，咳黄色痰，胸闷，大便干结，小便黄。治以清热凉血，利肛收敛。方用参麦芩连归地汤：沙参、麦冬、黄芩、黄连、当归、生地黄、枳壳、厚朴、乌梅、白芍，水煎服，每日 1 剂。

（2）中气下陷之脱肛　证见突然发病，痛楚不安，排粪困难，频频努责，若系身体瘦弱，气虚所致，肛门松弛或脱出。肛门脱出部分，初呈赤红色，随着脱出的黏膜发炎和风吹，渐渐变成紫黑色，久之发生糜烂、溃疡和坏死。治以益气升阳，破瘀生新。方用收肛散：蚯蚓、五倍子、炒浮萍草、龙骨、木贼草，共研细末，干擦或麻油调敷。或用益气升阳汤：黄芪、当归、党参、白术、柴胡、升麻、炙甘草、樗树皮、陈皮、罂粟壳，每日 1 剂，水煎，分早、中、晚服。

（3）努责严重之脱肛　可在肛周作烟包缝合，或用 1%～2% 普鲁卡因溶液 3 毫升加 95% 酒精 3 毫升混合液，或 5%～8% 的明矾溶液 3 毫升加 1.5% 枸橼酸钠溶液 6 毫升，在肛周分 4 点注入，以防脱肛再发。可同时服用补中益气汤。

二十四、尿血

尿血是指小便中混有血液或夹杂血块从尿道排出的一种病症，主要见于肾结核、肾炎、尿路感染、尿路结石、尿路肿瘤、前列腺增生、肾及尿道损伤（咬伤、车伤）等。小便一开始尿血，后逐渐转清者，多为尿道出血；开始小便清澈，终末却见尿血者，则为膀胱出血；小便自始至终混有血液，多为肾脏出血。

（一）病因病机

多因运动太过或外力伤及脾、肾或久病脾肾双亏，脾虚则不能统血，肾亏不能封藏，血溢尿路，随尿外泄；或因热扰血分，热蓄肾与膀胱，损伤脉络，致营血妄行，血从尿出而致尿血。尿血多发病于肾和膀胱，但与心、小肠、肝、脾有密切联系，并有虚实之别，外感与内伤之分。外感多以邪热为主，发病急骤，初起多见恶寒发热等表证；内伤多起病比较缓慢，先有阴阳偏盛，气血亏虚或脾肾虚衰的全身症状，其后表现为尿血。外感尿血多实证，内伤多虚证。凡起病急骤，病程短，尿色鲜红，尿道有艰涩灼热感，或伴恶寒发热等症，舌质红，苔黄腻，脉弦数或浮数者，多属实证；若起病缓慢，病程长，尿色淡红，腰膝酸软，潮热，倦怠无力，口干舌燥，舌质淡或淡红，苔薄白，脉细数或细弱者，多属虚证。

（二）辨证施治

1. 心火亢盛

证见尿血色鲜红，小便短涩，口舌糜烂或生疮，心悸，烦躁少眠，大便燥结，舌尖红，苔黄，脉数。治以清心泻火止血。

针灸治疗：胸堂、小肠俞为主，配二眼、百会、关元俞（图4-32）。胸堂三棱针放血，其余毫针用泻法。

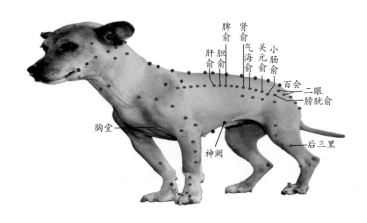

图 4-32　尿血选穴

配合治疗：导赤散合小蓟饮子加减。或生大黄 30 克、马齿苋 10 克、黄柏 20 克，水煎取汁 150 毫升，保留灌肠 20～30 分钟，每日 1～2 次。或生大黄 30 克、败酱草 10 克，水煎取汁 150 毫升，高位灌肠，保留 20～30 分钟，每日 1 次，5～7 天为 1 个疗程。或鲜墨旱莲、鲜马齿苋各等量，洗净后捣烂榨取汁，每次服 50 毫升，每日 3～4 次，连服 4～5 日。

2. 膀胱湿热

证见尿血，尿频，尿急，腰痛少动，少腹胀满，舌质红，舌苔黄腻，脉滑数。

针灸治疗：膀胱俞、脾俞、小肠俞为主，配二眼、百会、关元俞（图4-32）。毫针刺用泻法，或电针。

配合治疗：茵陈蒿汤加味（茵陈 30 克，连翘 20 克，赤芍、茯苓各 15 克，栀子、车前子、滑石各 10 克）。或鲜车前草适量，洗净，捣烂，榨汁，每次 100 毫升，加冰糖 10 克，拌匀后服，一日 3 次，轻者一天见效，重者连服 3～4 天见效。

3. 肝胆湿热

证见尿血，小便短赤，兼见发热口臭，纳减腹胀，恶心欲呕，胁肋疼痛或可视黏膜发黄，舌边红，苔黄腻，脉弦数。

针灸治疗：胆俞、肝俞为主，配关元俞、百会、膀胱俞（图4-32），用泻法，留针 15 ～ 20 分钟，每日 1 次。或艾灸神阙，每次15 分钟，每日 1 ～ 2 次。

配合治疗：龙胆泻肝汤加减（龙胆、栀子、黄芩、当归各 10 克，柴胡 8 克，木通 6 克，车前草 12 克，泽泻 12 克，生地黄 12 克，甘草 6 克）。

4. 脾肾两亏

证见小便频数带血，血色淡红，反复不愈，神疲倦怠，纳减腹胀，便溏，腰膝酸软，行步拖拉，面色萎黄，舌质淡，苔白润，脉细弱。治以健脾益肾，补气摄血。

针灸治疗：脾俞、肾俞、气海俞为主，配后三里、百会、膀胱俞（图4-32）。毫针用补法，或艾灸。

配合治疗：补中益气汤合无比山药丸加减（黄芪、党参、白术、陈皮、当归、升麻、柴胡、熟地黄、山茱萸、巴戟天、肉苁蓉、杜仲、五味子、菟丝子、山药、茯苓、泽泻等）。

二十五、肾炎

肾炎是指犬肾小球、肾小管或肾间质组织发生炎症的病理过程。病犬以食欲减退、消化不良、精神沉郁、体温微升、肾区触诊有痛感、排尿次数明显增多、但尿量较少、出现暗红色血尿为特征，尿液检查蛋白质阳性，镜检尿沉渣可见白细胞、红细胞及多量的肾上皮细胞。临床上有急慢性之分。

（一）病因病机

中兽医学认为，急性肾炎多由于风热、风寒之邪入侵，致肺卫失和，肺气失宣，水道失调，不能通调水道以输膀胱，导致水邪泛溢，故又称为"风水"；或由于疮毒内侵或湿热内生，致脾失健运，水湿不得运化，留而泛溢于肌肤。由于急性肾炎起病急，变化快，多以水肿和血尿为主要表现，中兽医学将之归入"水肿""尿血"等病中。慢性肾炎可表现为阴虚湿热、肺卫不固、脾虚湿阻等不同证候，但大多数仍为邪实居多，正虚次之，不可以骤然进补。其治疗方法仍以祛邪为先，必要时可采用攻补兼施的方法。

（二）辨证施治

1. 针灸治疗

三焦俞、肾俞为主，配气海俞、后三里、神厥等，急性者加肺俞、合谷、风池、大椎；慢性者加脾俞、中脘、肾俞、关元俞（图4-33）。上述穴位，每选3～7穴，急性者用泻法，慢性者用补法，且均可酌情施灸，隔日1次，10次为1个疗程。或急性，用双黄连注射液等穴位注射；慢性，用黄芪注射液穴位注射。

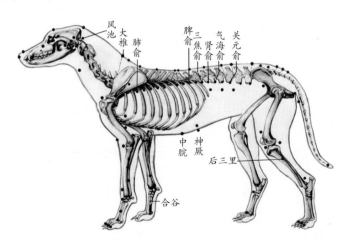

图4-33　肾炎选穴

2. 配合治疗

（1）肺肾气虚　证见肢体水肿，可视黏膜萎黄，少气乏力，易于感冒，舌淡苔白，舌边有齿痕，脉细弱。治以补益肺肾，方用益气补肾汤加减：人参、黄芪、白术、茯苓、山药、山茱萸、炙甘草、大枣。外感表证明显者，加荆芥、防风、紫苏叶；水肿尿少者，加冬瓜皮、猪苓、泽泻；咽喉红肿疼痛者，加金银花、蒲公英、马勃、桔梗、射干；小便热涩短少者，加白花蛇舌草、车前子、滑石、玉米须；腰脊酸痛明显者，加杜仲、桑寄生、狗脊、延胡索（元胡）等。

（2）脾肾阳虚　证见水肿明显，面色苍白，畏寒肢冷，腰脊酸痛，神疲乏力，纳呆便溏，尿少色清，舌淡胖，苔白腻，脉沉细。治以温阳利水。方用真武汤加减：附子、干姜、白术、白芍、茯苓。形寒肢冷、肾阳虚较重者，加肉桂、巴戟天、补骨脂；伴胸水而喘急不能平卧者，加葶苈大枣泻肺汤；伴腹水而腹皮绷急胀痛者，加大腹皮、陈皮、冬瓜皮、枳实；瘀血之证突出，面色黑，腰痛固定或肌肤麻木，舌质紫暗有瘀斑者，加丹参、益母草、桃仁、红花。

（3）肝肾阴虚　证见虚烦少眠或见肢体轻度水肿，或见尿血，口干舌燥，小便短赤，大便干结，舌红少苔，脉细数或弦细数。治以滋补肝肾，清热利湿。方用知柏地黄汤加减：生地黄、怀山药、山茱萸、牡丹皮、泽泻、茯苓、知母、黄柏。抬头无力较重者，加夏枯草、钩藤、石决明；目睛干涩者，加枸杞子、墨旱莲、菊花；水肿较重者，加白茅根、猪苓、车前子；伴血尿者，加白茅根、茜草、仙鹤草；虚烦少眠者，加栀子、莲子心、麦冬；小便短赤者，加萹蓄、瞿麦、车前子；大便秘结者，加玄参、麦冬、大黄；口干咽燥者，加玄参、石斛、麦冬、玉竹等。

（4）气阴两虚　证见肤色无华，神疲乏力，或易感冒，心悸气短，咽干口燥，腰膝酸软，肢体微肿，或见血尿，舌红少苔，脉细或弱。治以益气养阴。方用参芪地黄汤加减：人参、黄芪、生地黄、山药、山茱萸、茯苓、牡丹皮、泽泻。阴虚较重者，加鳖甲、地骨皮；水肿较重者，加泽兰、益母草、猪苓；血尿较剧者，加参三七、白茅根、蒲黄、生茜草；咽喉干痛者，加麦冬、玄参、马勃。

二十六、尿道感染

尿道感染又称泌尿系统感染，是指病原微生物侵袭犬尿道、膀胱、输尿管或肾脏而引起的感染性病症的总称。属中兽医"淋病"的范畴。

（一）病因病机

尿道感染虽是病原微生物侵袭感染犬尿道、膀胱、输尿管或肾脏所致，但其疾病发生、发展与防治都与犬体免疫功能等抗病力密切相关。后者不仅决定着疾病发生的易感性与严重程度，而且对防治效果也有重大的影响作用。如机体免疫功能低下，抗生素无论多么有效也难于治愈疾病；尤其是在慢性复杂性疾病中，表现得尤为明显。故中药针灸配合抗感染防治，能显著提高尿道感染的临床防治效果。

（二）辨证施治

证见小便频数，欲尿不尽，常做跷腿或下蹲姿势，有时弓腰伏地呻吟，似有腹痛之感，尿道不利，尿中夹血丝、血条，且滴沥短涩。若尿中带血而无阻滞和疼痛症状者，属尿血范畴，详见尿血一节。治以清热解毒，行瘀利水。

针灸治疗：膀胱俞、气海俞、百会为主，配后三里、三焦俞、肾俞、脾俞为配穴（图4-34）。毫针或电针。可用穿心莲或双黄连注射液注入。

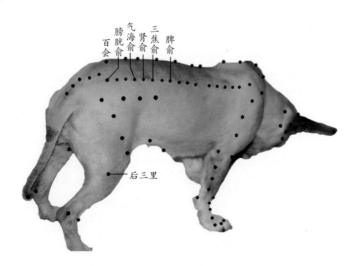

图4-34　尿道感染选穴

配合治疗：5%～10%葡萄糖注射液或敏感抗生素加1%普鲁卡因注射液、地塞米松注射液，混合后穴位注入，同时配合口服仙方活命饮合八正散。

二十七、尿石症

尿石症包括肾结石、输尿管结石、尿道结石和膀胱结石等病，属于中兽医学的"砂石淋"。针灸只适宜尚未形成阻塞的病例，或配合其他疗法进行应用。对于尿路完全阻塞的尿石症，应迅速采取手术治疗，以免贻误病情。

（一）病因病机

中兽医学认为，尿石症本病为虚，而症状多表现为实证，或虚实夹杂，故治疗当固本求源，攻补兼施，强调以"通"为用，"通"法应贯穿于治疗的全过程。

（二）辨证施治

尿结石位于肾盂，比较少见，多呈肾盂肾炎症状，并有血尿和肾区疼痛。尿石阻塞输尿管刺激其黏膜，出现剧烈疼痛。双侧输尿管阻塞则出现尿闭，而单侧阻塞多不出现尿闭表现。尿石位于膀胱为膀胱结石，初期不出现症状，若刺激黏膜形成膀胱炎时，则出现尿频或血尿、尿液氨味浓厚等表现。尿石位于尿道为尿道结石，在雌性犬较少发生；而公犬常见于阻塞在龟头和坐骨弓。当尿道不全阻塞，则表现排尿困难；若完全阻塞，则尿潴留膀胱，无法排出，可发生膀胱破裂；或形成尿毒症而死亡。治以排石通尿。

针灸治疗：肾俞、膀胱俞为主穴，选脾俞、气海俞、三焦俞、后三里、肺俞为配穴（图4-35），毫针酌情补泻或电针。也可用当归注射液进行穴位注射。

配合治疗：可选用2%利多卡因、维生素K_3等注射液或用0.5%普鲁卡因注射液和阿托品注射液混合后，进行穴位注射。可同时口服八正散或排石冲剂或金钱草汤。

二十八、膀胱麻痹

膀胱麻痹是指以不能自主排尿或发生尿液潴留为特征的一种病症，主要由患犬腰椎间盘突出症使得病情加剧继发引起，少数可由腰脊髓损伤后突然发病。

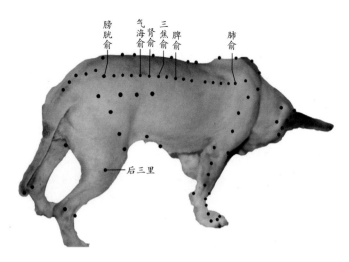

图 4-35　尿石症选穴

（一）病因病机

膀胱麻痹多因膀胱黏膜下神经、荐髓和延脑中枢泌尿传导径路障碍所致，或由于中枢神经系统的损伤及支配膀胱的神经机能障碍，引起膀胱平滑肌收缩力丧失所致。中兽医学认为，其多为气虚血滞、风痹血瘀。

（二）辨证施治

证见随意排尿功能减弱，膀胱明显膨满，但排尿困难、尿失禁，或见咳嗽时不随意排尿。结合原发疾病治疗，治以祛风活血，益气行血。

针灸治疗：天平、百会、后海为主，配尾根、命门、关元俞、二眼（图 4-36），毫针用补法，或艾灸或电针，或当归注射液穴位注射。

配合治疗：熟地黄、山药、朴硝、红茶末、淡竹叶各 6 克，生黄芪、肉桂、车前子各 3 克，茯苓、木通、泽泻各 2 克，共为末，开水调，一次灌服。硝酸士的宁注射液 10 毫克百会穴注射，每日 1 次；或新斯的明或维生素 B_1 注射液穴位注射，或配合穴位和腹壁按摩。

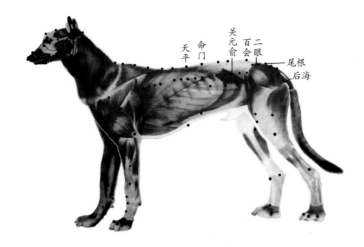

天平　命门　关元俞　百　二　尾根
　　　　　　　会　眼　后海

图 4-36　膀胱麻痹选穴

二十九、阳痿

阳痿也叫"阴痿"或"筋痿"，是指雄性动物在交配时阴茎不能勃起或不能持续勃起而影响交配完成的性功能障碍性疾病。

（一）病因病机

阳痿多属现代兽医学性功能障碍或性神经衰弱。中兽医学认为，阳痿有虚实之分。前者有阴虚、阳虚、心脾两虚、心肾不足之别，后者有肝郁、湿热、血瘀之异；但最常见的为命门火衰与湿热下注所致的阳痿。

（二）辨证施治

1. 命门火衰

多见于老年犬，或交配过度致精气虚损。证见阴茎不能勃起、精液清冷、口色苍白、畏寒喜热、精神萎靡、舌苔薄白、脉沉细弱。治以温肾补阳。

针灸治疗：命门、关元俞、肾俞、二眼、百会为主，心脾亏损者加心俞、脾俞、内关、后三里等穴（图4-37），毫针用补法，并用艾灸或温针灸法。

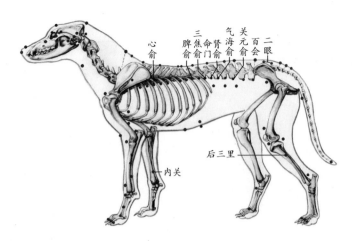

图 4-37　阳痿选穴

配合治疗：方选还少丹加减〔熟地黄、枸杞子、锁阳、仙茅、淫羊藿（仙灵脾）、阳起石、山茱萸、巴戟天、五味子、石菖蒲、肉苁蓉、楮实子〕，水煎服。丙酸睾酮注射液或维生素 B_1 注射液穴位注射。

2. 湿热下注

证见阴茎痿弱不能勃起、小便短赤、下肢无力、苔黄腻、脉濡数。治以清利湿热。

针灸治疗：脾俞、三焦俞、肾俞为主，配后三里、气海俞、关元俞（图 4-37），毫针用泻法。

配合治疗：方用龙胆泻肝汤加减（龙胆、黄芩、栀子、柴胡、木通、车前子、泽泻、当归、生地黄）。小便不畅，余沥不尽，可加虎杖、川牛膝、赤芍等。

✦✦✦ 第二节 ✦✦✦

常见外科病症防治

一、颜面神经麻痹

颜面神经麻痹俗称歪嘴风，属于中兽医学面瘫、口歪、口眼喝斜、吊线风等范畴，是指以一侧面部肌肉麻木、口眼喝斜，而无半身不遂，为主要特征的一种病症。

（一）病因病机

颜面神经麻痹为十二对脑神经中的第七对面神经麻痹，可分为中枢性面神经麻痹及周围性面神经麻痹。前者常见于脑出血、脑血管栓塞、脑肿瘤等疾病，麻痹只是附带症状，在犬上很少见；而后者常见于病毒感染、自体免疫失调、糖尿病、静脉栓塞、多发性动脉炎，在犬上比较常见。中兽医学认为，其多因正气不足、卫气不固、风寒、风热之邪乘虚侵袭面部经络，以致气血运行障碍，肌肉拘急弛缓而成。

（二）辨证施治

证见嘴歪唇耷、眼斜而不能闭合、流泪、口内停滞食物、喝水会流出来等。感受寒凉之邪，一般病情较轻，有少数可自然痊愈；感受热邪者，多见于感冒流行期或继发于腮腺炎、中耳炎，是病毒感染或炎症波及所致，病情较重者伴有寒战、发热、疱疹等症状，若疏于治疗，往往留有口眼喝斜后遗症。治以益气行血，祛风活络。

针灸治疗及敷贴：翳风、开关、山根、合谷、内关为主穴，选睛明、风池、风门、上关、下关、后三里为配穴。急性期选合谷、内关、山根与后三里等穴，以祛风消炎为主，毫针用泻法或补泻兼施；后期炎症已消，可选翳风、开关、风池、上关与下关等穴，以益气行血为主，毫针用补法，也可电针或穴位贴敷。即将马钱子锉成粉，少许，撒于膏药上，贴在患侧的下关或开关，隔 2 ～ 3 天，更换一张，一般更换 4 ～ 5 次。或穴位交替使用（图 4-38）。

配合治疗：维生素 B_1 或维生素 B_{12} 注射液，或 5% 当归注射液加 0.2% 麝香注射液于上述穴位注射。或用祛风通络方：防风、羌活、当归、赤芍、川芎、白附子、僵蚕等量，或僵蚕、全蝎各等分，共为细末，每次服 3 克，日服 2 ～ 3 次，温酒送服。

二、多发性神经根炎

犬多发性神经根炎全称急性感染性多发性神经炎，又叫格林 - 巴

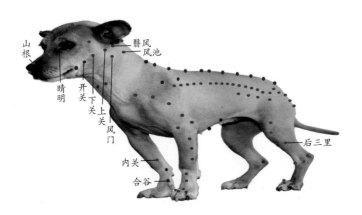

図 4-38 颜面神经麻痹选穴

利综合征（GBS），是由多种原因引起多数周围神经末梢损害，从而导致犬发生四肢远端对称性的神经功能障碍性疾病。其障碍包括神经末梢、神经纤维、神经根、脊髓膜、脊髓炎，并依次表现为由轻到重的临床症状。

（一）病因病机

1. 病史

不同品种、不同年龄、不同性别的犬均可发生本病。具有明显的感染史或疫苗注射、服药治疗史，个别病犬有过受凉、受热、受惊吓、被咬、被打、愤怒、过劳的经历，或有不良饮食经历，如一次过食骨、肉、狗咬胶、白薯干、肉干、鱼、蟹等，或果仁类（如瓜子、花生、玉米、毛豆、栗子、榛子、开心果、巧克力等）。或误食变质食物等。

2. 临床特征

病犬多先一肢或多肢发生瘸腿等异常现象、全身发抖、后躯无力、运步拘谨不稳、逐步发生瘫痪。部分病犬可突然发病，数小时或数日发生后躯瘫痪乃至全身瘫痪，靠两前肢拖着后躯前进。两前肢驻立、头高抬、伸脖喘粗气，甚者连喘数日、不能伏卧入睡。触诊病犬，背腰腹股肌群高度痉挛、肿胀、敏感，背腰拱起，腹围蜷缩，不

犬病针灸按摩治疗图解

让摸抱，一碰即叫或咬。或即使无人触碰，犬也出现阵发性痉挛、呻吟或痛苦的叫声。有的颈肌板硬、侧弯或向后反张。后躯瘫痪7天以上者，病犬背腰腹股肌群迅速萎缩，触摸腰荐部干瘪无肉，犹如"脊瓦状"。病犬胆小、喜暗、钻旮旯、不爱动、易疲劳、食欲下降或不食或见呕吐，大便不利或数日无便、或稀软或呈黑色黏液状，甚则如"柏油样"，含有大量胶胨状排泄物或肠黏膜。肛门皮肤颜色发绀（血液循环不良）。小便不利、尿液潴留膀胱或发生充盈性失禁、尿液浓稠，呈橘黄色或豆油样，气味腥臊难闻。或见叫声嘶哑，甚至失音。多见结膜充血，尤其是巩膜呈树枝状充血，有眼眵，下颌淋巴结肿大、鼻干、有清涕或黏涕，肺部听诊可闻干性或湿性啰音，体温升高0.5～1℃，甚则高达40℃以上。病犬虽然已经瘫痪，但其膝腱反射、尾和肛门反射却不消失。

3. 实验室检查与鉴别诊断

X线检查椎间盘、血钙测定等无异常。狂犬病病犬也有类似表现，但其临床表现以极度兴奋、狂躁、流涎和意识丧失与最终全身麻痹死亡为特征。

4. 病机

本病并非由病原体直接作用于神经系统所致，而是由病毒感染或接种疫苗后引起的一种神经变态反应所致，属于感染免疫性疾病。B族维生素缺乏是其主要诱因之一，不同品种、年龄的犬都易发病。主要是因为长期以肉食为主的单一饲喂方法，导致犬体内某些维生素特别是B族维生素（如维生素B_1、维生素B_6、维生素B_{12}）的缺乏。B族维生素缺乏可导致运动神经机能障碍，引发运动神经丛发生炎症。主要病变是上述神经组织的水肿、瘀血乃至坏死。某些不良因素可促使病犬由亚临床状态转为临床状态。中兽医学认为，本病多由于身体气血虚弱、寒湿留滞、壅阻气机，导致气血运行不畅，经络不得疏通所致。

（二）辨证施治

治宜补气养血，祛寒除湿，下气降浊，疏通经络。

1. 针灸治疗

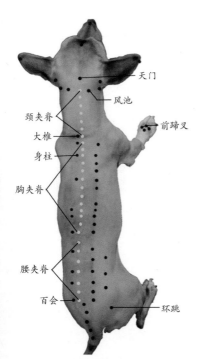

天门、大椎、百会为主穴，前躯选身柱、风池、肩井、抢风、四渎、肘俞、阳池、涌泉、前蹄叉为配穴；后躯选大胯、环跳、血海、阳陵泉、后三里、后曲池、后蹄叉为配穴（图4-39，图4-40）。毫针、电针、艾灸或火针，或选相应部位夹脊穴按摩，或穴位注射当归注射液、维生素B$_1$。或采用红外线、超短波、离子透入、电冲击、热水浴、按摩等刺激相关穴位。

图 4-39 多发性神经根炎选穴（一）

2. 中药治疗

黄芪、当归各20克，木瓜10克，红参、白芍、槟榔、紫苏叶、桔梗、橘红、陈皮、木通、地龙、

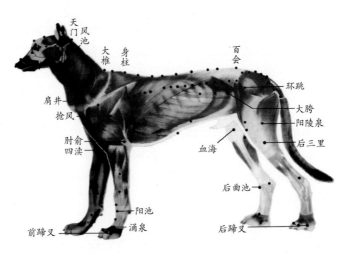

图 4-40 多发性神经根炎选穴（二）

甘草各 6 克，水煎服，一日 2 次。

3. 西药治疗

（1）对体温高的犬应给予消炎药。（2）以维生素 B_1、维生素 B_{12} 为主，其他维生素可以根据临床具体情况对症补充。（3）可根据临床情况酌情补充微量元素和钙。（4）氢化可的松 50 毫克或地塞米松 5 毫克，加入 5%～10% 葡萄糖液静脉滴注，疗程 1 个月左右后，逐渐减量。（5）胞二磷胆碱、盐酸消旋山莨菪碱注射液、丹参注射液等静脉注射。

三、四肢麻痹

四肢麻痹也称四肢麻木或不仁，是指以肌肉弛缓无力、关节伸屈异常、患部皮肤感觉迟钝或消失，腱反射障碍和肌肉逐渐萎缩为特征的四肢疾患。属中兽医学的"痹"和"中风"等范畴。

（一）病因病机

中兽医学认为，腠理疏松而风寒外袭，经脉失荣，气血不和，风寒入络而致四肢麻木；或伤力或吐泻或失血或其他虚损疾病之后，气血双亏、脉络空虚、四肢无力无觉，遂可发生麻木；或情志失调或气机不利或外伤或久病入络，气血凝滞，填塞经络，营阴失养，卫气失温，致四肢麻木。

（二）辨证施治

1. 神经辨治

不同的神经麻痹尚有不同症状，选穴治疗有所不同。

（1）肩胛上神经麻痹　患肢负重困难，瞬间肩关节向外偏而与胸壁离开，胸前出现凹陷，肘头明显向外伸出，行走时呈交叉步样。

针灸治疗：肩井、身柱为主穴，配抢风、肩外髃、阿是穴（图4-41）。毫针用补法，或火针、艾灸、电针，或选葡萄糖溶液、加兰他敏与维生素 B_1 注射液混合，或自家血液穴位注射。

（2）桡神经麻痹　患犬站立时，肩关节过度伸展，肘关节下沉，

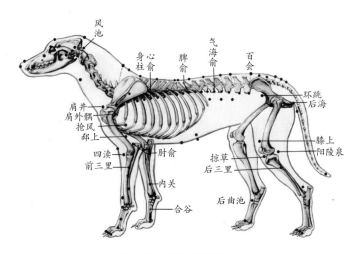

图 4-41　四肢麻痹选穴

腕关节屈曲，爪尖着地；行走时运步困难，不能提举，但可后退。被动固定腕关节时，患肢尚可短时间地负重，一旦放开或稍有移动，又复原状。

针灸治疗：肩井、抢风为主穴，配肘俞、四渎、郄上、前三里（图4-41）。毫针用补法，或火针、艾灸、电针，或选葡萄糖溶液、加兰他敏与维生素 B$_1$ 注射液混合，或自家血液穴位注射。

（3）胫腓神经麻痹　胫神经麻痹患犬站立时，跗关节以下各关节显著屈曲、腿伸向前方、爪尖着地，运步时患肢高高抬起、随后摇摇摆摆地着地，病久后可见肌肉萎缩。腓神经麻痹患犬站立时，跗关节意外向后伸展、反向屈曲、跖背触地、脚底朝上；运步时，爪尖着地拖拽。若以外力使患肢趾关节负重，则尚能支撑，一旦放开，又复屈曲。

针灸治疗：环跳、膝上为主穴，配掠草、阳陵泉、后三里、后曲池（图4-41）。毫针用补法，或火针、艾灸、电针，或选葡萄糖溶液、加兰他敏与维生素 B$_1$ 注射液混合，或自家血液穴位注射。

2. 证候辨治

不同临床证候，选穴或治疗方法有所不同。

（1）风寒入络　证见四肢麻木，伴有疼痛，运步困难，阴天寒冷时加重，四爪发凉，背腰拘紧，舌质淡暗，舌苔白润，脉浮或弦。风邪偏盛者，患处麻痹走窜不固定或伴有轻度口眼㖞斜，脉多浮象；寒邪偏盛者，疼痛较重，患处固定，四爪发凉，恶寒与腰膝酸沉，脉多弦紧。治以祛风行气，活血通络。

针灸治疗：各种神经麻痹所选穴配合谷、风池，火针点刺或艾灸、按摩患部或相应穴位。

（2）气血失荣　证见四肢麻木，抬举无力，容颜萎黄无华，气短心慌，睡眠不良，舌质淡红，舌苔薄白，脉象细弱。偏于气虚者，毛色萎枯，四肢软弱，抬举无力，动则气喘，脉象虚弱，舌质淡红。偏于血虚者，肤色无华，皮毛不荣，睡卧不稳，脉象细数。治以益气养血，通经活络。

针灸治疗：各种神经麻痹所选穴加四渎、后三里、气海俞、百会、脾俞、心俞（图 4-41）。

（3）气滞血瘀　证见四肢麻木、肿胀疼痛、按之则舒，黏膜灰暗，口唇发紫，舌质暗紫或见紫斑，舌苔薄，脉涩。治以行气活血，补气通络。

针灸治疗：各种神经麻痹所选穴加四渎、气海俞、心俞、后海、内关（图 4-41）。

3. 配合治疗

伸筋草、透骨草各 60 克，千年健、追地风、红花、艾叶、花椒、生姜各 30 克，水煎，加适量醋与酒，局部热敷或洗烫。

四、关节扭伤

关节扭伤是在外力作用下，关节韧带、关节囊和关节周围组织发生的非开放性损伤，多无骨折、关节脱臼与皮肉破损等发生。

（一）病因病机

多因剧烈运动等，造成筋脉损伤及关节活动受限、经气运行受阻、气血壅滞局部所致。

（二）辨证施治

证见扭伤部位肌肉红肿或青紫、触摸敏感疼痛、关节活动受限。

新伤局部肿胀疼痛、肌肉压痛较轻，重伤则局部肌肉高耸红肿、关节屈伸不利。陈伤痛史较久、肿胀不明显、持续疼痛、常因风寒湿盛或劳累过度而反复发作。治以行气活血，祛瘀止痛。

1. 针灸治疗

根据扭伤部位，选用不同穴位。新伤以血针或毫针为主，陈旧伤以温针、艾灸、火针或电针为主，或配合热敷、醋酒灸。

（1）肩关节扭伤　新伤以胸堂为主，陈旧伤以肩井为主，可选配抢风、肩外髃、阿是穴等（图4-42）。

（2）肘关节扭伤　分别以胸堂或肘俞为主，可选配四渎、前三里、外关、内关（图4-42）。

（3）髋关节扭伤　以肾堂为主穴，可选配环跳、阿是穴等（图4-42）。

（4）腰部扭伤　以肾堂或百会（陈旧伤）为主穴，可选配命门、阳关、关后、三焦俞、二眼等，陈旧伤可配合腰部醋酒灸（图4-42）。

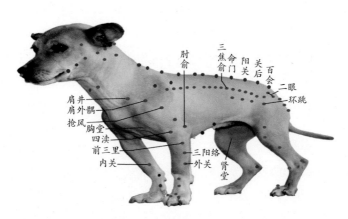

图4-42　关节扭伤选穴

2. 配合治疗

新伤可穴位注射抗生素、1%普鲁卡因与地塞米松混合液；陈旧伤可选当归注射液、维生素 B_1 注射液或5%葡萄糖生理盐水或自家血液，进行穴位注射。

五、椎间盘突出症

椎间盘突出症又称颈椎或腰椎纤维环破裂症、颈椎或腰椎髓核脱出症，是指因各种原因致使颈椎或腰椎间盘发生退行性变化而突出，压迫脊髓而产生腰痛、四肢疼痛、麻木及其运动障碍等症状的疾病。

（一）病因病机

椎间盘突出症发生，主要是因为颈腰椎间盘各部分尤其是髓核先发生不同程度的退行性改变，又因经常受挤压、扭转等外力的作用下，椎间盘的纤维环破裂，髓核组织从破裂处突出，使相邻的神经根、脊髓等遭受刺激或压迫，从而产生腰痛、肢体疼痛、麻木及其相应的运动障碍等症状。椎间盘突出症多属于中兽医学的腰痛、腰腿痛范畴，多因急性闪挫，气血瘀滞或外感风寒湿邪，经脉痹塞；或久病劳损，肾气亏虚所致。若体虚，复感风寒、湿邪侵袭可再度复发本病。

（二）辨证施治

发病部位不同，其临床症状也有所不同。治以活血化瘀，祛风通络，清热化湿。根据发病部位分别取穴，新病选毫针或穴位注射，久病选按摩、电针、温针或穴位注射进行治疗。偏寒久留针，加后跟，灸阳关、关元俞；偏湿加灸中脘。

1. 颈部椎间盘突出

初期颈部和前肢敏感疼痛，鼻尖抵地，前行时歪颈弓腰，低头缩颈，触之剧痛不安，躲闪鸣叫，严重者，颈部和前肢麻木、共济失调，最后瘫痪卧地。

针灸治疗：天门、大椎为主穴，配颈夹脊、风池、抢风、前蹄叉（图4-43，图4-44）。

2. 胸腰部椎间盘突出

初起犬弓腰夹尾、伫立不愿挪步、触之敏感躲闪、疼痛发出鸣叫之声。严重者，两后肢运动障碍，甚至瘫痪，失去知觉，尿粪排出障

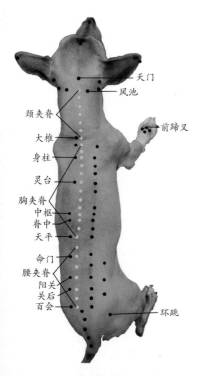

图4-43 椎间盘突出症选穴（1）

碍，肛门反射迟钝。

针灸治疗：百会、天平、灵台为主穴，选胸夹脊、腰夹脊、身柱、脊中、中枢、命门、阳关、关后、环跳、阳陵泉、后蹄叉等为配穴（图4-43，图4-44）。

配合治疗：新病可选抗生素、1%普鲁卡因、地塞米松注射液穴位注射；久病可选当归注射液和维生素B_1注射液或30%甘草注射液，或用2%利多卡因、地塞米松、丹参、维生素B_1或维生素B_2等加入生理盐水内，作多点水针疗法，或自家血液穴位注射。

六、截瘫

截瘫是指因脊椎神经组织损伤或病变，引起的损伤部位以下双侧肢体瘫痪。属于中兽医学的

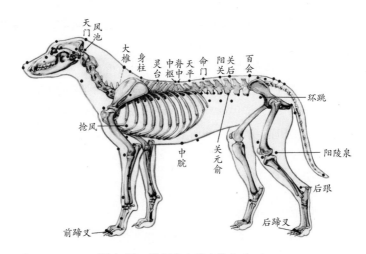

图4-44 椎间盘突出症选穴（2）

"痿证"或"瘫痪"范畴。犬多见后躯截瘫。

（一）病因病机

截瘫是因脊椎骨折与脱位合并脊髓神经损伤的严重并发症，多因外伤脊椎所致，也可因感染、肿瘤、结核、椎管病变压损脊髓所致。中兽医学认为，其与督脉受累，经络瘀阻密切相关。

（二）辨证施治

证见两后肢完全瘫痪，后躯知觉丧失，尾巴下垂不能摆动，严重时大小便完全不能主动排出，须人工辅助挤压排出。治以调节气血，祛风活络。

针灸治疗：百会、命门、肾俞、腰夹脊为主穴，配大椎、身柱、阳关、关后、二眼、环跳、阳陵泉、前蹄叉、后蹄叉、后三里、前三里、外关、合谷（图4-45，图4-46）。根据不同部位，选取2～3个主穴、3～5个配穴，毫针补法或补泻兼用，或电针、按摩、TDP理疗等，1～2次/天，30分钟/次。

配合治疗：外伤（骨折或脱位）导致的截瘫，必须先手术，后做康复治疗。可配合维生素 B_1 注射液或维生素 B_2 注射液或自家血液穴位注射，或穴位内注射参附注射液，或鹿茸精注射液，或丹参注射

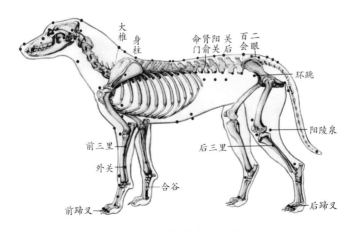

图 4-45　截瘫选穴（1）

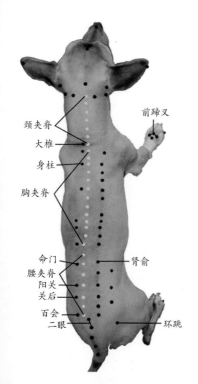

图 4-46　截瘫选穴（2）

颈夹脊
大椎
身柱
胸夹脊
前蹄叉
命门
肾俞
腰夹脊
阳关
关后
百会
二眼
环跳

液，或红花注射液。

七、风湿症

风湿症属中兽医学的"痹证"范畴，一般认为是一种与溶血性链球菌感染有关的变态反应性疾病。病变主要表现为全身性胶原结缔组织的纤维蛋白性变性，以及肌肉和关节囊内结缔组织的非化脓性炎症。本病可发生于任何年龄，但多始发于青壮年动物，常反复发作，急性期过后，可造成轻重不等的心瓣膜器质性病变。风湿病多发生于寒冷潮湿地区和季节。

（一）病因病机

风湿症的病因和发病机制尚未完全明确，但一般认为其发生与 A 组 β 溶血性链球菌的感染有关。本病多发生于寒冷潮湿的地区与季节，与链球菌感染盛行地区一致，抗生素能明显地减少风湿症的发生和复发。中兽医学认为，多因风寒、湿邪侵入犬体，流窜于经脉、筋肉和关节，影响气血运行，导致经络闭阻，不通则痛，遂成此病。

（二）辨证施治

病变主要累及全身结缔组织，呈急性或慢性结缔组织炎症，胶原纤维发生纤维素样变性。心脏、关节和血管常被累及，以心脏病变最为严重。急性期除有心脏和关节症状外，常伴有发热、毒血症、皮疹、皮下结节等症状和体征；血液检查抗链球菌溶血素 O 抗体滴度增强、血沉加快等。临床辨证常见风寒湿痹、风湿热痹和痰瘀痹阻三大证型。风寒湿痹，证见皮紧肉硬、关节肌肉肿痛、四肢跛行、屈伸不利，运动后跛行减轻或暂时消失。若痛无定处、病位游走不定，则为行痹，又称风痹；若疼痛重剧，位置固定不移，则为痛痹，又称寒痹；若肢体重浊、步履黏着、关节肿胀，则为着痹，又称湿痹。风湿热痹，证见发病较急，患部肌肉或关节肿胀、温热、疼痛，并伴有发热。痰瘀痹阻，证见病程较长，关节畸形，强迫运动可听到关节摩擦音，甚则关节滞着、不能活动。治以祛风、散寒、除湿、清热、化痰、活血祛瘀。

1.针灸治疗

风湿症患犬往往表现为游走性全身疼痛，不同部位取穴则侧重不同。

（1）前肢跛行往往是由于颈椎或肩关节疼痛，治疗取天门、大椎、风池、肩井、抢风、身柱、颈夹脊、胸夹脊等（图 4-47，图 4-48）。

（2）肘附关节痛，取四渎、肘俞、涌泉、前蹄叉。

（3）后肢跛行多是髋关节及膝关节疼痛，取百会、环跳、阳陵泉、掠草、滴水、后蹄叉等（图 4-47，图 4-48）。

（4）腰部风湿，取百会、二眼、命门、关后、腰夹脊等（图 4-47，图 4-48）。

（5）毫针刺，行痹多用泻法；寒痹多用补法，针后可加灸；着

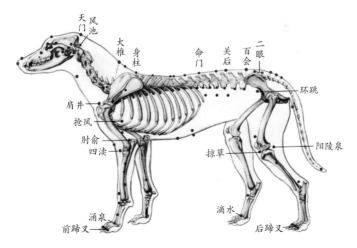

图 4-47　风湿症选穴（1）

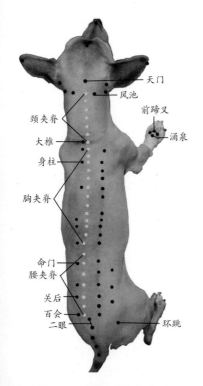

图4-48　风湿症选穴（2）

天门
风池
颈夹脊
大椎
身柱
前踮叉
涌泉
胸夹脊
命门
腰夹脊
关后
百会
二眼
环跳

痹多用平补平泻，针后亦可加灸；热痹多用泻法，可三棱针点刺大椎或前踮叉出血。

（6）风寒湿痹，可选醋酒灸、醋麸灸，或鲜姜注射液、复方马钱子穴位注射液。

（7）风湿热痹，可选双黄连注射液加地塞米松注射液穴位注射；痰瘀痹阻，可选当归注射液、维生素B_1注射液或氢化强的松注射液穴位注射。按摩理疗也是不错的选择。

2. 配合治疗

治疗本病，祛湿是关键，湿不除则热难退；而单纯利湿，效果亦差，故在使用利湿药的同时，多要配伍益气活血药，以健脾行气血，则湿邪易去。

（1）疾病后期酌加全蝎、蜈蚣之类虫药，增强祛风通络镇痛的作用，以增加疗效。

（2）热重于湿，治宜清热燥湿，方用白虎加苍术汤，酌加金银花、连翘、黄柏、赤芍、牡丹皮、忍冬藤、重楼等。

（3）湿重于热者，治宜燥湿泄热，方用四妙散加茯苓、泽泻、木瓜、当归、茵陈、防己、蚕沙、穿山龙等。

（4）寒湿痹阻，症见发病较缓，关节肿痛变形，多不红热，晨僵时间较长，常伴怕冷恶风，舌质淡，苔薄白或白腻，脉沉弦，方用乌头汤、当归四逆汤、附子白术汤及桂枝芍药知母汤等，并加片姜黄、防己、老鹳草、威灵仙等。因乌头毒性大，为了避免其毒副作用，故常用制附子代之，如需久用时，应配伍生地黄以防其燥热之性。

3. 经验方

（1）姜葱热敷　取鲜生姜、鲜葱白，按1∶3配用，混合捣烂如泥，趁热敷于患处，每48小时更换1次。

（2）生姜外敷　鲜生姜切片炒热敷于患处，两个晚上后再将陈小麦打碎，炒热包之敷之。

（3）泥炭疗法　将泥土块在火中烧成黑黄色，研成粉末与水调和后涂抹患处，这种疗法对风湿有显著疗效。

（4）热风疗法　用吹风机吹热患部，具有祛风散寒作用，简单易行。

八、类风湿关节炎

类风湿关节炎又称畸形性关节炎、强直性关节炎、萎缩性关节炎，以慢性对称性多关节发生炎性变化，先从四肢远端的小关节开始，再累及其他关节为特征。属中兽医学的"顽痹""尪痹"范畴。

（一）病因病机

类风湿关节炎的病因至今并不十分清楚，但多认为是自身免疫性疾病，常与感染、免疫、遗传及内分泌等因素有关，常发生于犬。中兽医学认为，其是气虚风侵、湿积化热、生痰血瘀所致。

（二）辨证施治

以关节疼痛为主症，伴随关节变形、畸形、强直和肌肉萎缩，严重者将累及心肌、心包和胸膜等脏器，引起相应的临床表现。治以扶正祛邪、祛风除湿、清热化痰、活血祛瘀。

1. 针灸治疗

（1）前肢关节炎　身柱、肩井为主穴，配抢风、肘俞、前三里、四渎、合谷、前蹄叉。

（2）后肢关节炎　百会、环跳为主穴，选二眼、膝上、掠草、阳陵泉、后曲池、后蹄叉。毫针用补法或补泻兼施，或电针、艾灸、火针、按摩，或当归注射液、红花注射液穴位注射（图4-49）。

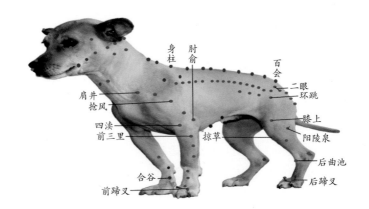

身柱　肘俞

百会

二眼
环跳

肩井
抢风

膝上

四渎
前三里

掠草

阳陵泉

后曲池

合谷

后蹄叉

前蹄叉

图 4-49　类风湿关节炎选穴

2. 配合治疗

（1）维生素 B_1 注射液 2 毫克、维生素 B_{12} 注射液 0.5 毫克、10%葡萄糖注射液 5 毫升，混合一次穴位注射。

（2）桑寄生、川续断、金毛狗脊、杜仲、威灵仙、络石藤、羌活、独活、桂枝、白芍和鸡血藤等，水煎服。

九、腱鞘囊肿

腱鞘囊肿是一种关节囊周围结缔组织退变所致的病症，其特征是关节与腱鞘内发生囊性肿物，内含无色透明或橙色、淡黄色的浓稠黏液。本病多发于中青年大中型犬。最常见于跗部背侧，其次是跗部掌面的桡侧，少数可发生于膝肘关节附近。

（一）病因病机

腱鞘囊肿多因患部关节过度活动、反复持重、经久站立等劳伤经筋，以致气津运行不畅，水液积聚于骨节经络而成。属于中兽医学的"筋结""筋聚""筋瘤"范畴，认为是外伤筋膜，邪气所居，瘀滞运化不畅，气血阻滞，血不荣筋，夹痰夹瘀凝结所致。

（二）辨证施治

证见在肘、腕和跗关节背侧附近常有一发展缓慢的小肿块，呈圆形或椭圆形，高出皮面，初起质软，触之有轻微波动感；日久纤维化后，则可变小而硬。中兽医学治疗要攻补兼施。一方面通经舒脉、理气活血，另一方面修复受损筋膜，具有标本兼治、扶正固本之功效，疗效确切。

1. 针灸治疗

阿是穴为主，局部消毒，以三棱针对准囊肿中心，急刺 1～2 厘米，挤出内部黏液，碘伏消毒针眼，再用酒精脱碘，绷带压迫包扎，阻止继续渗出；配后曲池、中付、后跟、阳池、腕骨、四渎、肘俞、肩井、肩外髃、掠草、膝上、阳陵泉、环跳（图 4-50），针刺（尤其是鞘囊局部及周边）、TDP 照射、热敷等，都有利于康复。

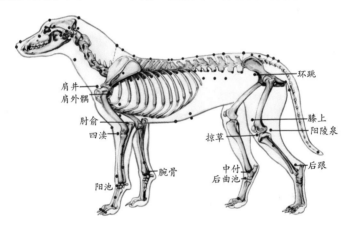

图 4-50　腱鞘囊肿选穴

2. 配合治疗

可用注射器将囊液吸出，然后注入盐酸消旋山莨菪碱注射液（仅用正常量的1/3），每隔 3 天 1 次。同时或之后，用醋和蜜调和如意金黄散外敷。活血化瘀、消肿止痛药物有效，速效喷剂以其高渗透高效而被广泛使用。

十、腱鞘炎

腱鞘炎或称狭窄性腱鞘炎，是犬的常见四肢部疾患，多发于腕

（跗）关节，临床上以关节慢性疼痛、肿胀、局限性压痛、进行性加重为特征。

（一）病因病机

腱鞘炎多由关节过劳或运动损伤，使肌腱在腱鞘隧道中频繁活动，长期磨损；以及寒凉刺激等因素，使肌腱与腱鞘发生炎性病变、水肿，久之机化，肌腱肿胀变粗所致。在中兽医学中属"伤筋"的范畴，认为是由于局部用力过度、积劳伤筋，或受寒凉、气血凝滞、气血不能濡养经筋而引起的。

（二）辨证施治

急性腱鞘炎主要表现为腱鞘肿胀、增温、疼痛，腱鞘内充满浆液性渗出液，触诊有明显的波动，运步跛行。慢性腱鞘炎常由急性腱鞘炎转变而来，滑膜腔逐渐膨大充满渗出液，有明显波动，但温热和疼痛不明显，跛行稍轻。中兽医学对腱鞘炎的治疗遵循活血化瘀、消肿止痛的原则，以祛除风寒湿邪、疏通经络、调和气血为主，以使气血运行通畅、受损组织修复，并增强肌腱、腱鞘抵御外伤劳损的能力，进而彻底治愈腱鞘炎。

1. 针灸治疗

（1）寒湿外侵型　证见关节触痛，得温痛减，活动加重，苔薄白，脉浮缓。治以祛风散寒，活血止痛。阿是穴为主，配肘俞、前三里、四渎、阳池、腕骨、合谷（图4-51），毫针用补法，或隔姜灸，或火针，用0.5%～1%普鲁卡因注射液、醋酸强的松龙注射液混合后穴位注射。

（2）气血瘀阻型　证见骤然用力过度、犬痛如锥刺而尖叫，苔薄白，脉弦紧。治以舒经活络，活血止痛。阳池、前蹄叉为主，配阿是穴、四渎、阳池、腕骨、合谷等（图4-51），毫针用泻法，或三棱针刺破出血，或用0.5%～1%普鲁卡因注射液、醋酸强的松龙注射液混合后穴位注射。

（3）肝肾两亏型　证见肘关节肿痛，昼轻夜重，舌红少苔，脉细弱。治以滋补肝肾，益气活血。肝俞、肾俞为主，配后三里、前三

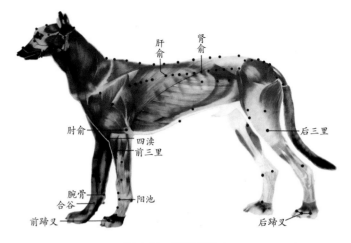

图 4-51　腱鞘炎选穴

里、前蹄叉、后蹄叉、阳池、腕骨（图 4-51），毫针用补法，或电针、火针或艾灸，或用 0.5% ～ 1% 普鲁卡因注射液、醋酸强的松龙注射液混合后穴位注射。

2. 配合治疗

若腱鞘严重狭窄、纤维变性明显，可行手术松解，急则治标，再配合针灸或中药治疗：生栀子、生石膏、桃仁、红花、土鳖虫。诸药共研为末，用 75% 酒精浸湿，1 小时后加适量的蓖麻油调成糊状备用，用时将其涂于纱布上，再将纱布敷贴患处，用胶布固定即可，隔日换药 1 次。或舒筋汤浸泡：伸筋草、豨莶草、海桐皮、续断、当归、川椒，兑水 1000 ～ 1500 毫升，文火熬煎至药液 200 毫升，冷却至 50℃左右，以不烫伤皮肤为标准温度后，将患指或腕部浸泡于药液内，每浸泡数分钟后将患指或腕部皮肤做屈伸活动数分钟，又浸泡，再活动，如此交替进行 30 ～ 60 分钟，若药液温度降低时可加热。每日 2 ～ 3 次，5 天为 1 个疗程，不愈可连续进行 3 个疗程。

十一、角膜炎与结膜炎

角膜炎与结膜炎是犬最常见的眼科疾病，前者以角膜混浊、角膜周围形成新生血管或睫状体充血、眼前房内纤维素样沉着、角膜溃疡或穿孔、留有角膜斑翳为特征；后者则以结膜红肿疼痛、睑裂狭窄或闭锁、眼睛流出浆液性或脓性、伪膜样分泌物为特征。

（一）病因病机

结膜炎和角膜炎多因外伤、眼睑内翻、睫毛过长或灰尘、化学药物刺激等因素引起；也可继发于某些传染病。中兽医学认为，其主要是风热客表、阳毒火盛、肝肺郁热、阴虚火旺所致。

（二）辨证施治

分别治以疏风解表清热、清热凉血解毒、泻肝清肺、滋阴清热、活血退翳。

1. 针灸治疗

（1）疏风解表清热　合谷、睛明为主，配大椎、三江、耳尖、睛俞、承泣和太阳等（图4-52）。

（2）阳毒火盛　大椎、三江、耳尖为主，配睛明、睛俞、承泣和太阳等（图4-52）。

（3）肝肺郁热　肝俞、肺俞、合谷为主，配睛明、睛俞、承泣和太阳等（图4-52）。

（4）阴虚火旺　肺俞、肝俞、肾俞为主，配睛明、睛俞、承泣和

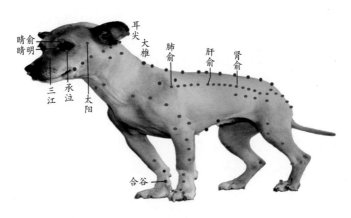

图4-52　角膜炎、结膜炎选穴

太阳等（图 4-52）。三江、耳尖穴三棱针刺血，其他毫针用泻法或补泻兼施，或艾灸、电针；太阳穴用毫针刺应避开血管刺，或刺血疗法。

2. 配合治疗

除去病因，若为继发则以治疗原发病为主。应用 3% 硼酸水或生理盐水洗眼，非病毒性感染和角膜完整时，合并滴用醋酸可的松眼药水，每天 3～4 次；或 1% 利多卡因、氨苄青霉素及地塞米松注射液混合液，分别轮流作穴位注射，并可配合点眼。疑为病毒感染时，可滴用疱疹净眼药水，最初每 2 小时一次，症状改善后，每天 5～6 次。对于顽固性化脓性结膜炎，选用 1% 碘仿软膏，配合普鲁卡因青霉素做结膜下或球后封闭。

十二、白内障

白内障亦称晶体混浊，是晶状体或其囊膜失去正常的透明性，部分晶体或全部晶体混浊而影响视力的一种慢性内眼病。临床上以结膜、巩膜及角膜表面未见异常、瞳孔内逐渐变成蓝白色或灰白色、视力降低并逐渐完全丧失、晶体表面凹凸不平为特征。一般可分先天性和后天性两种。

（一）病因病机

先天性由于多胚胎期晶状体及其囊在母体内发育异常，出生后即表现为白内障。后天性多由于各种机械性损伤致晶状体及其晶状体囊营养发生障碍，或继发于虹膜炎、眼色素层炎、甲状旁腺功能不全、糖尿病等，或 8～12 岁老龄犬晶状体发生退行性变化所致。中兽医学认为，先天性多因肝血与肾精不足，后天性多因脾胃虚弱，以致气血不足上荣于目所致。

（二）辨证施治

分别治以补益肝肾、补脾健胃、益气补血。

1. 针灸治疗

睛明、睛俞为主，配风池、承泣、阳陵泉、后三里、脾俞（图

4-53）。毫针刺用补法或补泻兼施，或电针、艾灸，或穴位注射当归注射液、维生素 B_1 注射液或维生素 B_{12} 注射液、维生素 C 与当归注射液混合液或自家血液，每日或隔日 1 次，每次 2 ～ 3 穴，8 ～ 10 次为 1 个疗程。

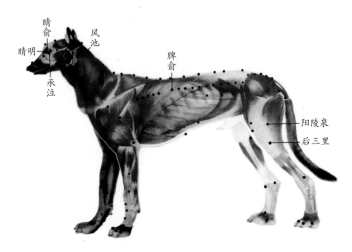

图 4-53　白内障选穴

2. 配合治疗

肝肾两亏，杞菊地黄丸或右归丸加减。精血亏甚者，加菟丝子、楮实子、当归、白芍。脾胃虚弱，补中益气汤加减。脾虚湿停，大便溏泄者，去当归，加茯苓、扁豆、山药之类健脾渗湿。有条件者可进行晶状体摘除术和人工晶体置换术。

十三、化脓性中耳炎

化脓性中耳炎俗称"脓耳"，以犬耳内反复流脓、摇头摆耳、痛楚不安为特征。有急慢性之分，慢性多由急性失治迁延而来。

（一）病因病机

多因异物进入耳内殃及中耳，或上呼吸道感染时酸性分泌物沿耳咽管进入中耳道等因素，而致成此病。中兽医学认为，化脓性中耳炎是由于风热邪气侵犯，致邪毒停聚在耳窍之中，引起耳内流脓。急性化脓性中耳炎多实证，都有肝胆火热。慢性化脓性中耳炎多为虚证，多由实证转化而来，由于病程日久，多伤及肝肾，造成肝肾阴虚，虚火上扰耳窍，见到流脓经久不愈。

（二）辨证施治

证见急性患犬，常突然体温升高、精神沉郁或疼痛不安，头歪向一侧，用爪抓挠，耳根压痛，颈部触摸有躲闪，最后因鼓膜穿孔而流脓，脓流出后疼痛减轻。慢性则患耳反复流脓、听力减退，每遇外感则耳痛加剧，并伴有全身症状。急性治以疏风清热、解毒消肿、排脓通窍，慢性治以扶正祛邪、托里排脓、通利耳窍。

1. 针灸治疗

实证选合谷、四渎、大椎、翳风为主，配风池、太阳、外关，毫针用泻法，或电针或穴位注射双黄连注射液或2%普鲁卡因溶液、地塞米松配敏感抗生素混合液；虚证选翳风、脾俞、胃俞、后三里为主，配上关、太阳，毫针用补法或补泻兼施，或艾灸、电针（图4-54）。

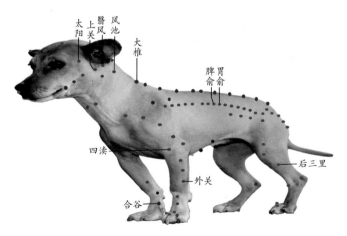

图4-54 化脓性中耳炎选穴

2. 配合治疗

（1）耳灵散 冰片、玄明粉、硼砂各1克，硇砂0.3克，研粉，吹耳。

（2）黄柏液　黄柏30克，加水250毫升，煎半小时，滤去渣，浓缩至20毫升，滴耳，每次2～3滴，每日3次。

十四、耳聋

耳聋是指不同程度的听力减退，甚至失听，临床上以犬很少摇动耳朵，即使弄出声音也很少摇动其耳朵，对声音毫无反应，整天嗜睡为特征。

（一）病因病机

犬常见神经性耳聋，多因年老、脑部有异状、药物中毒、传染病等原因所致。中兽医学认为，耳聋多因心肾功能不足，气血运行受阻，耳脉经气失充或因气血瘀滞，耳脉闭塞所致。

（二）辨证施治

多为突然发生，或经1～2天迅速加重，证见多为犬单侧或双侧听觉功能减弱甚或完全丧失，很少摇动耳朵，即使弄出声音也很少摇动其耳朵，对声音毫无反应，整天嗜睡。治以调气血、充耳脉、开耳窍。

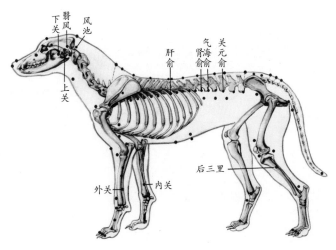

图 4-55　耳聋选穴

1. 针灸治疗

翳风、风池、关元俞为主，配肾俞、肝俞、气海俞、后三里、上关、下关、外关、内关（图4-55），毫针平补平泻，或电针，或艾灸。

2. 配合治疗

1% 普鲁卡因注射液与维生素 B_1 注射液混合，穴位注射。

十五、荨麻疹

荨麻疹是犬的一种常见皮肤病，在临床上以皮肤或黏膜突然发生瘙痒性水肿性红色或苍白风团，发作急、消退快、消退后不留痕迹为特征。因其症状各不相同，荨麻疹有急性荨麻疹、慢性荨麻疹、血管神经性水肿与丘疹状荨麻疹等不同。

（一）病因病机

由各种因素致使皮肤黏膜血管发生暂时性炎性充血与大量液体渗出，造成局部水肿性损害。其可迅速发生与消退，有剧痒，可有发热、腹痛、腹泻或其他全身症状。中兽医学认为，其多因素体血热、外受风邪、相搏于肌肤所致，或食异味等，肠胃郁热而引起。

（二）辨证施治

急性发病迅速，证见皮肤奇痒，搔之或揩擦疹块突起，成块成片，此起彼伏，疏密不一，病程较短，发作后可恢复如常。慢性反复发作，丘疹时隐时现，顽固缠绵，可历经数月或经久难愈。治以疏风清热，活血化瘀。

1. 针灸治疗

血针耳尖、胸堂、尾尖等，配合谷、肺俞、脾俞、后三里等（图4-56），急性毫针用泻法或补泻兼施，慢性多用补法或艾灸；或用丹皮酚注射液进行穴位注射。

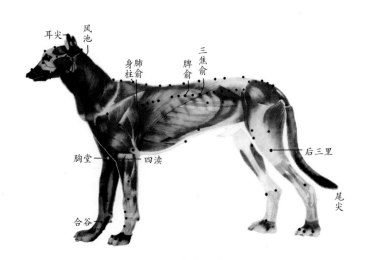

图 4-56　荨麻疹选穴

2. 配合治疗

地塞米松、肾上腺素、盐酸苯海拉明、维丁胶性钙等注射液于身柱、三焦俞、四渎、肺俞等处进行穴位注射。或用防风、荆芥、苍耳叶、花椒、薄荷、苦参、黄柏各等分，水煎二沸，以药液洗患处。

十六、湿疹

湿疹是犬的一种与过敏有关的皮肤病，以皮肤出现红斑、丘疹、水疱、糜烂、痂皮等皮肤伤，并有热、痛、痒症状为特点，临床上有急性与慢性之分。中兽医学多称为湿疮、湿毒疮或湿气疮。

（一）病因病机

湿疹是犬皮肤表皮细胞对致敏物质所发生的炎症反应。在外界物理性与化学性因素的作用下，如机械性压迫、摩擦、动物蚊虫叮咬抓、某些内用、外敷或消毒药物、皮肤不洁、污垢刺激、犬舍潮湿等因素刺激机体，犬皮肤发生过敏，或导致皮肤抵抗力降低，而引起湿疹的发生。中兽医学认为，湿疹外因多为风、湿、热邪阻于肌肤，或饮食伤脾，外感湿热之邪；内因多因脏腑失调和肝胆郁火、脾湿不化、冲任不调、血虚风燥，均可导致发病。

（二）辨证施治

急性证见：周身或胸背、腰腹、四肢突然出现红色疙瘩，或皮肤潮红而有集簇或散发性粟米大小红色丘疹，或丘疹水疱，或皮肤溃烂渗出液较多，常伴有瘙痒、便干、口渴等症。而慢性证见：多反复发作、缠绵不愈，且多出现鳞屑、苔藓化等皮肤损害。治以清热解毒，祛风除湿。

1. 针灸治疗

阿是穴、四渎、脾俞、三焦俞为主，配肺俞、后三里、前蹄叉、后蹄叉、大肠俞、关元俞（图4-57）。阿是穴用火针或三棱针、梅花针点刺出血，其余穴位可用火针点刺或用毫针刺，虚补实泻，留针30分钟，隔天一次。慢性湿疹7次为1个疗程，酌情进行2～4个疗程；或用当归注射液、黄芪注射液或板蓝根注射液进行穴位注射。

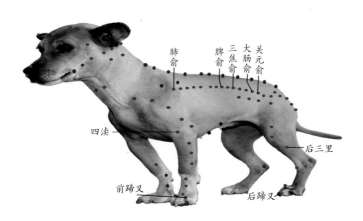

图4-57　湿疹选穴

2. 配合治疗

醋酸泼尼松、维丁胶性钙、维生素 B_1 注射液混合后，或维生素 B_{12} 注射液，进行穴位注射。

十七、蛇毒中毒

蛇毒中毒是指当毒蛇咬伤狗只时，其毒液由沟牙或管牙注入犬体，通过血液循环，分布至全身而引起各种不同的局部和全身中毒症状。临床上以局部肿胀、瘀血、循环障碍、昏迷或痉挛抽搐为特征。咬伤部位多发生在四肢、颜面和口鼻末端或腹下。

（一）病因病机

毒蛇有神经毒和血液毒两类。神经毒主要侵害神经系统，临床表现兴奋或抑制，痉挛抽搐或麻痹；血液毒主要侵害血液循环系统，临床上常见混合毒害。

（二）辨证施治

病初常见局部水肿，或见毒牙穿孔，并见出血；随后肿胀进一步扩展，可见肿胀组织破溃坏死，沿途淋巴结肿大。病情恶化，累及全身，可见发热、呼吸加快、心律异常，最后昏迷或痉挛抽搐而死亡。中兽医学认为，蛇毒属于风火热毒炽盛，治以清热解毒、息风止痉、消肿止痛。

1. 针灸治疗

在毒牙孔上方紧扎绷带，以防火毒沿血路向上流窜。急刺毒牙孔（阿是穴），扩大创口，快速挤尽毒汁，并清洗创口，季德胜蛇药涂布肿胀处或口服。

2. 配合治疗

注射抗蛇毒血清最有效；或静脉注射葡萄糖盐水、维生素 C 等注射液；口服季德胜蛇药；或清营汤合犀角地黄汤加减，加服安宫牛黄丸。

第三节
常见胎产病症防治

一、母犬不孕症

母犬不孕症是指母犬 1.5 岁以后仍不发情，或以往能正常发情交

犬病针灸按摩治疗图解

配的母犬超过 10 个月不发情，或发情不正常且屡配不孕者。其有 3 个特征：①长期不发情；②发情但屡配不孕；③无法进行交配。

（一）病因病机

母犬不孕根据病因可分为两大类：一是属于先天性生理缺陷，此非针药所能奏效；二是属于后天性病理性不孕，多由疾病所致，如卵巢囊肿、结核病、囊性子宫内膜增生 - 子宫积脓综合征、子宫内膜炎、子宫炎、阴道炎、卵巢肿瘤、子宫和阴道肿瘤、弓形体病、布鲁菌病、钩端螺旋体病等；或因营养不良，日粮单调、劣质或缺乏必需氨基酸、矿物质和维生素等，或过度肥胖所致；或由高温、日照等气候因素或年龄过大，繁殖功能退化，导致不孕；或由于人工授精技术不良、精液处理不当或公犬原因导致精子活力低下等所致，应针对具体疾病进行诊治。中兽医学认为，其多由肾虚、肝郁、痰湿、瘀热和宫寒等原因所致。

（二）辨证施治

中兽医学将其分为肾虚、肝郁、痰湿、瘀热和宫寒性不孕症，针灸治疗主要是通过调理冲任两脉，以达到补肾虚、解肝郁、活血化瘀通络与暖宫促孕等作用。

1. 针灸治疗

以卵巢俞、子宫俞为主，配肾俞、肝俞、气海俞、二眼、脾俞、百会（图 4-58）。肾虚性不孕，毫针用补法，或电针或艾灸；其他不孕可用泻法或补泻兼施，或穴位注射丹参注射液、红花注射液。

2. 配合治疗

针对不同病情，可有针对性地采用抗生素、地塞米松、微量雌激素等注射液穴内注射。或配合中药辨证施治，补肾用补肾活血胶囊（菟丝子、覆盆子、淫羊藿、当归、泽兰、陈皮、桃仁、紫河车），解肝郁用补肾疏郁方（鹿角霜、巴戟天、肉苁蓉、川续断、王不留行、女贞子、枸杞子、桃仁、红花、炒白芍、怀山药、枳壳、柴胡、生甘草），活血化瘀通络用穿山疏通祛瘀汤（穿山甲、路路通、当归、

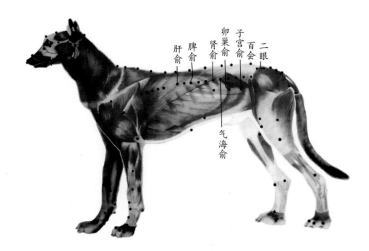

图 4-58　不孕症选穴

川芎、桃仁、制乳香、红花、赤芍、柴胡、枳实、生地黄、三七、川牛膝、肉桂、甘草），暖宫促孕用暖宫孕子丸 [熟地黄、香附（醋炙）、当归、川芎、白芍（酒炒）、阿胶、艾叶（炒）、杜仲（炒）、续断、黄芩] 等。

二、子宫出血

犬子宫出血多发生于 5 岁的犬，多因性器官发生器质性病变和功能紊乱，雌激素分泌过剩引起子宫异常出血。主要特征是与发情无关的异常子宫出血。

（一）病因病机

中兽医学认为，犬子宫出血多由于邪热入血，迫血妄行；或肝肾亏虚，脾不统血，血行失道；或冲任脉不通，致血瘀阻于外。

（二）辨证施治

主要表现与发情无关的异常子宫出血，外阴部肿胀，阴道流出分泌物，乳头变大。皮肤色素沉着，对称性脱毛。治以清血热、祛瘀血或补脾滋肝肾、调理冲任。

1. 针灸治疗

以子宫俞、卵巢俞为主，配关元俞、肾俞、内关、合谷（图4-59），毫针清热祛瘀用泻法，补脾滋肝肾用补法或补泻兼施，或电针，或用当归或丹参或双黄连注射液进行穴位注射。

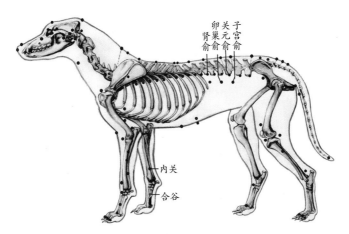

图4-59　子宫出血选穴

2. 配合治疗

穴位注射维生素 B_1、胎盘组织液、维生素 B_6 注射液等，或抗生素、普鲁卡因和地塞米松混合液穴位注射。

三、阴道子宫脱出

阴道脱是指阴道壁外翻，全部或部分突出于阴户之外，产前、产后均可发生。子宫脱是指子宫部分或全部外翻于阴道之外，多发生于产后。

（一）病因病机

两者多因犬妊娠后期饲养管理不善，犬体瘦弱，气血亏损，气虚下陷所致；或继发于难产或助产不当，或阴道和子宫炎症，造成气血瘀滞所致。

（二）辨证施治

阴道部分脱出者见部分阴道脱出在阴户外，呈大小不等的半圆形；阴道全脱者可见阴道全部脱出，大如排球，但子宫颈仍闭锁。子宫部分脱出者可见在阴道内塞有大小不等的球状物，甚或部分露在阴户之外；子宫全脱者大多可见与阴道一起翻于阴户之外，其形状呈分叉而又较长的袋状。脱出部位表面光滑或多皱褶，按之较硬，有时水肿，时间较长者可见黏膜表面干燥破裂，甚至坏死。治以整复固定，升阳补气，活血祛瘀。

1. 针灸治疗

取后海、气海俞、百会、关元俞、后三里、脾俞、子宫俞等（图4-60），采用虚补实泄针法与按摩手法，或艾灸、电针等。

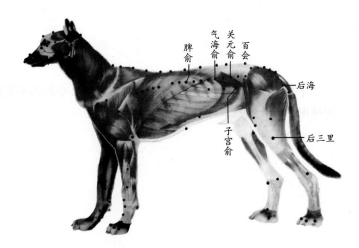

图 4-60　阴道子宫脱出选穴

2. 整复治疗

轻度阴道脱出无需治疗，短期可自行消失。阴道严重脱出者，可先全身麻醉，置患犬于前低后高姿势，局部用 2% 明矾溶液或 3% 硼酸溶液清洗后进行回送整复。阴道整复位后，应插入导尿管，以防阴道水肿致尿反流入阴道内。阴门采用袋口法或结节法缝合，以对阴门部位加以固定，至肿胀消除后拆除。对于难以整复的患犬，可施行剖腹牵引子宫整复的方法，并将子宫壁或子宫阔韧带缝合于后腹壁上，以防再脱。对阴道因长期暴露在外，发生严重出血、感染或坏死的患犬，必须实行阴道截除术。首先切开外阴，以暴露阴道和便于导尿管插入；然后环切 1 ～ 2 厘米厚的外层黏膜，再切除内层未内翻的黏膜。为减少出血，可采取先部分阴道切除法，待止血和缝合之后，再做另一部分的切除，直至全部切除为止。妊娠犬患阴道脱出会引起难产，需手术将其脱出的阴道切除，以有助于新生幼犬的产出。这类病犬不宜再繁殖，因本病有遗传性，故可进行卵巢与子宫切除，从而杜绝本病的发生。整复手术前，可先行灌肠，促使积粪排出，以利于手术进行。

3. 配合治疗

根据气虚血瘀情况，酌情使用补中益气汤与生化汤加减，以促进术后与产后恢复。

四、胎衣不下

胎衣不下也称胎盘滞留，是指母犬分娩后超过 12 小时仍不见胎盘排出或排出不完全者。

（一）病因病机

多因妊娠期间子宫炎症或母体虚弱致使胎盘滞留不下。中兽医认为，本病多因气虚和气血凝滞导致气血运行不畅所致。前者多因产前运动过度、饮喂失调，致使营养不良、体质虚弱、元气不足；或因产程过长、用力过度，造成气血耗损太过，精力疲惫，无力送出胎衣。后者则多由于产时护理不当、感受外邪，致使气血凝滞，胎衣排出迟滞。

（二）辨证施治

母犬正常分娩，胎衣随胎儿或在胎儿产出后 1 ～ 12 小时排出，且仅流出少量绿色分泌物，数小时内即停止排出。如果胎衣少于胎儿个数，或部分悬垂于阴门外，且有较多分泌物不断排出，超过 12 小时者，则可认为胎衣不下；或见病犬拱背、举尾、努责，但不见胎衣排出，触诊腹部感知子宫呈节段性肿胀。1～2天后，出现发热、不食，从阴门流出绿色污垢腥臭的液体，内含胎衣碎片。如不及时治疗，胎衣腐烂后，易使母犬中毒，并继发子宫内膜炎。重则导致败血症，甚至引起死亡。腹壁触摸或B超检查，有助于确诊。气虚者证见努责无力，产后胎衣不下，阴道出血量多、色淡，毛焦体瘦，精神沉郁，头低耳耷，倦怠喜卧，形寒怕冷，口色淡白，舌苔薄白，脉象虚弱；气血凝滞者证见努责不安，产后胎衣不下，回头顾腹，恶露较少，色黯红，间有血块，口色青紫，脉象沉弦。治以补益气血，活血破瘀，攻补兼施。

1. 针灸治疗

以子宫俞、后海、后三里为主，配关元俞、合谷、百会等（图4-61）。毫针补泻兼施，或电针，或艾灸。也可用红花注射液、丹参注射液或黄芪注射液穴位注射。

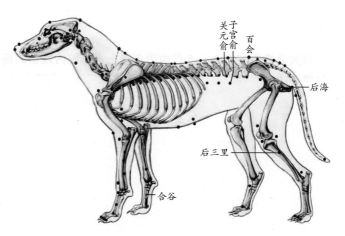

图4-61　胎衣不下选穴

2. 配合治疗

可用催产素，剂量减半，于子宫俞或关元俞穴位注射。当出现体温升高、产道创伤或坏死情况时，可酌情实施全身治疗和保护治疗。气虚者以补气益血为主，佐以活血祛瘀，方用八珍汤加红花、桃仁、黄酒等，或补中益气汤加川芎、桃仁等。气血凝滞者以活血化瘀为主，方用生化汤加减（桃仁、威灵仙、当归、蒲黄各6份，川芎、炙甘草各5份，共研末，开水冲服）。有寒象者，加肉桂、艾叶、炮姜；如瘀血化热，加金银花、连翘、紫花地丁、蒲公英。

五、产后恶露不尽

产后恶露不尽是指胎儿娩出后1周内，母犬子宫腔内残留的瘀血、渗出物等仍未排尽，而时常从阴户流出暗红色或淡白夹红的污秽腐败液体。

（一）病因病机

多因分娩或难产助产时消毒不严、产道损伤、胎盘或死胎滞留等引起感染，或因产后子宫复旧不全、过度交配或会阴不洁、阴道炎前行扩散诱发本病。中兽医学认为，其多因气血亏损致子宫收缩无力，或因外感邪毒，滞留宫中，遂成此病。

（二）辨证施治

正常母犬分娩后应在2～5日由阴户排出子宫腔内残留的瘀血、脱落的黏膜和渗出物等成分（即恶露），量先多后少，色泽由暗红渐转为淡红至白。如果分娩1周以后仍从阴户流出暗红色或淡白夹红的污秽腐败液体，即为产后恶露不尽，多为犬产后子宫炎所为。中兽医学将其常分为瘀血内阻和气血虚弱两种类型。前者证见排出液体呈暗紫色污秽状，或夹杂有部分黑色或红色血丝，病犬精神欠佳，体温在发病初期升高，后降至正常，吃食稍减或无变化，或有轻微腹痛症状，口色瘀红，脉象沉迟（瘀而化热者可见脉洪数）；涂片染色镜检，排泄物有大量纤维状蛋白，夹杂多量血细胞和脓细胞；阴道检查，阴道黏膜色泽红润，子宫颈口稍开张，有时可见脓血样渗出物排出。后者证见病犬病程较长，阴户流出白浊夹红的排泄物，母犬乏力少动，乳量减少，发情紊乱，口色淡白，脉象细弱。排泄物中夹杂的血细胞较少，阴道黏膜色泽淡红。治以调补气血，祛瘀生新。

1. 针灸治疗

以子宫俞、大椎为主穴，配肝俞、脾俞、肾俞、中脘与后三里

（图 4-62）。毫针酌情补泻，或电针、艾灸。或用红花注射液、黄芪注射液穴位注射。

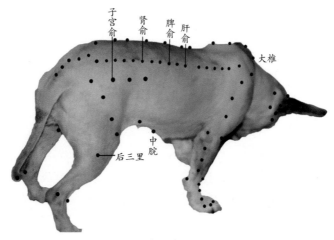

子宫俞　肾俞　脾俞　肝俞

大椎

中脘

后三里

图 4-62　产后恶露不尽选穴

2. 配合治疗

若子宫颈尚未关闭，可直接用催产素穴位注射；若子宫颈已关闭，则先用雌激素穴位注射，待子宫颈开放后再进行催产素穴位注射，剂量可减少为肌内注射的 1/2。如母犬体温升高，可于穴位注射地塞米松和催产素混合液，同时口服五味消毒饮合益母草膏。瘀血内阻者，可用生化汤加减：当归、川芎、荆芥穗炭、炮姜各 30 克，炮益母草 50 克，白及、桃仁、牡丹皮各 20 克，红花 15 克，香附 40 克，加水煎成 400 毫升药液，候温加黄酒 30 克，分 3 天 6 次灌服。有腹痛症状者加蒲公英 20 克，郁金 30 克，延胡索 20 克。有瘀血化热，症状见口色瘀红而体温升高者，加知母 30 克，黄柏 20 克，车前子 40 克。气血虚弱者，归脾汤加减：党参、黄芪、香附、白术、茯苓各 40 克，炮益母草 50 克，白及、桃仁、红花、黄柏各 20 克，当归、泽泻各 30 克，炙甘草 10 克，水煎成 400 毫升，分 3 天 6 次灌服。

六、带下证

带下证是指母犬产后从阴道内流出白色、淡黄色或赤白相杂、稀薄或黏稠的分泌物，绵绵不断，其形如带的一类病症。包括现代兽医

犬病针灸按摩治疗图解

学中的阴道炎、慢性子宫内膜炎。

（一）病因病机

中兽医学认为带下证的发生，其一乃脏腑功能失常，脾虚失运，化湿生热；或肝郁化热，湿热下注；或肾气虚弱，下元亏损，带脉失约，水关不固，湿气下注而为带下。其二由于外邪入侵胞宫、胞脉，毒邪留滞，肝脾受损，水液下流而为带下。

（二）辨证施治

健康母犬从阴道绵绵不断地流出分泌物，并散发一种引诱雄性犬的气味。若为阴道炎，则阴户明显肿胀；若为慢性子宫炎，则可见子宫颈充血肿胀并可见絮状黏性脓性分泌物慢慢流出阴道。湿毒亢盛者，带下黄稠，腥秽，夹有血色，腹痛甚，累及腰骶；脾虚者，带下色白，量多，伴有精神疲惫，纳少便溏。治以健脾利湿，调理气血，解郁清热，祛瘀生新。

1. 针灸治疗

以子宫俞、大椎为主，配三焦俞、肾俞、膀胱俞、脾俞、后三里（图4-63）。毫针酌情补泻或补泻兼施，或电针、艾灸。或用红花注

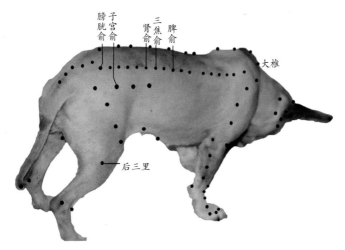

图 4-63　带下证选穴

射液或双黄连注射液穴位注射。

2. 配合治疗

酌情用抗生素和地塞米松注射液穴位注射，或用当归注射液与胎盘组织注射液混合液穴位注射，或口服生化汤合五味消毒饮，或用完带汤：炒白术 10 克，姜半夏、炒白芍各 8 克，黄芩、黄连、人参、生甘草、当归、柴胡、茯苓、干姜、薄荷各 5 克；湿毒亢盛者，加生薏苡仁 16 克，夏枯草 10 克，土茯苓 30 克，赤芍 8 克；脾虚者，加山药 7 克，莲子、苍术各 5 克；久带及肾者，加煅龙骨、煅牡蛎各 10 克，山茱萸、五味子各 5 克；肾阳不足者，去黄连，加肉桂、制附子各 5 克，水煎口服。

七、产后缺乳

母犬泌乳一般从分娩后开始，20 日左右达到高峰，随后逐渐下降。全期泌乳量呈正态曲线分布，泌乳过程 60 天左右。人们习惯上在 45 日内给仔犬断乳。产后缺乳是指母犬产后泌乳不足或完全无乳，多发生于初产犬或老龄犬。

（一）病因病机

多因营养不良、体质衰弱，或过度肥胖、运动不足、哺乳期间遭受惊吓等因素所致。中兽医学认为，多因气血两虚、肝郁气滞与热毒壅盛等原因所致。

（二）辨证施治

产前 1～2 天挤不出乳汁，产后 1～2 天仔犬明显吸不到初乳，人工挤压也不出乳汁，部分犬 3～7 天有少许乳汁。仔犬由于吸不到乳或乳量严重不足而不能正常发育，导致体温下降，甚或最后死亡。气血两虚证，多见于配种过早、产前患病、妊娠期间营养不良或年老体弱、产多胎或因剖腹产时出血过多的犬，产后乳汁不足、质清稀如水或乳汁全无，母犬精神沉郁，行走迟缓，呼之不应，食欲不振，体瘦毛枯，结膜苍白，不愿哺乳仔犬。治以补益气血，通经下乳。肝郁气滞证，多见于初产犬和一些性格暴躁的犬，产前受到主人打骂、产后打架、产后失仔或产后进入一个不适应的新环境，产后乳汁不行，两乳胀痛或按之有块，不吃食物，焦躁乱叫，主人呼之不应，头偏向一侧，或做闭目养神态，治以疏肝理气，通络下乳。

1. 针灸治疗

以脾俞、膈俞为主穴，配肝俞、胃俞、心俞、合谷、后三里、内关（图4-64）。毫针补泻兼施，或电针、艾灸。或用当归注射液，黄芪注射液进行穴位注射。

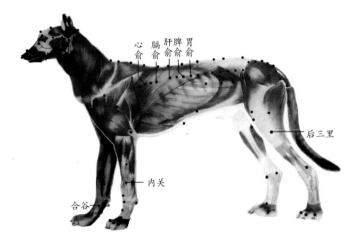

图4-64　产后缺乳选穴

2. 配合治疗

可将维生素 B$_1$ 注射液和1%普鲁卡因注射液混匀，或用5%葡萄糖注射液穴位注射。气血两虚证，口服通乳散加减：木通7克，黄芪6克，党参、白术、山药、王不留行各5克，通草4克，当归、甘草、杜仲、川续断、川芎、穿山甲各2克，每天1剂，水煎，浓缩为60毫升，用注射器分3次灌服，每次灌服时加黄酒5毫升，连用5剂。肝郁气滞证，可服下乳涌泉散加减：当归10克，白芍12克，川芎8克，生地黄10克，柴胡5克，青皮6克，通草6克，穿山甲6克，甘草3克，王不留行10克，3剂，每天1剂，水煎，浓缩为210毫升，用注射器分3次灌服，同时每天肝俞穴注射柴胡注射液1毫升。

八、乳痈

乳痈即西兽医学的急性乳腺炎，以乳房发生红肿热痛与乳汁变质为特征，多发生于初产动物。

（一）病因病机

多因乳房外伤或因饲喂过多、乳汁过多过稠，外感毒热之邪等原因导致热毒壅盛，多见于产后乳房不洁、产床不净、热毒聚于乳房或仔犬吸吮力度过大、损伤乳房等。

（二）辨证施治

证见乳房红、肿、热、痛，拒绝哺乳和按压，不愿卧地或行走，后肢张开站立，乳汁减少，呈黄褐色或淡棕色，甚至出现带血丝的白色絮状物，甚至出现发热、食欲减退、精神沉郁等全身性反应。治以清热解毒，消肿散痛，通经下乳。

1. 针灸治疗

以大椎、百会、内关、后三里为主，配后海、肝俞、四渎、合谷（图4-65）。毫针用泻法。或用鱼腥草注射液或双黄连注射液进行穴位注射。

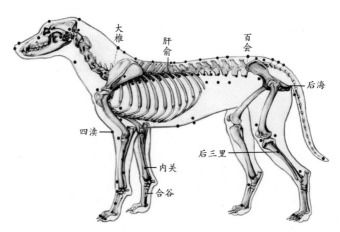

图 4-65　乳痈选穴

2．配合治疗

用 1% 普鲁卡因注射液、地塞米松注射液和抗生素混合液在痈核周围注射，或用如意金黄散或蒲公英捣烂外敷，口服五味消毒饮。或隔蒜灸之；或葱一把，洗净，连须捣烂做饼，置患处，以茶杯盛热灰，覆葱上热熨之。若脓成宜服托里透脓汤，并于脓肿处切开排脓，余按一般溃疡处理。

九、终止妊娠

终止妊娠是指对已妊娠 30 天左右的雌性犬用人工流产的方法，使其妊娠终止。

（一）病因病机

因母犬生殖系统疾病问题等多种原因，需要对母犬繁殖进行控制，在犬意外受孕而又因故不能生育的情况下，需要对母犬进行妊娠终止。

（二）辨证施治

雌性犬经正常交配约 20 天胚胎着床，25 ～ 35 天有经验的兽医师经腹壁触诊即可感知，B 超在妊娠 25 天左右就可确认。治以破血逐胎。

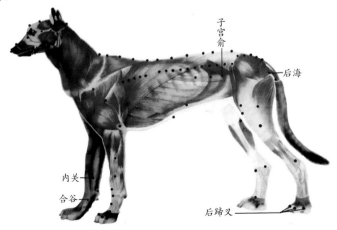

图 4-66　终止妊娠选穴

1. 针灸治疗

以子宫俞、后海为主穴，配内关、合谷、后蹄叉（图4-66）。毫针用泻法，或电针强刺激。或用2%麝香注射液加肉桂注射液穴内注射。

2. 配合治疗

可用前列腺素 $F_{2\alpha}$ 注射液穴位注射，同时口服桃红四物汤。

十、助产

由于多种原因致使分娩过程发生困难，需要利用人工方法促其胎儿及时排出的方法，称为助产。

（一）病因病机

多因母犬妊娠后期运动过少或母犬产仔过多，造成母犬气血较弱、子宫收缩无力；或因胎儿过大或胎儿胎位异常难产而需要助产。

（二）辨证施治

气血较弱者，证见母犬胎位正常，已有分娩征兆，但不见宫缩，第一产程宫口不全开张，治以补益气血，助胎脱出。胎儿过大或胎儿胎位异常而难产者，应手术或校正胎位后再行助产。

1. 针灸治疗

以后海、后三里为主穴，配脾俞、肾俞、合谷、百会（图4-67）。毫针用补法或补泻兼施，或电针、艾灸。产前1周，每天艾灸1次后三里等穴位，有纠正异常胎位的作用。

2. 配合治疗

气血较弱者或异常胎位纠正后，可用少量催产素穴位注射。

犬病针灸按摩治疗图解

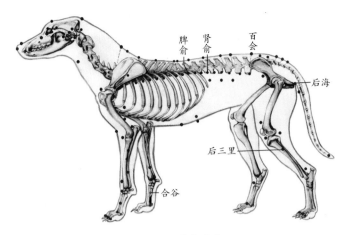

图 4-67　助产选穴

第四节

治疗集锦

一、白针治疗病例

1. 白针治疗犬胃肠炎

孟昭聚 1993 年报道，采用针灸疗法治疗犬胃肠炎 57 例，治愈 52 例。中脘，针体垂直刺入穴位皮肤 1.5 ～ 2 厘米，至得气后即可出针；小肠俞（图 4-68，图 4-69），用小毫针向内下方刺入 2 ～ 3 厘米。每日一次，当针第三次后，便血即停止，第四次针后，开始饮水，不再呕吐，七日后患犬开始进食，痊愈。

2. 针刺治疗犬驱虫继发咳嗽

盐甲清乡 1975 年报道（李庆忠译），在学习人医针灸人迎、天突（图 4-68）治疗心源性喘息病例的启示下，应用相应部位治疗犬驱除丝虫之后的咳嗽，取得良好效果。4 例均为公犬，年龄 4 ～ 6 岁。前 2 例驱虫后施针，咳嗽减轻；7 天后再针，咳嗽停止；分别于 1 年

第四章　治疗篇

295

半与 10 个月内没有复发。第 3 例隔日针灸 1 次，针 3 次即咳嗽停止；10 个月没有复发。第 4 例隔日针灸，经 4 次咳嗽停止，10 个月未见复发。

3. 针灸治疗犬外感风热表实证

麻武仁等 2015 年报道，1 只 Lucy 犬，雌性，混血，经产，未绝育，体重约 15 千克。突然发病，治疗前两天食欲下降，后食饮欲皆无，精神沉郁，咳嗽，喜卧于阴凉处，不爱运动。鼻孔处有黄红色脓性分泌物流出，几乎将整个鼻孔封住，粪便干燥，尿液少，呈黄色；鼻镜干燥龟裂，温热，且拒触诊；体温 39.1℃。治疗选用迎香（双穴）、山根、肺俞（双穴）为主，配脾俞（右侧穴位）、大椎、天平。大椎（图 4-68，图 4-69）采用透天凉法，以起到退热作用；其他穴位则采用平补平泻法，即进针后留针 20 ～ 30 分钟，间隔 5 分钟采用刮法或捻针法行针 1 次，以加强刺激。结果，5 月 27 日第 1 次针灸治疗，5 月 28 日，患犬的精神状态略有好转，出现食欲和饮欲，但进食量不大，仍有鼻黄红色脓性分泌物，鼻镜仍温热，拒碰。5 月 29 日，精神状态继续好转，食欲维持在 5 月 28 日的量，上午 8:00 实施第 2 次针灸治疗，晚上 7:00 时发现黄红色脓性鼻分泌物量变少，鼻

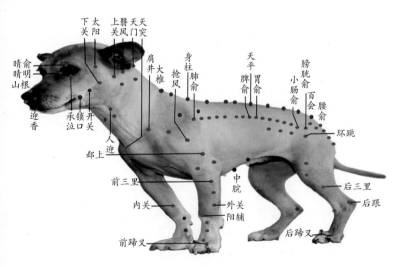

图 4-68 白针病例所选穴位（1）

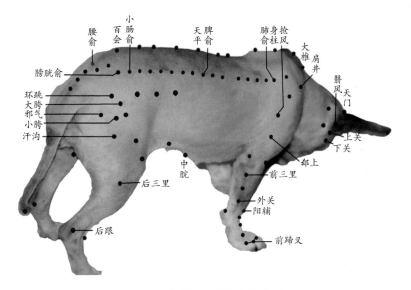

图4-69　白针病例所选穴位（2）

镜干燥，变凉。5月31日，精神状态、饮食基本恢复正常，鼻分泌物变为清亮，鼻镜湿润。6月5日，患犬已恢复正常。

4. 针灸治疗一例犬角膜云翳

沈俊希等2012年报道，2012年4月底，某6月龄中华田园公犬，因与另一成年母犬发生咬斗致伤，整个右侧角膜已经布满云翳、表面光滑、边缘清楚，无结膜红肿、畏光流泪等症状；精神沉郁，体温、食欲、粪、尿正常，脉沉细，舌淡红。治疗取睛明、睛俞、承泣、太阳（图4-68），施行白针治疗，留针10分钟，1次/天，连续治疗4天。每天在针灸之前，都可以发现白翳在逐步减少，第5天只剩下少许白翳，5天后白翳全部消失。

5. 针灸治疗犬呕吐

董卫平等2012年报道，（1）2011年8月29日一贵宾犬，8月龄，公，9.6千克，已发病10天，初发热40.3℃，后呕吐，大便色深，曾检测CPV弱阳性，血象高，按细小病毒治疗，连用单抗、干扰素7天，输液葡萄糖加头孢，体温已降至正常范围，但每天仍呕吐

3 次，呕吐物为清亮黏液。病犬消瘦，精神沉郁，头低垂，喜卧，站立时弓背，眼结膜潮红，舌苔色淡。触诊腹部柔软，回头顾腹，四肢末端及耳尖发凉，皮肤弹性较差。体温 37.9℃，心率 120 次 / 分，心音弱，其余未见明显异常。辨证为久病体衰之脾胃虚弱，治以健脾和胃、温中降逆。针灸治疗，以中脘、内关、后三里为主，配脾俞、胃俞（图 4-68，图 4-69）。毫针用补法。患犬呕吐症状日渐改善，次数减少，呕吐物逐渐减少，精神状态逐渐好转；3 日后改平补平泻法，患犬开始进食，呕吐消失，体温恢复正常。（2）2010 年 3 月 9 日 1 德牧，3 月龄，公，11 千克，已发病 2 天，因全身淋雨处理不当，现不食，吐多次，咳嗽流鼻涕，大便少，小便黄，鼻镜干，精神较好，舌色红，心率 120 次 / 分，腹部触诊敏感，肠音强，眼泪多，结膜稍红，体温 40.2℃，CDV 阴性，CAV 阴性。WBC 28.6×10^9/ 升，胸部 X 光肺纹理稍有增粗。辨证属"感受外邪"，治以疏散外邪、祛寒清热。针灸治疗，以中脘、后三里、内关为主，配大椎、外关（图 4-68，图 4-69）。后三里用平补平泻法，其他穴位以泻法行针。第 2 日呕吐消失，体温恢复正常。

6. 针灸治疗犬不明原因瘫痪

郭宝发 2017 年报道，一吉娃娃犬，母，7 岁 2 月，3.3 千克。20 天前发生起床不愿起立或起立困难、走路不稳，饮食尚可；15 天前发生后肢瘫痪，拍片等检查无明显脊椎等问题，药物治疗半月仍没有站起来的迹象，转我院治疗。胸腰椎间隙压痛（++/+−），背部相对敏感，双后肢挺直向前置于腹下，针刺四肢爪部均有痛感（++），但后爪麻木，认为是夏季长时间吹空调、趴凉地甚至还吃冷饮，致风寒湿邪侵入体内而郁结于肌肉关节等处，寒主凝滞，导致后肢运动拘紧而瘫痪。治以防寒保暖、祛湿散寒、活血化瘀、疏通经络。选大椎、身柱、百会、腰俞、膀胱俞、后三里、六缝穴（前蹄叉、后蹄叉）（图 4-68，图 4-69），毫针刺，留针 20 分钟，并同时 TDP 照射相关穴位。间隔 3 天治疗 1 次，其间由犬主人按摩相关穴位，每天 1 次。第 1 次针灸后腿会抽动；第二次针灸后腿会打弯；第 3 次针灸治疗前可以自己站立几分钟，但还不会走，治疗后可以走路，只是不敢上沙发；第四次针灸后，走路还是不稳，回家慢慢康复。

7. 针刺治疗犬瘟热后遗症

陈锦辉等 2015 年报道，2012 年 12 月至 2015 年 6 月某宠物医院收治犬瘟热后遗症病例 30 例，病程 1 ～ 3 个月。据患犬主人意愿及就诊顺序，将患犬随机分为 3 组，每组 10 例。

（1）西药治疗组　扑痫酮 55 毫克 / 千克体重，口服，2 次 / 日。根据实际情况，以后增加药量直至能控制癫痫症状发作。

（2）中药治疗组　羚羊角胶囊 0.15 克 / 粒，1 ～ 2 粒 / 次，1 次 / 日，15 日为 1 个疗程，连用 4 个疗程。

（3）针灸治疗组　选用人用针灸针，轻症口唇抽搐者，白针锁口、开关、上关、下关、翳风（图 4-68，图 4-69）；头顶部肌肉或双耳抽搐者，白针翳风、天门、上关、下关（图 4-68，图 4-69）；前肢抽搐者，白针抢风、肩井、郄上、前三里、外关、六缝（前蹄叉）（图 4-68，图 4-69）；后肢抽搐者，白针百会、环跳、后三里、阳辅、后跟、六缝（后蹄叉）（图 4-68，图 4-69）。每次留针 20 分钟，每隔 5 分钟行针 1 次，隔日针灸 1 次，15 日为一个疗程，连用 4 个疗程。

结果：

（1）控制　无发作，基本得到控制。

（2）显效　发作次数减少 75% 以上。

（3）有效　发作频次减少 50% ～ 74%。

（4）无效　发作频次减少不足 50%。

（5）统计　总有效 =（控制例数 + 显效例数 + 有效例数）/ 总例数 ×100%。

西药治疗组 10 例结果分别为控制 3 例，显效 3 例，有效 3 例，无效 1 例，总有效率为 90%；中药治疗组 10 例结果分为控制 3 例，显效 3 例，有效 4 例，总有效率为 100%；针灸治疗组 10 例结果分为控制 4 例，显效 3 例，有效 3 例，总有效率为 100%。组间差异不明显。

8. 圆利针治疗家犬瘫痪

刘丰杰 2000 年报道，1998 年 2 月 11 日，某场养犬 55 只，1 号犬舍 14 只发病。该群犬左肢跛行 5 只，右肢跛行 9 只，行走时均出现跛行拖抬腿不便，无外伤，关节均无压痛，针刺患肢皮肤反应迟钝。已跛行 2 天，发病前没有外伤和互斗现象，只是厩舍湿度较大。诊断为风湿性关节炎。治疗：圆利针，以大胯、小胯、百会为主，配汗沟、邪气（图 4-68，图 4-69）。次日再针灸一次，群犬即愈。

9. 针药结合治疗犬术后尿潴留

张久惠 2013 年报道，某犬近 10 岁，患有严重的肛门腺炎，其肛周破溃、穿孔，并形成瘘管，手术彻底切除了肛门腺，并消除了溃烂面、脓液及坏死组织。术后 2 天，患犬频作排尿姿势，但只有少量尿液滴出。行腹部按摩时，患犬疼痛不安；触诊膀胱，敏感且有波动感。据此诊断为肛周手术后继发尿潴留，采用针药结合治疗。导尿后，患犬灌服五苓散加味：猪苓、茯苓、白术各 9 克，泽泻 15 克，桂枝、党参、陈皮各 6 克（此为 30 千克犬的药量），药物水煎 2 次，合并药液后，上午、下午各灌服 1 次。同时，毫针刺双侧膀胱俞（图 4-68，图 4-69）2 厘米，每次针刺 15 分钟，上午、下午各施治 1 次。结果治疗 2 天后，患犬开始排出少量尿液，治疗 5 天后病犬痊愈。

二、电针治疗病例

1. 针药结合治疗狗肠炎与蛋白丢失性肠炎

澳大利亚 Ferguson 博士 2008 年报道，1 只哈巴狗患肠炎与蛋白丢失性肠病，在西澳大利亚大学兽医院经过 2 个月的泼尼松、硫唑嘌呤（影响免疫功能的药物 / 免疫抑制剂 / 抗代谢药）、螺内酯（利尿药）与甲硝唑的治疗后，出现体重减轻、肌肉萎缩无力，且精神忧郁、嗜睡、腹部肿大坚硬、几乎不能行走等症状，主管兽医师又要用免疫抑制药环孢菌素进行治疗，且认为该狗对药物反应迟钝，预后不良，怀疑可能有顽固性疾病或其他潜在性肿瘤疾病。宿主要求转诊治疗。临诊检查，该狗耳鼻冰凉、口舌苍白稍有湿润、脉沉迟、腹部肿胀、大便稀、昏睡、肌萎缩等。中兽医辨证为中焦虚寒（脾气脾阳两虚），治以温中补脾，采用理中丸配合电针百会、后三里、阴陵泉、胃俞等（图 4-70）进行治疗。同时，停用甲硝唑与硫唑嘌呤，减半并逐渐停用泼尼松与螺内酯。经过 3 个月的治疗，该哈巴狗恢复健康。

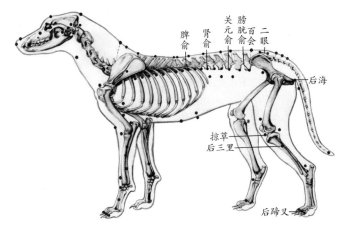

图 4-70　电针、激光、穴位注射病例所选穴位

2. 电针治疗犬椎间盘突出性瘫痪

李佳等 2011 年报道，白色京巴犬，4 岁，雄性，体重 7 千克，因由高处台阶跳下后，后肢开始行走不利、不愿挪步、触碰疼痛，后发展为后肢瘫痪、无法站立、后肢无自主运动，但精神状况与食欲均良好。钳夹后肢脚垫，有深部痛觉反射，尿失禁，肛门反射迟钝，判断为瘫痪四级。X 射线检查显示第 L_2、L_3 腰椎间隙狭窄，椎间盘突出，压迫脊髓，同时相邻的椎间隙也发生钙化，体温、脉搏、呼吸正常，肌肉略有萎缩，心音听诊正常，综合诊断为第 L_2、L_3 腰椎间盘突出，压迫脊髓导致后肢瘫痪四级。

（1）电针治疗　选肾俞、膀胱俞、百会、后三里、趾间穴（后蹄叉）（图 4-70），分别于两侧肾俞、两侧膀胱俞及同侧后三里与趾间穴各连 1 组电极，采用疏波治疗，根据病情调整电流强度，每次电针时间为 30 分钟。

（2）氦氖激光治疗　在电针治疗的同时，用氦氖激光照射腰椎间盘突出部位。激光束与照射部位垂直，紧贴皮肤照射 15 ～ 20 分钟。

（3）穴位注射　电针治疗结束后，在两侧后三里注射维生素 B_1、维生素 B_{12} 各 1 支（1 毫升）。

（4）TDP 特定电磁波照射　每次治疗配合 TDP 照射腰荐部位 30 分钟，同时按摩腰部与后肢肌肉。治疗 2 周后，犬两后肢能摇摆站立，有行走的自主意识，但不能迈步，食欲较好，大小便正常。治疗3周后，病犬后肢可独立站立，走直线10米左右，但仍然无力。治疗4周后，该犬基本恢复正常，可独立行走、奔跑，但两后肢较之正常犬力量稍弱，且快速奔跑时左右略有晃动。在其后的4年内，对其进行跟踪观察，状况良好，未见复发。

3. 针药治疗牧羊犬手术后并发膀胱麻痹

王亚秋2015年报道，2014年初，1例德国牧羊犬，患子宫蓄脓，进行手术治疗后3天，一直未发现患犬排尿，检查发现肚腹膨大，膀胱胀满，诊为术后膀胱麻痹。治疗：

（1）无菌插入导尿管，并在外阴部缝合固定。在排尽尿液后，膀胱注入40℃生理盐水250毫升、庆大霉素8万单位，关闭导尿管外口，使药液在膀胱中存留10分钟，并按摩膀胱部，协助运用腹压，避免因切口引起犬的疼痛不适感。然后排空膀胱，再注入温生理盐水250毫升、2%盐酸普鲁卡因6毫升、阿托品0.5毫克混合液，保留10分钟后排空，留置导尿管并定时开放。第2天同样方法再做一次，做完后除去导尿管。嘱患犬主人回去后给犬多饮水，并外阴热敷。

（2）采用补中益气汤加味，其组成及用法为：炙黄芪15克，党参、陈皮、白术、当归各10克，麦冬、紫菀、炙甘草各7克，升麻、柴胡各5克；水煎候温灌服，每日1剂，3天为一个疗程。

（3）双侧肾俞、双侧二眼的第一背荐孔、双侧二眼的第二背荐孔及百会与后海（图4-70），组成4组穴，每天上午、下午各选1组穴位，交替实施电针治疗。通电时间为30分钟，防止患犬产生耐受，可每隔5分钟改变一次电流输出及频率。1天1次，5天为1个疗程。经上述治疗，2天后症状大为减轻，除去导尿管可自行排尿，3天后排尿完全恢复正常，痊愈。

三、激光针灸治疗病例

1. CO_2激光穴位照射治愈犬急性肠炎二例

刘炳义1986年报道，1头幼龄母犬不食3天余，呕吐并腹泻。于1984年8月31日上午10时就诊。临床检查：体温37.8℃，脉搏

62次/分，呼吸61次/分，精神沉郁，卧地不食，眼结膜潮红、黄染，口腔发凉、色灰白，舌体绵软，肠音沉衰；尾部粘有黄色稀粪，心音减弱，其他未见异常。10时30分用激光穴位聚焦照射后海，距离10厘米，时间45秒；关元俞、脾俞（图4-70），距离10厘米，时间30秒。另肌内注射0.5%樟脑水1毫升。照射完后，病犬自行起立，四处行走。上午11时出现食欲，下午1时精神好转，口色、口温、肠音基本恢复正常，下午3时喂服50%的葡萄糖水20毫升。次日检查，完全恢复正常，痊愈出院。

2. 氦－氖激光后海照射提高犬细小病毒性肠炎治愈率

宋顺强2002年报道，尚志市尚志镇红星村张某1只4月龄狼狗，体重15～20千克，于2001年11月12日就诊。该犬上吐下泻，体温39.5℃，拉血水，患病已3天，其他诊所已治疗2天未见好转，并有脱水症状。家中有其他狗死亡，初步诊断为犬细小病毒性肠炎。在常规治疗静脉推注碳酸氢钠、点滴双黄连、病毒唑、地塞米松、交替用糖和生理盐水稀释、肌内注射犬用六联高免血清、犬痢、止血敏及用生理盐水灌肠的基础上，结合氦-氖激光后海（图4-70）照射，每天1次。1天后，症见好转，5天后痊愈。

四、穴位注射治疗病例

1. 当归注射液穴位注射治愈犬挫伤

刘继刚、蔺长明2002年报道，1条土杂犬，体重10千克左右，从房上摔下，左后腿不能站立，无皮外伤。在左后肢膝下穴（掠草）、后三里（图4-70）各肌内注射当归注射液4毫升、维生素 B_1 2毫升，每天1次，连用3天，痊愈出院。

2. 交巢穴注射药物治疗犬病效果好

赵兰利1994年报道，应用交巢穴位注射药物治疗犬的便秘、腹泻、消化不良、少乳、子宫炎、胎衣不下等，取得显著疗效，治愈率达93%（27/29）。例1，1992年12月，本镇庄某饲养的一只狼犬，长期喂给牛血、内脏及肉屑等，发生消化不良、腹泻，已3天不食，曾内服土霉素、痢特灵无效，后改为交巢（后海）（图4-70）注射维生素B₁6毫升，令停喂牛血，改喂馒头和干净菜汤，次日吃食，腹泻停止，好转。例2，同年一母犬产后第十四天突然无乳，采用交巢穴注射催产素0.8毫升（含8单位），第二天开始有乳，再注一针，泌乳逐渐恢复正常。

五、温针灸治疗病例

1. 中西结合治疗犬子宫蓄脓术后并发尿潴留

贺影等2015年报道，2014年初，1例阿拉斯加雪橇母犬，10岁，患子宫蓄脓，进行手术治疗后，第3天发现患犬排尿困难。检查发现患犬排尿淋漓，膀胱极度充盈，肚腹膨大，诊为术后膀胱麻痹。治疗方法如下。

（1）无菌插入导尿管，排尽尿液后，膀胱注入40℃左右的0.1%高锰酸钾溶液或生理盐水250毫升，关闭导尿管外口，使药液在膀胱中存留10分钟，并按摩膀胱部，协助运用腹压，避免因切口引起犬的疼痛不适感。然后排空膀胱，再注入温生理盐水250毫升、2%盐酸普鲁卡因6毫升、阿托品0.5毫克混合液，保留10分钟后排空，留置导尿管并定时开放。第2天同样方法再做一次，做完后除去导尿管，30分钟后嘱患犬主人回去后给犬多饮水，每天按摩3次，每次10分钟，按摩后用热毛巾热敷。并使用广谱抗生素和全身对症治疗。

（2）采用五苓散加减：泽泻、炙黄芪各12克，白术、当归、陈皮、猪苓、茯苓各9克，紫菀、麦冬、炙甘草各6克，水煎，去渣，候温，灌服，每日1剂，3天为1个疗程。

（3）双侧肾俞、双侧二眼的第一背荐孔、双侧二眼的第二背荐孔和百会与后海（图4-71），组成4组穴，每天上午、下午各选1组穴位，交替实施温针灸。肾俞毫针直刺3厘米、二眼直刺1.5厘米、百会直刺2厘米、后海稍向前上方刺入4厘米后，采用捻转提插的手法，直至患犬出现摆尾、弓腰、提肢、局部肌肉收缩或跳动等得气反应后，再将约2厘米的艾段插在针柄上，点燃施灸，以局部温热为度。待艾炷完全燃尽时，毫针完全冷却后出针。每日上午、下午各选一组，四组穴位交替使用，连用3天。为防止灼伤患犬，可在贴近皮

犬病针灸按摩治疗图解

肤处用厚纸板隔垫。经综合治疗后，第 2 天症状大为减轻，除去导尿管可自行排尿，3 天后排尿完全恢复正常，痊愈。

2. 针药结合治疗一例西施犬后躯瘫痪

杜丽秋等 2014 年报道，长春市某西施犬，3 岁，雌性，体重约 8 千克，2013 年 6 月就诊。3 天前从桌子上掉下来后出现后肢无力、不能站立现象。体温 39.2℃，精神、食欲未见异常，后肢针刺没有反应，触摸腰部疼痛明显，腹部紧张，膀胱有尿液排出，粪尿失禁。腹部正位、侧位 X 光片检查未发现骨折或骨裂等异常，确诊为后肢瘫痪。治疗：

（1）中药内服血府逐瘀汤加味　桃仁 6 克，红花、当归、生地黄、牛膝各 4 克，川芎、赤芍、桔梗、枳壳、桑寄生、乳香、没药、柴胡、甘草各 2 克，水煎温服，1 剂／日，6 日为一个疗程，间隔 2 日，可进行下一个疗程。

（2）温针灸　以悬枢（天平）、百会、命门、阳关、肾俞、二眼为主，配尾根、环跳、后三里、阳辅、解溪（后曲池）、后跟（图 4-71）。分为三组穴，每组主穴、副穴各 2 个，每次选择一组穴位进行治疗。疗程设置同中药。

（3）按摩　将患犬确实保定好之后，在后躯麻痹部位，特别是神经通路涂抹红花油，然后进行按摩。沿着背部、腰胯部及后肢肌肉自前向后按摩，力量由轻渐重，再用拇指交替点按以上穴位，同时对两后肢做辅助性牵拉练习。3 次／日，每次 20 分钟。疗程设置同前。患犬经 2 天治疗后，针刺后肢皮肤略有疼痛反应；4 天后，两后肢尝试站立，但站不起来；6 天后，患犬勉强能起立，可见摆尾动作，可行走几步。继续治疗一个疗程，患犬行走自如，完全康复。2 个月后回访，未见复发。

3. 中药配合温针灸治疗宠物犬术后膈肌痉挛

张加力等 2015 年报道，2012 年 7 月，1 只德国牧羊犬，3 岁，体重 42 千克，因为胎儿过大性难产而实施剖宫产手术。手术过程较为顺利，但术后第 3 天，患犬出现精神不安，全身震颤，吸气急促，鼻孔发出呃逆声，头部伸展，流涎，腹部及躯干出现节律性的振动，腹肋部起伏明显，腹部跳动与心脏搏动不一致；但手术部位未出现感染，愈合良好，全身症状变化不大。据此判定为膈肌痉挛，治疗采用内服自拟中药方剂"静膈汤"配合温针灸膈俞。

（1）自拟静膈汤　白芍20克，党参、赭石各15克，丁香、柿蒂、甘草各10克，制附子、干姜各5克，水煎2次后，合并药液候温胃管灌服。每日1剂，连用5天。

（2）温针灸　穴位剪毛消毒后，以无菌毫针沿肋间向下方刺入膈俞（图4-71）2厘米，待出现针感后将2厘米长的艾段插在针柄上，点燃施灸，以局部温热为度。待艾炷完全燃尽时，毫针完全冷却后再出针，以防止烫伤。每日1次，两侧膈俞交替针灸，连用5日。为防止灼伤，可在贴近皮肤处用厚纸板隔垫。患犬经过3日治疗后，症状大为减轻，膈肌痉挛明显减弱，精神不安、流涎等现象有所缓解，继续治疗2日后痊愈。1个月后随访，膈肌痉挛症状未见复发，手术部位刀口已完全愈合。

4. 温针灸治疗犬瘫痪

刘丰杰2000年报道，1998和12月6日，一只狼犬左后肢拖行，腰硬，尾摆动无力，针刺病肢皮肤不敏感。该犬没有放出、没有踢打，只是在2日前行走不便，后肢拖行。诊断为风湿症，治疗：圆利针针百会、病肢大胯、汗沟、邪气（图4-71），在针刺时须将生姜

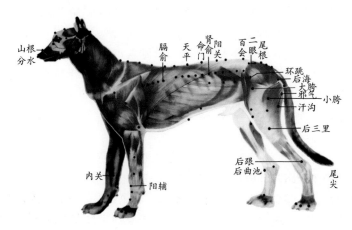

图4-71　温针灸、血针、火针病例所选穴位

片放于穴位上，再刺入，同时应在针柄用药棉包好后，再加凡士林点燃，以达到温针灸的目的。慢取针，次日复灸2次，3次后痊愈。

六、血针治疗病例

针药结合治疗一例松狮犬疑似中风。

魏秀河等2014年报道，2013年10月，1例松狮公犬，1.5岁，体重15千克。一周前发现右侧前后肢运步不协调，站立时偏向一侧，按缺钙用葡萄糖酸钙治疗1周左右，症状非但未见减轻，反而加重。体温39.6℃，呼吸27次/分钟，心率122次/分钟。精神不振，食欲大减，眼半闭流泪，结膜充血潮红，瞳孔散大，口唇下垂，采食时不咀嚼，时而有食物从口中掉出；喜卧，驱使站立时，头及躯体偏向左侧；驱使行走时，四肢配合不协调，出现明显的运动障碍，难以直线前行，摇晃不稳，常向右侧作圆圈运动，躯体难以保持体位平衡，且圆圈运动的直径越来越小，以致最后跌倒。人为让其向左侧作圆圈运动，可暂时保持体位平衡。针刺躯体右侧不敏感。心动增速，心律不齐，肺泡呼吸音粗粝。与"以猝然昏仆、口眼㖞斜、半身不遂为主要特征的中风（又名脑卒中）"相似，故诊为疑似中风。治疗如下。

（1）中药用补阳还五汤加减：生黄芪30克，地龙9克，川芎6克，当归、赤芍、桃仁、红花、党参、桑寄生、牛膝各4.5克。水煎2次，混合药液，候温灌服，每日1剂，连用15天。

（2）西药用血塞通20毫克、10%葡萄糖注射液250毫升，滴注，每日1剂，连用15天。

（3）电针选人中（分水）、命门、百会、二眼、尾根、内关、后三里、解溪（后曲池）（图4-71），随机分为两组，每组四穴，每天上午、下午各用一组。每次通电持续30分钟，每5分钟调节电流输出和频率1次，以防产生耐受性。1次/天，15天为1个疗程。

（4）血针选山根（图4-71），三棱针点刺0.2～0.5厘米，出血；尾尖（图4-71），毫针或三棱针分别刺入0.5～0.8厘米，出血。患犬经2天治疗后，针刺身体右侧皮肤略有疼痛反应。4天后，针刺尾部稍有痛感，精神、食欲好转。6天后，患犬勉强能起立且出现摆尾动作。8天后，可以自由行走，但稍有运动障碍，如同酒醉。12天后，可正常行走，躯体能保持体位平衡，只是略显不稳。一个疗程后，患犬行走自如，心肺功能正常，完全康复。2个月后回访，未见复发。

七、火针治疗病例

火针治疗家犬瘫痪病例如下。

刘丰杰 2000 年报道，1987 年 12 月 18 日，一只饲养 2 年母犬，前 3 天发现左后肢跛行，第 2 日出现左右后两肢不能行走，卧于舍内，不能站立。触诊腰及两后肢对轻微刺激有反应，但两后肢作屈伸时无反应。体温、饮食、大小便均正常。诊断为风湿性后肢瘫痪。治疗：火针百会、左肢大胯、右肢小胯；圆利针针左、右汗沟、邪气（图 4-71）。第 2 日火针针左肢小胯、右肢大胯；圆利针针左右肢汗沟、邪气。第 3 日已经能行走近 100 米，火针百会；圆利针针左右后肢大胯、小胯、汗沟。4 日后能自由行走。

八、复合疗法治疗病例

1. 复合针灸治疗犬剖腹产后莫名瘫痪

侯显涛等 2017 年报道，某泰迪犬 1.5 岁初产。前 3 胎自行分娩，最近 1 胎经 5 小时难产未产出，行剖腹产术。术中心脏骤停数次，术后清醒，但全身瘫软，大小便失禁，血生化、X 线检查无明显异常，经激素冲击、神经细胞修复因子、抗菌消炎等 5 天治疗后，犬四肢瘫痪、大小便失禁症状无明显改观，遂施行针灸治疗。针灸治疗隔日 1 次，每次 30 分钟。

（1）白针　百会、大椎（图 4-72），每 5 分钟行针 1 次。

（2）穴位注射　维生素 B_1+ 维生素 B_{12} 于前三里、后三里、百会、大椎（图 4-72）注射，每穴 0.3 毫升。

（3）电针　伏兔、膀胱俞、肾俞、环跳（图 4-72）双侧连接，后三里、趾间（后蹄叉）、前三里、指间（前蹄叉）（图 4-72）对侧连接，频率 2 ～ 4 赫兹呼吸波，强度以动物最大耐受为度。针灸 3 次后，四肢屈伸反射、深部痛觉恢复，后肢浅痛觉明显，大便可控，小便不可控，但双眼视力下降，不可远视，逐渐减少抗生素用量。针灸 6 次后，该犬可站立，步态跟跄，大小便可控。针灸 8 次后，可自主行走，但步态仍呈涉水样，视觉障碍，判距异常。静脉注射葡萄糖等能量合剂与利尿剂，6 天后完全康复。

2. 中西医结合治疗犬椎间盘疾病

陆钢等 2000 年报道，以身柱、悬枢（天平）、命门、百会、尾根为主穴；尾尖、后三里、后跟、涌泉（图 4-72）为副穴，毫针刺 0.5～3.5 厘米，留针 20～30 分钟，间隔 4～7 天进行 1 次针刺治疗；配合悬枢、命门、百会（图 4-72）注射维生素 B_1、维生素 B_{12}、安痛定、盐酸普鲁卡因注射液混合物，每穴 0.3～0.5 毫升，4～7 天注射 1 次。此外，每周 1 次皮下注射维丁胶性钙注射液 1 毫升。11 例椎间盘疾病病犬，治愈 9 例，疗程在 1 周至 1.5 月。

3. 穴位综合疗法治疗犬椎间盘疾病

耿志贤 2009 年报道，对临床 41 例椎间盘疾病病犬，采用针灸治疗取得了较好的效果。治疗：

（1）穴位封闭　氨苄西林钠 0.5 克，以注射用水 2 毫升溶解，加 0.2% 地塞米松 1 毫升，再加 2% 普鲁卡因 1 毫升（药量根据体重适当增减），于注射器内混匀，然后将针头刺入大椎（图 4-72），分别于右斜 45°、正中及左斜 45° 3 个方向注入 1/3 药液。每天治疗 1 次。

（2）穴位注射　百会与二眼（图 4-72）任选一穴，分别注射维生素 B_1 和维生素 B_{12} 2～3 毫升，或注射复方当归加黄芪注射液 2～3 毫升，每天 1 次。

（3）白针疗法　选大椎、命门、百会、二眼、尾根、环跳、后跟、趾间（后蹄叉）（图 4-72），毫针垂直进针，环跳 2～4 厘米，后跟可以刺透，其余 1～2 厘米，间隔 10 分钟行针 1 次，共留针约 30 分钟退针，每隔 2～7 天治疗 1 次。一侧瘫痪，仅刺患侧穴位；大小便失禁者，应增加尾根（图 4-72）的行针频度与强度。其中 37 例早期轻度及中度病犬，采用前 2 种方法治疗 1～5 次，平均 2～3 次，全部取得显著效果；4 例中后期后躯瘫痪重症病例，结合第 3 种疗法，治疗 3～6 次，3 例得到改善，1 例无效，总有效率为 97.6%。

4. 针灸治疗宠物犬后肢瘫痪 14 例

蔡亚男等 2015 年报道，后肢瘫痪犬 14 例，年龄为 2～7 岁，其

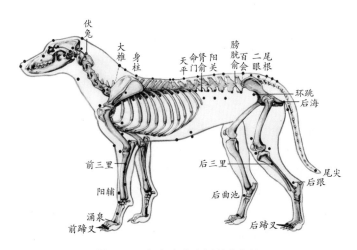

图4-72　复合疗法病例所选穴位

中德国牧羊犬4例、西施犬5例、京巴犬3例、狮子犬2例；公犬9例，母犬5例。原因不明突然瘫痪，两后肢不能站立，尾部下垂不能摆动。体温38.6～39.7℃，食欲减少，触诊腰荐部疼痛敏感；驱赶时，前肢带着后躯及两后肢拖地前行；因无法站立排便而身上粘有大小便，污秽不洁，或需人工辅助挤压排出粪便。针刺腰荐部疼痛明显，瘫痪肢体及尾部无明显痛觉反应。X线片检查未发现骨折或骨裂等异常。治疗：

（1）电针　选悬枢（天平）、阳关、肾俞、二眼为主，配尾根、环跳、后三里、阳辅、解溪（后曲池）、后跟（图4-72）。分为4组，每次治疗选2主穴与2配穴，分两组，通电30分钟，每隔5分钟调节一次电流输出和频率，以防产生耐受性。1次/日，7日为1个疗程，间隔2天可进行下1个疗程。

（2）穴位注射　选百会、命门（图4-72），常规消毒，百会用注射器直刺1～2厘米，命门斜向后下方刺入1～2厘米，各分别注入维生素B_1注射液1毫升（每支1毫升，含维生素$B_1$25毫克）与维生素B_{12}1毫升（每支1毫升，含维生素B_{12}0.1毫克）。1次/日，7日为1个疗程，间隔2日，可进行下1个疗程。

（3）按摩　将患犬确实保定好之后，在后躯瘫痪部位，特别是神经通路涂抹红花油，然后进行按摩。沿着背部、腰胯部及后肢肌肉自

犬病针灸按摩治疗图解

前向后按摩，力量由轻渐重，再用拇指交替点按以上电针及穴位注射的穴位，同时对两后肢做辅助性牵拉练习。3 次 / 日，每次 20 分钟，7 日为 1 个疗程，间隔 2 日，可进行下 1 个疗程。结果，14 例后肢瘫痪犬经 2 天治疗后，针刺后肢皮肤略有疼痛反应；4 天后，针刺尾部稍有痛感，两后肢尝试站立；五、六天后，多数患犬能勉强起立，且出现摆尾动作；1 个疗程后，大多数患犬能独自站立，且可行走几步。14 例患犬中，1 个疗程治愈的 2 例，2 个疗程治愈的 9 例，3 个疗程治愈 2 例，无效 1 例，总治愈率为 71.43%。

5. 组合疗法治疗犬传染性出血性肠炎

郭洪峰 1985 年报道，犬传染性出血性肠炎是较难治愈的消化道疾病，以往多应用口服、肌内注射、输液等方法治疗。由于有的犬暴烈不安，毛绒过厚，脉管不易找到；多数病例伴随呕吐，灌药都无济于事；肌内注射对危症效果不佳等致疗效欠佳，后改用腹腔补液、穴位注射与直肠给药等组合疗法治疗，取得了很好的疗效。近 3 年来，笔者共收治 580 例，治愈 490 例，治愈率达 84.48%。

（1）腹腔输液法　将病犬仰卧保定，于耻骨前缘 2 ～ 5 厘米的腹白线两侧，进行局部剪毛消毒，左手捏提起皮肤，右手用针头以 45°角刺入腹腔，空针回抽时无内容物后，徐徐注入药液。严防空气带入腔内，注射完毕可涂上药膏封住针孔。每天 1 次，可连续用药至治愈为止。药量根据病情和体重酌情增减，如果在冬季、初春，药液可适当加温以免引起腹腔刺激过重。药液以等渗、无刺激性为好，如 5% ～ 10% 葡萄糖生理盐水、1.5% 碳酸氢钠或林格液，加氧化樟脑油或安钠咖等强心药、维生素 C、复合维生素 B 等，以利于腹膜更快地吸收，否则反而加重负担。

（2）穴位注射法　1 岁以上犬用硫酸庆大霉素 4 万国际单位（2 毫升）注入后海（图 4-72），或直接注射于肛门括约肌内，针深以 2 ～ 3 厘米为宜，每天 1 次。

（3）直肠深部给药　将硫酸链霉素 100 万国际单位溶解在 20 毫升 0.1% 硫酸黄连素中，用胶管缓缓地注入直肠深部，以不能再进为止。但胶管不要硬行插入，以免造成肠黏膜机械性损伤。幼犬用药量酌减。

REFERANCES
参 考 文 献

［1］于船. 中国兽医针灸学. 北京：中国农业出版社，1984.

［2］杨宏道，李世俊. 兽医针灸手册. 增订第2版. 北京：中国农业出版社，1983.

［3］中国农业科学院中兽医研究所. 中兽医针灸学. 北京：中国农业出版社，1959.

［4］Xie HS，Preast V. Xie's Veterinary Acupuncture. USA：Blackwell Publishing，2007.

［5］李长卿，范文学. 中国兽医针灸图普. 兰州：甘肃科学技术出版社，1989.

［6］钟秀会. 动物针灸学. 北京：中国农业科学技术出版社，2006.

［7］杨英. 兽医针灸学. 北京：高等教育出版社，2006.

［8］王华. 针灸学. 全国高等中医院校规划教材中医药类专业用. 北京：高等教育出版社，2008.

［9］何静荣，陈耀星. 犬猫的按摩与针灸. 北京：中国农业科学技术出版社，2002.

［10］宋大鲁，宋金斌. 犬猫针灸疗法. 北京：中国农业出版社，2009.

［11］董君艳. 犬病针灸疗法. 长春：吉林科学技术出版社，2006.

［12］宋大鲁，宋旭东. 宠物诊疗金鉴. 北京：中国农业出版社，2016.

［13］中兽医医药杂志，兰州：中国农业科学院中兽医研究所.

［14］中兽医学杂志，南昌：江西省中兽医研究所.

［15］中国兽医杂志，北京：中国畜牧兽医学会. 中国农业大学动物医学院.

［16］American Journal of Traditional Chinese Veterinary Medicine，USA：AATCVM、AAVA、IVAS、WATCVM.

《犬病针灸按摩治疗图解》
配套二维码链接视频

请用手机扫描二维码，即可查看相应视频

码图 25　胰俞、卵巢俞、子宫俞

码图 26　天枢、中脘穴

码图 27　胸堂穴、肩井穴、肩外颞、
抢风穴

码图 28　郄上穴、肘俞、四渎穴、
前三里

《犬病针灸按摩治疗图解》
配套二维码链接视频

请用手机扫描二维码，即可查看相应视频

码图 29　外关穴、内关穴、阳辅穴、
阳池穴

码图 30　腕骨穴、膝脉穴

码图 31　涌泉穴、前蹄叉、三阳络

码图 32　环跳穴

《犬病针灸按摩治疗图解》
配套二维码链接视频

请用手机扫描二维码，即可查看相应视频

码图 33　膝上穴、膝下穴

码图 34　后三里穴

码图 35　后跟穴

码图 36　后曲池穴

《犬病针灸按摩治疗图解》
配套二维码链接视频

请用手机扫描二维码，即可查看相应视频

码图 37　肾堂穴

码图 38　阳陵穴

码图 39　滴水穴、后蹄叉